海外汉学丛书

The Problem of Beauty
Aesthetic Thought and Pursuits in
Northern Song Dynasty China

by Ronald Egan

美的焦虑

北宋士大夫的审美思想与追求

〔美〕艾朗诺 著

杜斐然 刘 鹏 潘玉涛 译

郭勉愈 校

上海古籍出版社

图书在版编目(CIP)数据

美的焦虑：北宋士大夫的审美思想与追求/（美）
艾朗诺著;杜斐然,刘鹏,潘玉涛译;郭勉愈校.—上海:
上海古籍出版社,2013.4（2019.1重印）
（海外汉学丛书）
ISBN 978－7－5325－6770－6

Ⅰ.①美… Ⅱ.①艾… ②杜… ③刘… ④潘… ⑤郭…
Ⅲ.①美学思想—研究—中国—北宋 Ⅳ.①B83－092

中国版本图书馆 CIP 数据核字（2013）第 035760 号

海外汉学丛书

美的焦虑：北宋士大夫的审美思想与追求

（美）艾朗诺 著

杜斐然 刘 鹏 潘玉涛 译

郭勉愈 校

上海世纪出版股份有限公司
上海 古 籍 出 版 社 出版
（上海瑞金二路272号 邮政编码200020）

（1）网址：www.guji.com.cn

（2）E－mail:gujil@guji.com.cn

（3）易文网网址：www.ewen.co

上海世纪出版股份有限公司发行中心发行经销
启东市人民印刷有限公司印刷
开本 787×1092 1/18 印张18 插页3 字数 260,000
2013 年 4 月第 1 版 2019 年 1 月第 7 次印刷
印数：7,751—9,050
ISBN 978－7－5325－6770－6
Ⅰ·2659 定价：48.00 元
如有质量问题，请与承印公司联系

出版说明

上海古籍出版社一直关注海外中国传统文化研究，早在上世纪80年代初期，就出版了《海外红学论集》、《金瓶梅西方论文集》等著作，并与科学出版社合作出版英国著名学者李约瑟先生主编的巨著《中国科学技术史》。80年代后期，在著名学者王元化先生和海外著名汉学家的支持下，上海古籍出版社推出了《海外汉学丛书》的出版计划，以集中展示海外汉学研究的成果。自1989年推出首批4种著作后，十年间这套丛书共推出20余种海外汉学名著，深受海内外学术界的好评。

《海外汉学丛书》包括来自美国、日本、法国、英国、加拿大和俄罗斯等各国著名汉学家的研究著述，涉及中国哲学、历史、文学、宗教、民俗、经济、科技等诸多方面。提倡实事求是的治学方法和富于创见的研究精神，是其宗旨，也是这套丛书入选的标准。因此，丛书入选著作中既有不少已有定评的堪称经典之作，又有一些当时新出的汉学研究力作。前者如日本学者小尾郊一的《中国文学中所表现的自然与自然观》、法国学者谢和耐的《中国和基督教》，后者以美国学者斯蒂芬·欧文（宇文所安）的《追忆：中国古典文学中的往事再现》为代表，这些著作虽然研究的角度和方法各有不同，但都对研究对象作了深入细微的考察和分析，体现出材料翔实和观点新颖的特点，为海内外学术界和知识界所借鉴。同时，译者也多为专业研究者，对原著多有心得之论，因此译本受到了海内外汉学界和读者的欢迎。

近十几年来，在中国研究的各个领域，中外学者的交流、对话日趋频繁而密切，中国学者对海外汉学成果的借鉴也日益及时而深入，海外汉学既是中国高校的独立研究专业，又成为中国学人育成过程中不可或缺的取资对象。新生代的海外汉学家也从专为本国读者写作，自觉地扩展到以华语阅读界为更广大的受众，其著作与中文学界相关著作开始出现话题互生共进的关系，预示了更广阔的学术谱系建立的可能。本世纪以来，虽然由于出版计划调整，《海外汉学丛书》一直未有新品推出，但上海古籍出版社仍然持续出版了一批高质量的海外汉学专题译丛，或从海外知名出版社直接引进汉学丛书如《剑桥中华文史丛刊》，积累了更为丰富的出版经验及资源。鉴于《海外汉学丛书》在海内外学术界曾产生过积极影响，上海古籍出版社听取学术界的意见，决定重新启动这套丛书，在推出新译的海外汉学名著的同时，也将部分已出版的重要海外汉学著作纳入这套丛书，集中品牌，以飨读者。

上海古籍出版社

2013 年 3 月

鸣　谢

　　此书原名为 *The Problem of Beauty：Aesthetic Thought and Pursuits in Northern Song Dynasty China*，2006 年由哈佛大学出版。中文版书名"美的焦虑：北宋士大夫的审美思想与追求"是由本人与主要译者杜斐然斟酌确定的。第一章由潘玉涛译成中文后，经刘宁修润发表于她和朱刚主编的《思想史研究》第四辑——《欧阳修与宋代士大夫》。第二章和第三章由刘鹏译。后半部由杜斐然译，她当时是复旦大学中文系的研究生，花了三年的课余时间把它译完。幸蒙上海古籍出版社决定出版，我多年的好友郭勉愈博士在北京把稿件从头仔细看了一遍，把前后风格或用词不一致处逐一修改；"引论"则是内子陈毓贤补译的。此书中文版得以面世，是多人努力的成果。谨此深深致谢！

目　录

引　论

　　此书论及北宋（960—1126），特别是 1030 年后的约 100 年间，士大夫群体在某些领域内对美的追求，以及他们相关的表述。这些领域包括艺术品的鉴赏与收藏（第一章和第四章），诗话（第二章），花谱（第三章），以及在这一时期极为风行的词（第五章和第六章）。

　　这不是一本涵盖北宋美学的书，但这些领域的发展呈现了北宋文化的特征，而北宋这方面的成就，对后来中国文化有深远的影响。因涉及的层面相当广，而不少议题又是以前很少有人关注的，我只能抓住比较重要和有代表性的文献处理，希望可藉以抛砖引玉。

　　11 世纪左右，中国士大夫对美的追求空前的热烈，开拓了大片的新天地，但也因而造成新的焦虑。欧阳修之前，似乎没人留意散落在古庙、山林，以及墓碑上的铭文，他有系统地搜罗这些古字的拓片，包括无名之辈以及北方半开化民族的书法，将之视为艺术品收入《集古录》；他对这些拓片的讨论，引发的问题包括艺术天才分布如何，艺术鉴赏是否与儒家教化相抵触，这些疑问的提出，对士大夫的既有观念是具颠覆性的。

　　第一位写"诗话"的人亦是欧阳修，这种文体经欧阳修晚年开了头便快速广受仿效，可以说它马上成为中国人议论文学最重要的方式。值得注意的是，诗话提供了一个商榷诗歌技巧的平台，此种技术性的讨论在此之前很少，这也是文人对诗话特别青睐的原因。欧阳修于 1034 年写的《洛阳牡丹记》，开发了另一个知识领域。他提供这种植物各个品种的信息，谈论它的培植方法，描绘每年牡丹开花时洛阳市民欢腾的盛况。《洛阳牡丹记》出现后，其他文人便争先恐后撰文谈论他们所钟爱的花卉的品种、培植方法等。全世界最初

1

2   可观的花木培植和鉴赏文学，就这样在北宋末年的中国产生了。

本书第四章讨论欧阳修之后的下一代士大夫，即苏轼和米芾所处时代的书画收藏。这自然不是一种新的活动，因为中国收藏书画渊源已久，可是艺术家和鉴赏家乐此不疲地撰文谈论怎样甄识藏品优劣和他们收藏的经过，热烈地给艺术品划定等级，并探讨对艺术品有占有欲是否有损藏家的人格等等，都是空前的现象。同样地，词不是北宋方才兴起的文体，但在 11 世纪才发扬光大，充分发挥了它表达思想感情的潜力，它的文学地位也得以大幅提升，以致我们今天一谈到词就想到宋词，把二者画了等号，而且词被认为是宋代文学巅峰期的代表作。本书第五章和第六章追溯词如何在 11 世纪逐渐演变，在此期间文评家对它的态度如何从鄙夷转为认可。

我们要问，这些不同思想范畴的领域发展有何共通处？首先，欧阳修是个关键人物。他非但首创把石碑铭文的书法当艺术品收藏，撰写诗话和花谱，他对词的发展贡献也非常大。换句话说，这些不同领域曾被同一个人塑造，无论是创始或是改造的动力都是通过此人的生命迸发出来的，而他恰恰是一位这一时代特别具有代表性的人，又是其后这些领域中领头人物的良师益友。我开始从事此项研究时，感到不妨假设这些不同领域的发展之间有关联，尽管这种关

3   联在相关文献中并没有明白显示。

果然，这些领域的发展所牵涉的问题虽不同，但有些相似的现象不断浮现，这意味着北宋士大夫文化的发展轨迹有其内在的逻辑，也就是说，这一时代的文化创新反映了一群人连贯一致的趣味和选择。本书最后一章将比较详细地讨论这些选择，下面仅粗略谈谈。

北宋期间，士大夫对"美"的追求在不同的领域里都跨出以往的范围，冲破以往认为不可逾越的界限。比如欧阳修品鉴书法不再以王羲之、王献之的典范为准则，这使他不得不面对一个难题，即书法好的铭文题材若与儒家教化相悖，应当如何处置。牡丹花香艳诱人，不似松、竹、梅素淡高雅，向来不得士大夫青睐，却引起欧

阳修的兴趣。同样，北宋文人将五代宫廷词人所避忌的市民俗味引入词内，也是一种突破。11世纪末的诗话大谈赋诗填词的技术，这本为士大夫所不齿，但这种谈论发掘了不少怎样才是好诗词的见解。

总的说来，北宋末士大夫的精神内容和表达方式都扩宽了，以前被认为离经叛道的娱乐和各种对美的追求得以见容，而且可诉诸文字。在某方面，士大夫接纳了商人阶级的品味，市价成为鉴定艺术品的准则之一，无论谈的是一株牡丹花，一幅唐代的画，或一首名诗人的艳词。而一件古物值不值得保存，不再以狭窄的伦理教条为依据。

对美积极的追求，出人意表地影响了男性的自我定位。词的感伤、技巧的研磨、花木的培植、精致艺术品的鉴赏，都有浓厚的女性气息。这些新风尚导致北宋士大夫调整了他们对于怎样才算男子汉的观念。

本书把焦点集中于北宋士大夫在追求美的过程中所面临的难题，指出传统儒家对这些活动有许多成见，他们必须开辟新的视野，敢于挣脱教条的束缚，勉力给出一个说法以自辩。事实上，他们努力的成果是辉煌夺目而影响深远的。

第一章　对古"迹"的再思考：欧阳修论石刻

欧阳修收集过大量石刻拓片，这是宋代古器物收藏的重要成果之一。欧阳修将 1500 多年间的石刻文本聚集到一起，这激发了人们对古代石刻及其书法的新兴趣，由此刺激其他收藏者将注意力转向别种艺术品和古器物，尤其是青铜彝器。然而，欧阳修并不只是要成为一个收藏家，并不满足于聚集大批的石刻拓片。他还对收集的铭文多有评论，评论其内容及艺术魅力。欧阳修收集的有些铭文，堪称书法典范，它们是艺术品，是文化史的遗迹，其内容有时会惹人争议，而欧阳修探索其意蕴，他的思考常常很个性化。他针对这些铭文所写的跋尾，表明他一直在努力重新揣摩那存留在几世纪之
7　前的人们的笔迹中的美①。

欧阳修收集金石铭文这项工作的基本情况，可以简要概括如下：1044 年范仲淹倡导的改革运动失败后，欧阳修被逐出京城，贬官至北方诸路，首先是北都大名府，随后在 1045 年更北至边境真定府。他对铭文的兴趣由来已久，确切地说，至少始于早年在洛阳与同道

---

① 关于宋代金石学这一大主题，一般性的研究还没有出现在英文文章中，不过关于欧阳修的收集工作，在一些具体方面已有所讨论，如倪雅梅（Amy McNair）在颜真卿对宋代书法典范的影响问题上有着杰出研究，可参见其论著《心正笔正：颜真卿书法与宋代文人政治》（*The Upright Brush*：*Yan Zhenqing's Calligraphy and Song Literati Politics*），尤其是第一章和第七章。关于欧阳修的一般性研究，参看刘子健（James T. C. Liu）《欧阳修：11 世纪的新儒家》（*Ouyang Hsiu*：*An Eleventh Century Neo-Confucianist*），以及拙作《欧阳修的文学作品》（*Literary Works of Ou-yang Hsiu*〈1007—1072〉）。关于欧阳修在北宋文化史和士大夫历史上的地位，参看包弼德（Peter K. Bol）的《斯文：唐宋思想的转型》（"*This Cultural of Ours*"：*Intellectual Transitions in T'ang and Sung China*），第 176—201 页。关于欧阳修对《诗经》的研究，及其对传统和文学表达的思考，参看范佐仁（Steven Van Zoeren）《诗与人格：中国传统的阅读、注释与阐释》（*Poetry and Personality*：*Reading, Exegesis, and Hermeneutics in Traditional China*）第六章。

编者按：本书原注所引各书版本请参书后"征引书目"。

学者交往时。当时，他们正在推动古文复兴，而这样的古文在石刻中有所保存。自1030年代起，他已经不时地在收集碑刻拓片②。如今在遥远的北方，没什么消遣，欧阳修决定系统收集他所能获得的一切古代拓片③。一旦开始，他无论走到哪里都不会忘记这项工作，前后持续了近20年，最终收集到总计1000多件拓片。他曾一一列出朋友们的帮助，这些朋友，随着职官任命，迁徙于帝国各地，经常会到一些欧阳修从未到过的遥远地方，在那里他们设法弄到当地的碑刻拓片，转寄给欧阳修。一些朋友自己也是收藏家（比如刘敞，他提供给欧阳修几件出土于洛阳的古代器物的拓片）。但是欧阳修的拓片集——他称之为《集古录》，使所有同时代的其他类似藏品集都黯然失色。他告诉我们，由于担心转写中会引入谬误，他没有将铭文抄写入《集古录》，而是将拓片进行装裱，捆起来，装订成厚厚的卷册。

8

1062年，欧阳修为正在写以及计划写的铭文跋尾写了序，这些跋尾，他准备单独汇编成集。这篇序正式表述了他的工作意图。此后，他便致力于为几占其藏品一半的400多件铭文撰写跋尾，作学术笔记，直到1072年去世。欧阳修晚年将其藏品及跋尾托付其子欧阳棐。欧阳棐很可能按年代对之作了编排（始于周代，止于唐五代），因为欧阳修的藏品原本并非按铭文年代编排，而是按获得的时间顺序。重新编排后的跋尾，名为《集古录跋尾》，共10卷，在南宋被编入他的文集里，今天仍保留其中④。欧阳棐增加了一个录目，

---

② 参看欧阳修的跋尾《晋南乡太守颂》（《集古录跋尾》卷四，《欧阳修全集》，第2159页）、《唐吕谭表》（《集古录跋尾》卷七，《欧阳修全集》，第2236页）。严杰：《欧阳修年谱》，第135页。

③ 欧阳修自述如何开始其收集工作，见于他给蔡襄的一封信（参第14页引文）：《与蔡君谟求书集古录目序书》（《居士外集》卷二〇，《欧阳修全集》，第1022—1023页），及《魏刘熹学生家碑》（《居士外集》卷四，《欧阳修全集》，第2155页）。关于这期间欧阳修生平的编年叙述，参看胡柯《欧阳修年谱》（《欧阳修全集》，第2602—2604页附录一）和严杰《欧阳修年谱》第124—135页。

④ 此处依新近出版的《欧阳修全集》卷一三四至一四三所收跋尾。

也分 10 卷。他列出了每一件铭文的标题，并简要标明其作者、书写者和时代（如可知）⑤。录目在南宋时亡佚，不过清人通过辑佚部分

9　得以复原⑥。依据欧阳修的跋尾和欧阳棐的录目，我们现在获知欧阳修收集品中 700 多件铭文的标题。但是就铭文本身来说，清代学者缪荃孙估计，清代留存的已不足原来的十分之一⑦。

　　欧阳修的跋尾长短很不一致。最简略的只有数十个字，简要地介绍了铭文的出处和内容。不过，内容简略的跋尾相对不多，毕竟，欧阳修写作大多数跋尾的目的，是要特别点评其手边铭文中的某些内容。他会关注铭文提到的历史事件，评论其书法，或者探讨作者生平或个性的某个方面。其跋尾经常达到一定的长度——最长的一条有几百字，以表达其见解。最近出版的《欧阳修全集》（全六册）中，《集古录跋尾》占到 266 页⑧。正是这些学术笔记使欧阳修成为中国金石学的开山。

　　通过以上介绍，我们对欧阳修的工作有了初步了解。欧阳修的收集具有某种历史意义，因为就像他反复告诉我们的，那是件不寻常的工作。但是，对今人来说，他如此大规模地记录所收集的铭文这件事本身，才更不寻常、更有意味。与欧阳修同时，还有其他拓片和古器物的收集者，但没人如此广泛、如此费神地记录其收集品。欧阳修的跋尾有大量内容思考往昔，思考书法在文化史上的角色。经过十年的写作，这些跋尾包含了他对所获铭文的思索，角度众多，感情丰富。他是历史学家，是文物研究者，是伦理学者，是鉴赏家，是艺术评论家，是哲学家，是诗人。简言之，这些跋尾揭示了他对

10　其藏品的复杂态度。

---

⑤　参见欧阳棐《录目记》（《集古录跋尾》附录卷一，第 2325 页）和欧阳修文集的南宋编者的论述（附录卷二，第 2326 页）。
⑥　欧阳棐《集古录目》，缪荃孙辑。
⑦　缪荃孙《跋》（欧阳棐《集古录目》）。
⑧　欧阳修《集古录跋尾》，《欧阳修全集》卷一三四至一四三，第 2061—2327 页。

欧阳修的序

这里，我们先来看欧阳修的序，这篇序是他为所收集铭文的数百篇跋尾而作的，经常被收入选本，并被认为是欧阳修对自己工作的权威性说明。

集古录目序⑨

物常聚于所好，而常得于有力之强。有力而不好，好之而无力，虽近且易，有不能致之。象犀虎豹，蛮夷山海杀人之兽，然其齿角皮革，可聚而有也。玉出昆仑流沙万里之外，经十余译乃至乎中国。珠出南海，常生深渊，采者腰絙而入水，形色非人，往往不出，则下饱蛟鱼。金矿于山，凿深而穴远，篝火粮糇而后进，其崖崩窟塞，则遂葬于其中者，率常数十百人。其远且难，而又多死祸，常如此。然而金玉珠玑，世常兼聚而有也。凡物好之而有力，则无不至也。

汤盘，孔鼎，岐阳之鼓，岱山、邹峄、会稽之刻石，与夫汉魏已来圣君贤士桓碑、彝器、铭诗、序记，下至古文、籀篆、分隶诸家之字书，皆三代以来至宝，怪奇伟丽、工妙可喜之物。其去人不远，其取之无祸。然而风霜兵火，湮沦摩灭，散弃于山崖墟莽之间未尝收拾者，由世之好者少也。幸而有好之者，又其力或不足，故仅得其一二，而不能使其聚也。

夫力莫如好，好莫如一。予性颛而嗜古，凡世人之所贪者，皆无欲于其间，故得一其所好于斯。好之已笃，则力虽未足，犹能致之。故上自周穆王以来，下更秦、汉、隋、唐、五代，外至

11

⑨ 欧阳修《集古录目序》(《居士集》卷四二，《欧阳修全集》，第599—600页）。和欧集的南宋编者一样，我将标题中的"目"理解为"跋尾"，欧阳修对铭文所做的笔记在后代也如此被称呼。

四海九州, 名山大泽, 穷崖绝谷, 荒林破冢, 神仙鬼物, 诡怪所传, 莫不皆有, 以为《集古录》。以谓转写失真, 故因其石本, 轴而藏之。有卷帙次第, 而无时世之先后, 盖其取多而未已, 故随其所得而录之。又以谓聚多而终必散, 乃撮其大要, 别为录目, 因并载夫可与史传正其阙谬者, 以传后学, 庶益于多闻。

或讥予曰: 物多则其势难聚, 聚久而无不散, 何必区区于是哉? 予对曰: 足吾所好, 玩而老焉可也。象犀金玉之聚, 其能果不散乎? 予固未能以此而易彼也。⑩

这篇序的几个要点值得说明一下。欧阳修强调的一个基本观点是, 所有种类的石刻都受到冷落。世人根本不关心石刻, 一旦被树立在那里, 就一任其湮沦, 直到丢失、磨灭和被毁。与此同时, 像富人那种对待珍宝及其他财富所拥有的嗜好, 却为整个社会所汲汲不舍。欧阳修的语气明显有些情绪化。而且, 即使考虑到这里有修辞的夸大, 他对时人淡漠于古代石刻的描述还是让我们惊讶。我们以为, 宋代的一个基本特征就是重视历史及其遗迹——这甚至是整个中国文化的特征——这认识是如此强烈, 以至于欧阳修所说的这种冷漠, 完全出乎我们的意料。考虑到书法在中国人生活中的特殊地位, 听到有人说人们对镌有文字的古器物普遍漠不关心, 尤其让人震惊。我们想到的是古代铭刻在后世如何受到重视, 是那些拓片集甚至石碑本身如何有名 (比如现在西安的碑林, 就是在欧阳修身后十年左右开始建立的)。

目前已知, 北宋的几位皇帝助长了宫廷中青铜器收藏和编目的风气, 其中很多青铜器是有铭文的。第二位皇帝太宗 (976—997 年在位) 从事过类似的收藏, 仁宗更加热衷于此⑪, 其漫长的在位

12

---

⑩ 欧阳修《集古录目序》,《居士集》卷四二,《欧阳修全集》, 第 599 页。
⑪ 参看张临生《北宋皇室青铜礼器的收藏》(未刊稿), 台湾大学 "跨文化视阈下的比较宫廷文化研讨会" 会议论文 (台北: 1997 年 8 月 25 日至 27 日)。

（1023—1063）正与欧阳修的收集时间相吻合。前代帝王无疑也热衷于此。毕竟，皇室朝廷特别乐意说自己精于古代礼乐，这种精通可以营造氛围，有力地证明政权的合法性。占有并保存古代的青铜器是精于礼乐的象征。北宋末的徽宗皇帝（1101—1126 年在位）将这种皇室传统趣味发展到极致，他聚敛的古代青铜器之多，为中国历史所仅见。

　　欧阳修的做法和兴趣同皇室截然不同。他并不热衷于收藏器物，除了很少的几件。皇室搜集青铜器，目的之一是为了证明其正统性，欧阳修完全没有这种别有用心的动机。此外，欧阳修说只有他对遍布帝国旷野、寺庙和高山的石刻感兴趣。尽管这乍一听不太可信，但大致还是实情。至少就我们所知，欧阳修是自古以来第一个决心广泛收集拓片的人，显然也是第一个如此详细记录其铭文藏品的人。在欧阳修之后，甚至是紧接着，就出现了许多私人收藏家。他自己也说，正是因为他作为铭文收集者，为世人做了个榜样，人们才开始重视它们[12]。这听上去不无夸大之嫌，但是有其他的宋代资料证实了这一说法。朱熹（1130—1200）肯定欧阳修的功绩说："集录金石，于古初无，盖自欧阳文忠公始。"[13] 有这样想法的人并不止他一个。

　　欧阳修在序中特意强调的一点，是其藏品的包容性。第三段一开始就按时代先后罗列了一长串可以得到的各种铭文。第四段又有罗列，首先是藏品反映的朝代，其次是获取拓片的地点。穷尽罗列的最后是他自豪地宣称自己"莫不皆有"。序言中也提到其藏品包括古代"圣君贤士"的手迹，但是我们注意到他并没强调这一点。事实上，拓片的绝大部分不是出自古代贤达，因为欧阳修决定收集易于获得的拓片，其大宗因而也就出自那些声名不显之辈或无

---

[12]　欧阳修《后汉樊常侍碑》，《集古录跋尾》卷二，《欧阳修全集》，第 2109 页。
[13]　朱熹《题欧公金石录序真迹》，《朱熹集》卷八二，《欧阳修全集》，第 4214 页。

名之士。

欧阳修藏品的包容性，使其有别于另一种收藏古代书法作品的方法，这种方法通常由帝王采用。欧阳修的主要收集目的是欣赏其书法，因此他并不要编法帖目录。他的眼界开阔得多，不像鉴赏家只盯着那些杰作、那些堪为后代之楷式的作品。宋代开国伊始就开始了这样的收集。在太宗的授意下，10世纪90年代，朝廷百官搜集了被认为是现存最好的书法手迹，藏于宫廷中。这些被称为《淳化阁法帖》，因保存于淳化阁而得名。这次汇集以经典传统的书法作品为重，尤其是晋代（4世纪）大家王羲之和王献之，以及与之风格相类的其他书法家的作品，它们多半保存在私人短简手迹的摹本之中。这些作品被上板印刷，副本分赐给达官显贵⑭。

《淳化阁法帖》在欧阳修时代很有名，虽然分赐的传统已经中止（当时风传印版已毁于宫火），但私藏印本流通广泛，欧阳修应该见过。在他之后，《法帖》遭到了米芾等人的强烈批评，因为它收入了很多张冠李戴的作品。欧阳修自己在谈到《法帖》的时候比较克制，但他也毫不犹豫地公开反对将"二王"神圣化，反对先入为主地盲目摹拟其风格⑮。

尽管欧阳修不常提及，但在他自己的收集过程中，《淳化阁法帖》在他心中的分量一定很重。在某种程度上，他的收集展现了数世纪前的书法作品的另一面。二者的区别可以用各自标题中的两个词概括：法与古。太宗的汇编，所选作品年代是否久远并非最紧要，毕竟，其用意在于提供一种典范。欧阳修则不然，他收集的作品的

---

⑭ 关于《淳化阁法帖》，参看倪雅梅（Amy McNair）《宋代的简札法帖集》（"The Engraved Model-Letters Compendia of the Song Dynasty"），*Journal of the American Oriental Society* 114. 2 (1994)：pp. 209—225。

⑮ 欧阳修《学书自成家说》、《笔说》，《欧阳修全集》卷一二九，第1968页，以及《晋王献之法帖》，《集古录跋尾》卷四，《欧阳修全集》第2164页。参看拙作《欧阳修与苏轼论书法》（Ou-yang Hsiu and Su Shih on Calligraphy）一文关于欧阳修对待法帖和"二王"风格的态度的论述。

年代意义重大。正因他对一切古老的东西感兴趣，他的收集兼采并蓄，而《淳化阁法帖》严于去取，与欧阳修正相反。

两者入选的作品，在书法风格和来源方面同样差别明显。皇家法帖偏爱的是"二王"及其步武者的非正式短简上的书法。柔和的笔触，半草书和草书的风格，同书简非正式的特点相吻合，其美轮美奂的意象，使人一望而知其美并被感染打动。这种风格是中国书法的经典风格，一直以来就被习惯性地视为书法艺术的极致，这个看法还将持续下去。相反，欧阳修收集的则是大块石碑的拓片，这些石碑大多镌刻的是丧葬文字、寺庙题辞或者官方文书。因其内容为行文正式的散文，受此影响，字体以楷书为主，尽管其中也偶尔散见行书或草书作品。正如我们将要看到的，欧阳修要在那些备受冷落的为纪念而树立的古代碑碣中发掘美感。他将目光从标准的法帖和神圣的典范上移开，转而关注那些散布四野且日渐模糊的书法。他关注的正是别人忽略的。

16

欧阳修的序值得讨论的另一方面，是它把自己收藏的铭文比作世人看重并竭力搜求的珍宝（如金玉珠玑、象犀虎豹之齿角皮革）。某些读者可能从序文里读出与欧阳修本意不同的意味。因为即使仅仅是将金玉与古代的铭文并提，也会暗示两种收藏行为有相似性，而非差异性。人们可以设想，换一位作者就会避开欧阳修的这种比较，以免贬低了自己的观点。而由于欧阳修很肯定地把"愉悦"作为收集的要义，两种不同类型的收藏之间的联系就更加明显。铭文给欧阳修的愉悦，一如别的物品给他人提供的愉悦。

那么他在其中获得的愉悦是什么呢？关键之处在将拓片描述为"怪奇伟丽、工妙可喜之物"的那行字。这些词用于评价书法已有相当长的历史，它们描述了那种极具震撼力的、特别优美的或者给人难以磨灭印象的书法作品。"怪奇伟丽"指字形令人惊奇，"工妙"就其创作技法而言，"可喜"则是其形式传递给观者的愉悦感。写到这里时，欧阳修想的只是铭文书法的形式美和艺术性吧。

后来，欧阳修提到了其收藏的另外一个目的：铭文中包含的事实细节可以用来修正书面记录。也就是说，稿本经过长期的转写再转写，不可避免地会阑入一些阙谬，而数百年前的石刻文字或可避免这样的问题。欧阳修告知我们，他已经把铭文与书面记录的龃龉之处单独列了一个目录，并作了注释，这样后来的学者仍能看到它们（一旦他的拓片遗失的话）。

令人诧异的是，欧阳修并不怎么强调这一功用。他提到它，几乎是作为事后补记，紧接着很快便转向愉悦的主题。下面谈到跋尾的时候，我们会再回到其收藏品的史学价值这个问题上来。而在此我们已经注意到，这种因在学术上有用而证明其收集正当的说法，在序言中完全被他对铭文书法及其益然古意的喜悦之情掩盖。

欧阳修序言的说法有一个尴尬的问题。他很实际地承认，一个人的财力对从事收藏很重要，但他并不想让我们认为他是富有的人。这就是为什么他中途唐突地改变论述的用语，引入"一"的观念。我们承认他说的有一定道理：意志笃定在某种程度上可以弥补财力的不足。但是，只要想想其收藏的规模和性质，谁都得承认财力显然是必需的。当他自己提到收集铭文的众多地点（"四海九州，名山大泽，穷崖绝谷，荒林破冢"）时，这听起来就可知来之不易。即使获取铭文所费不多（如用纸、拓印、转运等），保存并随身携带它们近30年必定花费不菲。1000件拓片，而且多是巨幅的石刻铭文，如此大小和体积，其收集保存之难是不能忽略不计的。没有财力，甚至只有中等财力的人，要聚集并保存它们达30年之久，几乎都是不可能的。所以我们自然会想到他在收集上的花费，部分原因也是他自己提出了这个问题，尽管他试图避开这样的暗示。

序言最后一段提出了沉溺于"物"的问题。对欧阳修来说，这是个意味深长且持久的问题，对有宋一代的收藏家，无疑也具有普遍性。这个问题是：古代的铭文尽管很有吸引力，很有历史意义，但究竟是物；同样，有修养（就儒家而言）或者有觉悟（就佛教而言）的人是不会沉迷于此的。而且，作为"物"，从某种意义上说它们确实同珠玉没什么两样。"物"不具有终极价值，而且它们不会长久保有。和收藏珠玉一样，铭文收藏也免不了离散。那么当初为什么还要收集它呢？真正懂得这一点的人是不会这么做的，他既然不会让自己被装满宝石的箱子束缚，也就不会让自己陷溺于铭文的收集。欧阳修对这样的责难作出了回答，但完全是用他自己的话，而没有按责难的思路去回答。在其回答中，他甚至允许自己使用"玩"这个词，在讨论"物"的语境下，不免让人想起那句"玩物丧志"的古训。在此，欧阳修预料到会有针对他的责难，而他的回应似乎不无调侃。

所有这些分析都促使人们用另一种眼光来阅读欧阳修的序。他长年致力于搜集某种"物"，由于他有特别的趣味，因而能在其中获得愉悦。从某种意义上说，他的收藏和世上有钱人收藏其他物品是一样的。他的收藏规模的确相当大，因而需要超常的财力来收集、转运并完好保存。同样，在这个意义上，他的收藏同其他人并无二致。尽管欧阳修本人确信不疑，其收藏高出他人一等，他还是担心旁观者未必完全认同这种差别。他不想被看成又一个富有却庸俗的 19 家伙，因财大气粗而放纵自己。如果他不担心被世人误解，那么很可能根本就不会写这篇序，或者其内容也不像现在这样。然而在解释并论证其工作的合理性时，欧阳修并不轻松。他至为真诚，没有掩盖实情，尽管他也提到铭文的史学价值，但还是说铭文对他的根本的吸引力在于其书法的形式美。最终，他揭出的见解也不过是：他的愉悦和世人在宝石中获得的类似。值得注意的是，他如此公开地谈论他在这些"物"中获得的愉悦，并让人感到，这愉悦超过了更崇高的目的，本来他是可以为自己的收藏赋予这样崇高的目的的。

欧阳修曾两度简要地谈到自己的收藏活动，现在我们着手进入讨论，可以先谈两段话，以补充他这篇正式的序言。其一是他写给友人大书法家蔡襄的一封信的开头。信写于1062年，其目的是请蔡襄用他绝伦的书法誊写前面讨论过的那篇序言，放在欧阳修藏品的汇编之前。在提出请求的过程中，欧阳修这样表述他的工作：

> 向在河朔，不能自闲，尝集录前世金石之遗文，自三代以来古文奇字，莫不皆有。中间虽罪戾摈斥，水陆奔走，颠危困踣，兼之人事吉凶，忧患悲愁，无聊仓卒，未尝一日忘也。盖自庆历乙酉（1045），逮嘉祐壬寅（1062），十有八年，而得千卷，顾其勤至矣。然亦可谓富哉！窃复自念，好嗜与俗异驰，乃独区区收拾世人之所弃者，惟恐不及，是又可笑也。因辄自叙其事，庶以见其志焉。然顾其文鄙意陋，不足以示人。⑯

最后一句话引出欧阳修的请求：如果蔡襄同意以其精妙的书法誊写序言的话，或许这篇序言连同所介绍的藏品会被认为值得保存，有朝一日将会流传于后代。

第二段话是欧阳修专门为一块唐代孔庙碑写的跋尾，这块石碑出自唐代一位大书法家。跋尾叙述了他首次产生收集铭文念头的经历：

> 右《孔子庙堂碑》，虞世南（558—638）撰并书。余为童儿时，尝得此碑以学书，当时刻画完好。后二十余年复得斯本，则残缺如此。因感夫物之终弊，虽金石之坚不能以自久，于是始欲集录前世之遗文而藏之。殆今盖十有八年，而得千卷，可谓富哉！⑰

这两则文献，致蔡襄的信和庙碑跋尾，跟序言相比，语气随便得多，更加个人化。它们以与序言不同的方式，显示出欧阳修工作的

20

---

⑯ 欧阳修《与蔡君谟求书集古录目序书》，《居士外集》卷二〇，《欧阳修全集》，第1022—1023 页。

⑰ 欧阳修《唐孔子庙堂碑》，《集古录跋尾》卷五，《欧阳修全集》，第2187—2188 页。

强烈的个人色彩。读完这些文字，我们回过头来看，欧阳修在序言 21
里花了那么大的力气，使之听上去不夹杂个人好恶，并将其论述提
升到令人敬重的抽象和理智的层面。

　　这篇庙碑跋尾使我们对欧阳修何以在序言中描述世俗对铭文的
冷落，有了新的理解。我们现在看到这种冷落如何同其个人经历交
织在一起，如何同一件在其童年起过特别作用的铭文交织在一起。
跋尾对铭文颓败的时间跨度也表现了不同的理解。我们可能猜想，
一件被忽视的铭文的颓败，要经过很长一段时间，或许是几个世纪
才会惹人注意。但是，现在我们看到，这种颓败在一个人一生里就
会发生，前后不过 20 年的时光。这让我们更加理解欧阳修从事收藏
工作的紧迫感。

　　欧阳修写给蔡襄的信，使我们对他为什么要努力收集铭文，有
了更深的理解；即使在向这位杰出的书法家求助时，欧阳修对自己
的工作或许有一定程度的夸大，信中叙述自己如何黾勉从事的话，
也是很值得注意的："其勤至矣"，"未尝一日忘也"。而我们知道，
在这段时间里，欧阳修还致力于很多其他的学术和文学活动，包括
编纂《新唐书》、《新五代史》以及撰著《诗本义》。这些成果保存
至今。今天欧阳修在文化史上的声誉地位更多地来自这些成果，而
不是他收藏却没有留存下来的铭文。然而，至少在给蔡襄的信中，
听上去好像收集铭文是让他最费神的事。

　　最后，欧阳修描述其投入工作的方式很有意思。他没有说他收
集拓片是在闲暇出游、遣兴旅行的时候，或者朋友曾在什么时候惠
赠于他。相反，他说，他是在仕宦羁縻或个人困顿期间进行收集的。
他的话表明了这样一种二分法，一方面是其世间的劳苦和责任，另
一方面是其铭文收藏。这样一番叙述之后，欧阳修马上转移话题，22
转向我们在序言中窥视到的，世人对铭文的冷落和自己对铭文偏执
的关注。当他讲到随着老之将至，铭文给他带来的"愉悦"和"消
遣"时，对收集过程的叙述进一步增进了我们对其序言内涵的理解。

在欧阳修的头脑里，其收集不仅有助于使他游离于官场中人——这些人不会为这样无用的东西费心，而且还将他从不得不忍受并全力应付的世俗羁绊和压力下解脱出来。

史学价值

当我们阅读跋尾本文时，我们便进入到一个广阔但一开始令人迷惑的领域。其跋尾大约四百多条，每一条都处理一件不同的铭文，并且带有一系列的观点和目的。此外，铭文本身涵盖了巨大的时间跨度，从周代直到欧阳修之前的一个世纪。一开始我们可能觉得这些条目并无一致性，并不构成任何完整的整体。但是随着反复阅读，会逐渐感觉到一些重复出现的主题和论题。我们在讨论序言时涉及的很多论题，在跋尾中重又出现。只是跋尾远不如序言那样经过精心组织，那样具有一致性。这使得它们分析理解起来更困难，然而却也更有趣。在以下的讨论中，我试图解答的问题是：在分别论述这些铭文时，欧阳修要表达些什么呢？他花了那么多心思投入那么多精力，其搜集铭文之多为当世所仅见，它们的艺术性、古意以及内容对他来说到底意味着什么？他又如何向后人介绍这些铭文？

欧阳修在跋尾中赋予铭文两种价值：史学功用和前贤往哲的遗产。我们就从这里讲起，试着检讨这两种价值的性质和局限。他在序中已经谈到铭文的史学功用，在很多跋尾中也得到讨论。一件铭

23 文可以以不同的方式有益于史实，它可以纠正通行文本中抄写者的错误，补充文本系统的阙漏，或者澄清过去长期存在误解或完全被遗忘了的古代史实。欧阳修提醒注意几个例子。一个是华山的后汉碑文，讲述的是汉武帝参拜华山并建造集灵宫的事情。集灵宫在碑文中有所描述，而不见于书面历史文献的记载[18]。另一个是纪念楚相孙叔敖的碑文，其中记载"叔敖"是其字，其名为"饶"。在司马

---

[18] 欧阳修《后汉西岳华山庙碑》，《集古录跋尾》卷二，《欧阳修全集》，第2111—2112页。

迁的《史记》及其他记载中，人们只知道他叫孙叔敖，没有书面文献记载其名，也没有记录表明叔敖不是其名[19]。第三个例子是发生在欧阳修同时代的朝廷争论，关于一种产盐方式合理与否的争论，这种盐在某种含盐沼泽里自然形成，而非提取自盐井或海水中。赞成井盐或煮海取盐的人声称，这样的漫生盐口味低劣并且不能贮存。欧阳修用一件唐代盐宗神祠的碑文证明，漫生盐在唐代广泛使用，当代人不应该视为异常而拒斥[20]。最后一个例子是韩愈为当时一位著名的军事统帅田弘正写的碑文，韩愈文集有收录。当获得田氏家庙的原初碑刻拓片时，欧阳修跟通行韩愈文集的版本进行了比较，发现后者有很多错字和文句的颠倒。他用这件碑文拓片来复原文本，因为这是在韩愈生前最早写定并刻石的[21]。

24

　　对于作为历史学家思考和行动着的欧阳修来说，这些并非微不足道的发现。它们使他能够纠正文本系统中的谬误，这些谬误常常关系到一些重要的历史人物，而且已流传了数百年，一向被信以为真。可以理解，欧阳修对他的发现感到自豪。当评论自己在唐代盐业上的发现时，他说："余家集录古文，不独为传记正讹缪，亦可为朝廷决疑议也。"[22]

　　然而，读过序言后，我们可能会惊讶，在跋尾中，这样的发现相对来说并不多见。只有一小部分跋尾提到这一点，大概五分之一吧。而序言却暗示，欧阳修在其"别为录目"（即跋尾）中已选择或要选择论述的铭文的基本标准是其史实方面的功用。那么何以这样的条目比例如此之低呢？我们开始怀疑，欧阳修为某些铭文撰写跋尾的真正原因，并非序言中引述的那样。

　　此外，在欧阳修讨论铭文的史学价值时，他的话里掺入了一种

⑲　欧阳修《后汉孙叔敖碑》，《集古录跋尾》卷二，《欧阳修全集》，第 2110 页。
⑳　欧阳修《唐盐宗神祠记》，《集古录跋尾》卷七，《欧阳修全集》，第 2245—2246 页。
㉑　欧阳修《唐田弘正家庙碑》，《集古录跋尾》卷八，《欧阳修全集》，第 2270 页。
㉒　欧阳修《唐盐宗神祠记》，《集古录跋尾》卷七，《欧阳修全集》，第 2246 页。

奇怪的语调。"所谓集灵宫者，他书皆不见，惟见此碑，则余之《集录》不为无益矣。"㉓ "不为无益"这几个字，乍一看似乎很不起眼。但是它不断出现，尤其是他在一篇跋尾中提醒人们注意该跋尾所对应的铭文可以纠谬或增补史实，在说明这些作用之后，他会说："然后知余之《集录》不为无益也"㉔，"谓余集古为无益，可乎"㉕，"乃知余家所藏，非徒玩好而已，其益岂不博哉"㉖，"是知刻石之文可贵也，不独为玩好而已"㉗。

这让我们想起在序言中，欧阳修将铭文的"愉悦"或"消遣"之效与其史学价值相提并论。但是序言开诚布公地承认，从一开始搜集，他就是被铭文给予他的愉悦之情驱动。在这些跋尾的表述中，欧阳修似乎坚定地捍卫其工作的功用。我们想知道，是谁提出了如下的可能性：所有这一切不过是消遣，他竭力收集的多数铭文不会有什么大用，其工作是肤浅的娱乐，而非严肃的学术事业。这些令人不安的想法，看起来不像是他的朋友们在他耳边念叨。毋宁说，这些自我辩护的言论反映了欧阳修本人对自己工作的某种焦虑。

"不为无益"这种话在跋尾中反复出现，因而值得关注。欧阳修对自己的工作不断假想许多质疑，它们简直挥之不去。其原因之一在于，没有足够多的理由消弭这种质疑。按照序的说法，我们期望跋尾随处都有文本纠谬和史学的发现，而我们看到的却是：跋尾有各种各样其他的主题（这些主题，我们下面要谈到），只是偶尔出现一则明显具有史学的价值。而一旦出现，欧阳修便趁机提醒我们，其全部工作对澄清史实很有贡献。他在作这些声明的时候，听上去像是在自我辩护又缺乏自信，因而也就不由得让人觉得：他从来没有相信自己已经足够充分地说明了这一点，从此可以不再说了。

㉓ 欧阳修《后汉西岳华山庙碑》，《集古录跋尾》卷二，《欧阳修全集》，第 2111 页。
㉔ 欧阳修《东魏造石像记》，《集古录跋尾》卷四，《欧阳修全集》，第 2175 页。
㉕ 欧阳修《后汉孙叔敖碑》，《集古录跋尾》卷二，《欧阳修全集》，第 2110 页。
㉖ 欧阳修《唐孔颖达碑》，《集古录跋尾》卷五，《欧阳修全集》，第 2194 页。
㉗ 欧阳修《唐韩愈黄陵庙碑》，《集古录跋尾》卷八，《欧阳修全集》，第 2273 页。

有几次欧阳修甚至公开承认，某件铭文对史实毫无贡献，不过他还是保存下来，甚至撰写跋尾告诉我们这一点。他对一件后汉碑文就是这样处理的。这座碑本身已经破败不堪，大部模糊了，能辨识的寥寥无几，内容是关于碑主的生平仕履，碑主姓氏不详，因碑文残缺，仕履只剩下片段（完全是惯用的歌功颂德式的文字）。但是，面对碑文的残缺磨灭，欧阳修有着强烈的感慨与体悟，正是那碑文因残缺而未曾言说，而不是已经言说的部分，引发了他如此的反应：

> 右汉无名碑，文字摩灭，其姓氏名字皆不可见。其仅可见者云"州郡课最，临登大郡"，又云"居丧致哀，曾参闵损"，又曰"辟司隶从事，拜治书侍御史"，又曰"奋乾刚之严威，扬哮虎之武节"，又曰"年六十三，光和四年（181）闰月庚申遭疾而卒"。其余字画尚完者多，但不能成文尔。
>
> 夫好古之士所藏之物，未必皆适世之用，惟其埋没零落之余，尤以为可惜，此好古之僻也！[28]

铭文里尚可辨认的不连贯的细节，仅够勾勒一个一千年前的人物的模糊印象。而对欧阳修来说，那一不确切的印象具有不可抗拒的吸引力。这一条跋尾说明，无论欧阳修讲他的工作如何有"贡献"，如何有"益"，这都不能完全解释铭文对他产生的吸引力。一有机会，他马上提醒人们注意铭文的史学价值。但是他对铭文有兴趣并非因为它有这样的价值。 27

值得效法的与应受谴责的

欧阳修跋尾的另一主题是，他之所以保存某些铭文，是因为它

---

[28] 欧阳修《后汉无名碑》，《集古录跋尾》卷三，《欧阳修全集》，第2141—2142页。

们传达或拥有的道德典范价值。我们在他写的序里已经看到这样的考虑，在序里，他提到这些藏品为后人保存了"圣君贤士"之作。他为唐代书法家颜真卿（707—783）的碑文写的跋尾，清楚地表明了这种用心。对欧阳修来说，颜真卿首先不是一位书法家，他是儒家的大丈夫，他抵抗安禄山的叛乱；被叛逆李希烈拘押后，又严词斥责、公开谴责李希烈，后者报复性地处死了他。而颜真卿恰好又是一位卓越的书法家，其行书和楷书作品，运用线条和力度之大胆使人自然而然想起其行事的大丈夫气概。事实证明颜真卿的书法在宋代十分流行，并对宋代书法思想产生广泛影响，这种影响已有极详细的研究㉙。从某种程度讲，从欧阳修和蔡襄开始，其强有力的书风被宋代文人取法，从而成为在"二王"相对优雅精致风格之外的

28 一种选择，并因此对北宋书法风格革新产生了重大影响。

欧阳修为出自颜真卿笔下的 23 件碑文撰写了跋尾，超过了其藏品中任何其他的书法家。他将颜真卿描绘成一个儒家楷模，要从其书法来感受其伟大的人格特征。这种人格特征，有时候体现于碑文的内容，更多时候与内容无关；在欧阳修眼中，书法本身就传达出了颜真卿令人钦仰的人格品质，正如以下两则跋尾所说（因其短，故全录）：

> 余谓颜公书如忠臣烈士、道德君子，其端严尊重，人初见而畏之，然愈久而愈可爱也。其见宝于世者不必多，然虽多而不厌也。故虽其残缺，不忍弃之。㉚

> 斯人忠义出于天性，故其字画刚劲独立，不袭前迹，挺然

㉙ 参傅申《黄庭坚的书法及其赠张大同卷跋》（Fu Shen, *Huang Ting-chien's Calligraphy and His Scroll for Chang Ta-tung*, Princeton University, 1976, pp. 206—213）；倪雅梅（Amy McNair）《心正笔正：颜真卿书法与宋代文人政治》，第 1—15 页。

㉚ 欧阳修《唐颜鲁公书残碑》其二，《集古录跋尾》卷八，《欧阳修全集》，第 2259 页。

奇伟，有似其为人。㉛

这种看待碑文的方式并不限于颜真卿的碑文。欧阳修同样能够在不像颜这么有名的人身上发现令人钦仰的品质。一个例子是娄寿的纪念碑文，他是一位默默无闻的遁世学者，卒于公元 173 年，除此纪念性的石碑，无人知晓；他不够杰出，未能在关于后汉的史书中立传。据碑文可知，虽然娄寿的祖父曾任宫廷教授，娄寿却避而不仕，宁愿居于遥远的乡野，因为这让他有机会继续其研究，不受打扰， 　29尽管这一选择难免贫困。他招来大批学子，孜孜不倦地教诲他们，直到 78 岁去世。这些事迹听起来无甚特出。关于汉代的史书中，有不少古典学者和教师的传记，娄寿的行止与他们并无二致。然而，不知何故，欧阳修对其人其事特别感兴趣。在概述了娄寿碑文的内容后，他说了一段颇有感悟的个人感想：

> 景祐（1034—1037）中，余自夷陵贬所再迁乾德令，按图求碑，而寿有墓在谷城界中㉜。余率县学生亲拜其墓，见此碑在墓侧，遂据图经迁碑还县，立于敕书楼下。至今在焉。㉝

在欧阳修看来，娄寿尽管没有留下什么著述，但他是有志于学的典范。在欧阳修任地方官时，他曾率领当地学子参拜其墓，原因也正在于此；而且，他因为担心石碑无人注意，任其遗落荒野很可能磨灭毁弃，还将之移至显赫处。几年之后，他决定系统收集铭文。显然，他之所以要保存这块石碑，是因为碑主打动了他。

然而，由于欧阳修曾提到自己的收集有注重史学功用这一动机，因此我们还不能说，吸引他从事收藏的最主要动力，是对道德楷模

㉛ 欧阳修《唐颜鲁公二十二字帖》，《集古录跋尾》卷八，《欧阳修全集》，第 2261 页。
㉜ 谷城在乾德正南（今湖北襄阳附近）。
㉝ 欧阳修《后汉玄儒娄先生碑》，《集古录跋尾》卷三，《欧阳修全集》，第 2131 页。

之品行的敬重，无论这品行是为碑文所纪念的碑主所拥有，还是体现在其书法之中；因为有很多铭文并不具有这样的内容，就像前面
30 所举的后汉无名碑。欧阳修的收藏中有很多这样的铭文，其中的人物事迹寥寥，当然也就没有什么值得称道。欧阳修曾向人证明他收集那些保存完好且关乎重要人物的铭文是有意义的，与此相比，他更努力地使人相信，收集那些无名之辈的残缺碑文同样是有价值的。不论怎样，他毕竟收集了它们。

而更令人惊讶的是，欧阳修还另搜罗了一些铭文，这些铭文按他的想法，其作者或内容应受到严厉谴责。其中一例是这样一件铭文，它纪念的事件发生在声名狼藉的女皇武则天统治时期。武则天篡夺了唐朝的皇位，传统史书认为她的统治是毁灭性的"阴"放纵不制的体现：

> 右《流杯亭侍宴诗》者，唐武后久视元年（700）幸临汝温汤，留宴群臣应制诗也。李峤序，殷仲容书。开元十年（722），汝水坏亭，碑遂沉废。至贞元（785—804）中，刺史陆长源以为峤之文、仲容之书，绝代之宝也，乃复立碑造亭，又自为记，刻其碑阴。武氏乱唐，毒流天下，其遗迹宜为唐人所弃，而长源，当时号称贤者，乃独区区于此，何哉？然余今又录之，盖亦以仲容之书可惜，是以君子患乎多爱。㉞

吸引欧阳修的，只是铭文的某一方面特征，其他方面则使他反
31 感。他足够坦诚，公开谈到了这一冲突。他没有为保存这类铭文编造借口，说自己保存它们是作为反面教材，证明那些媚惑了君主的宫廷女子对皇权的滥用。他也本可以什么都不说，也就是不为它们撰写跋尾，漠视它们在其收藏中的存在。但是在美学感染力与其在

㉞ 欧阳修《唐流杯亭侍宴诗》，《集古录跋尾》卷六，《欧阳修全集》，第2206—2207页。

政治及德行上的可悲出身之间，他选择了直陈二者的冲突。他希望读者能谅解他的这种"爱"，就像他谅解了陆长源一样。

　　这一冲突更普遍地出现在有关佛道而不是关于那些应受谴责的统治者的铭文的跋尾中。其藏品中有很多这样的宗教铭文，序言称之为"神仙鬼物诡怪所传"之作。在搜罗这些铭文方面，欧阳修是非常摇摆不定的。他为其书法着迷，尤其是分裂时期的北朝（317—580）书法，他觉得与众不同、遒劲有力。但是他禀性上那么敌视佛道，即使褒奖其书法，又忍不住要表达他的非难。下面就是一例：

　　　　右《神龟造碑像记》，魏神龟三年（520）立。余所集录自隋以前碑志，皆未尝辄弃者，以其时有所取于其间也。然患其文辞鄙浅，又多言浮屠，然独其字画往往工妙。惟后魏、北齐差劣，而又字法多异，不知其何从而得之，遂与诸家相戾。亦意其夷狄昧于学问，而所传讹缪尔，然录之以资广览也。此碑字画时时遒劲，尤可佳也。神龟，孝明年号。按《魏书》，（神龟）三年七月辛卯改元正光，而此碑是月十五日立，不知辛卯是其月何日也。当俟治历者推之。[35]

32

　　很明显，在欧阳修的评论里，书法鉴赏家和儒家思想家之间存在某种紧张。这些佛教铭文的内容令欧阳修不快，语言同样可憎。他在其中觉察到一股野蛮的气息：用带有粗野、未开化气息的语言表达外来的异域宗教信仰。而身为鉴赏家，他又赞赏其书法的动人之美。我们猜测，正是书法的非正统风格赋予其魅力（"不知其何从而得之"）。因此，铭文中的外来影响，或者至少是其对传统并正统的汉族学识的背离，让我们这位收集者以两种眼光看待它们。作为热衷于书法的人，他高度评价新颖的风格，热切期望收藏它。但是

───────────

[35]　欧阳修《后魏神龟造碑像记》，《集古录跋尾》卷四，《欧阳修全集》，第2173—2174页。

作为服膺儒家理想的人，他觉得有必要表达对铭文思想的不满。

尽管直言不讳地贬低这些作品的宗教内容，欧阳修还是担心后人会严厉指责他。以至于每次为书法的魅力折服时，他都要一再表达他的批评。欧阳修很清醒地知道，人们会因其收集的东西而把他看成什么人，在一则跋尾中他这样讲：

> 右《玄隐塔铭》，徐浩撰并书。呜呼！物有幸不幸者，视其所托与其所遭如何尔。《诗》、《书》遭秦，不免煨烬。而浮图、老子以托于字画之善，遂见珍藏。余于《集录》屡志此言，盖虑后世以余为惑于邪说者也。比见当世知名士，方少壮时力排异说，及老病畏死，则归心释老，反恨得之晚者，往往如此也。可胜叹哉！㊱

33

欧阳修说自己收集某些铭文是因为它有道德价值，比如颜真卿所书写的碑文就是这样，但这个理由解释不了他全部的收藏行为。因为事实上内容有问题的铭文，比如上面刚提到的那些，其数量同那些关于具有坚贞品格的人物的铭文一样多，甚至还要多。从某种意义上说，跋尾特别关注贤人或德行，与它有时说某某铭文有史学价值一样，两者都是要乘机表明什么，好像要让人们相信，欧阳修做这样的工作，其全部目的就是这两点。但当我们意识到，其收集品中符合这一标准的铭文相对来讲是那么少，我们就会质疑其说法。

古代的书法水平

欧阳修对自己的收藏行为提出了另一个理由，这个理由或许更有说服力。相比于史学价值和道德价值，他更多地提到其藏品的书法魅力。在前面所引的跋尾中，我们可以多次看到这个理由，他为

㊱ 欧阳修《唐徐浩玄隐塔铭》，《集古录跋尾》卷七，《欧阳修全集》，第2233页。

其藏品所写的序言，也突出地谈到这一点。跋尾中突出的一个观念是，古代的书法水平要高于他自己的时代。这成了他收藏的理由，有时是明确的，有时是不自觉的：他正在收集、保存古代书法的范本，以便让世人看到艺事如何衰退，并试着去做得好一些。

欧阳修断言古代书法优于当代，这个说法乍一看令人惊讶，很难弄清他为什么这样说。一般来讲，我们今天显然不认为宋代书法逊于前代。正相反，我们倾向于认为宋代是书法史上集大成的时代，几位旷代所无的书法大家代表了这一成就（比如苏轼、米芾、黄庭坚及徽宗皇帝）。因此我们怀疑欧阳修的说法是否站得住脚。或者，它们不过是崇古的虚文？中国人每述及历史，常可见到这样的虚文。

有趣的是，唐宋对比是欧阳修理解书法史（及其衰落）的基础。这不是说他不欣赏唐代以前的书法。但他将唐代与前代联系起来，称其在书法领域同前代一样造诣非凡，甚至有过之而无不及。因为欧阳修的大量收集来自相对较近的时代，所以这里对唐代的高度关注就成为需要注意的关键。不过这一态度跟我们预期的可能背道而驰。有宋一代在很多领域看待历史的态度通常是这样，即唐代尽管本身可能已达到了很高的高度，但相对于前代来讲，是在衰退。所以，欧阳修的态度并非从众之语。下面是他论述书法史的几个例子：

> 余常与蔡君谟（蔡襄）论书，以谓书之盛莫盛于唐，书之废莫废于今。[37]

> 余尝谓唐世人人工书，故其名堙没者不可胜数，每与君谟叹息于斯也。[38]

> 盖自唐以前，贤杰之士莫不工于字书，其残篇断稿为世所宝，传于今者，何可胜数，彼其事业超然高爽，不当留精于此

34

35

---

[37] 欧阳修《唐安公美政颂》，《集古录跋尾》卷六，《欧阳修全集》，第2223页。
[38] 欧阳修《唐夔州都督府记》，《集古录跋尾》卷九，《欧阳修全集》，第2295页。

> 小艺。岂其习俗承流，家为常事，抑学者犹有师法，而后世偷薄，渐趣苟简，久而遂至于废绝欤？今士大夫务以远自高，忽书为不足学，往往仅能执笔，而间有以书自名者，世亦不甚知为贵也。至于荒林败冢，时得埋没之余，皆前世碌碌无名子。然其笔画有法，往往今人不及，兹甚可叹也。㊴

> 自唐末干戈之乱，儒学文章扫地而尽。宋兴百年之间，雄文硕儒比肩而出，独字学久而不振，未能比踪唐人，余每以为恨。㊵

欧阳修在谈及他观察到的书法水平的衰退时，听上去似乎他就是这样想的。如我们看到的，他坚持认为古代书法作品普遍符合一种更高的水准：有唐一代，人人都擅长书法。他努力使其收集尽可能地广泛普遍，就跟这一主旨有关。几乎每件铭文中都有精妙之处，所以为什么不尽可能旁搜博取呢？

欧阳修承认，他有点解释不清，为什么唐代书法水平如此之高。
36 谈到同时代人的浅薄，他的话没有多少新意。但他思考唐代如何有别于自己的时代的想法却很有意思，值得重视。欧阳修完全有可能是针对宋初的情况而言，对书法史上的这一时期，今天我们还不太了解。宋代著名的书法家，除了在跋尾中惹人注目的蔡襄以外，都出现在欧阳修撰写跋尾之后，而这些人虽然成就突出，但不能代表宋代文人阶层普遍的书法水平。由于当时社会和教育有综合的发展，而且在欧阳修成年时期私人印书极大地普及，我们又如何能肯定地说，在欧阳修那个时代，一般的书法水平没有衰退呢？要是衰退，我们今天大概也看不到。因为总的来说，我们今天只能看到北宋那些杰出的书法作品，而这些作品绝大多数显然产生在欧阳修提到并

㊴ 欧阳修《唐辨石钟山记》，《集古录跋尾》卷九，《欧阳修全集》，第 2287 页。

㊵ 欧阳修《范文度摹本兰亭序二》，《集古录跋尾》卷四，《欧阳修全集》，第 2163 页。

指责的时代之后。

欧阳修认为在他之前的书法达到了很高的水准，所以他坚持收藏，这是我们迄今遇到的最令人满意的解释。原因就在于，这一理由较之其他理由，能对更多收藏品的收藏动机作出解释。这让我们想起，欧阳修在评论那些他认为内容令人反感的佛道铭文时，就不断表示，他收藏它们只是因其书法在某方面不同寻常，值得保存[41]。

除了美学鉴赏，欧阳修还有其他的收藏动机。有时他会承认，自己收集的东西无足称道、无甚特别，包括其书法也是这样；这样的表白不是很多，但其中透露出它的收藏还有其他动机："其事迹不可考，文辞莫晓，而字书不工。"[42] 这就需要进一步思考。

37

古

欧阳修的收藏工作，以及他对此的所有说法，都受到他思想中对待古代的态度的影响。这一态度，从根本上来说跟他对前代高超书法的钟爱密不可分，值得单独讨论。自从有了一个足够古远的可以追溯的过去，崇古似乎已成为中国文明的特征。尽管欧阳修对古代的感知无疑建立在传统固有的文化价值观上，却仍有其特异之处，要全面理解其收藏行为的意义和动机，就必须对此有所体察。

欧阳修在命名自己的藏品集时，用了"古"这个词，而像我们已经看到的，"古"这一概念在其跋尾中频繁出现。古代对他意味着什么，这一名称的意义又是什么呢？我翻译得很谨慎，将欧阳修《集古录》这一题名中的"古"字翻译成"the past"。一些学者将"古"翻译成"antiquity"或"antiquities"（"古代遗迹"）。这个翻译当然无可非议，但可能夸大了欧阳修通过其集名要唤起的时代距离感。不过，

---

[41] 相关例证可参看欧阳修《陈浮屠智永书千字文》第一则，《集古录跋尾》卷四，《欧阳修全集》，第 2169 页。又《唐徐浩玄隐塔铭》，《集古录跋尾》卷七，《欧阳修全集》，第 2233 页。

[42] 欧阳修《周伯著碑》，《集古录跋尾》卷一〇，《欧阳修全集》，第 2319 页。

即使仅仅理解为"the past"，欧阳修对"古"这一概念的认识及其在书法史如何运用这个概念，有几个方面也是令人惊讶的。他这一"古"的概念包括几个较近的时代，确切地说，即他之前的最后一个大的朝代（唐代），以及介于唐代和他所在的朝代（建于 960 年）之间的 50 多年分裂时期（五代）。在其藏品中，欧阳修将他之前的时代无论远近全都合为一体。时代的概念被简化了：只有"古"及暗含的今。没有中间时代，也没有近古。先宋时代一律称"古"。

38　　令人更惊异的是，欧阳修收集的大部材料，约百分之六十出自唐代㊸。我们可能很容易设想一种不同的比例。如果大部分铭文出自先汉和汉代，一小部分出自南北朝和唐代，选择"古"这一名词就很寻常了。但实际上，其中代表"古"的藏品大部分来自近古。欧阳修本可以采用别的术语，唐代有一篇文章，列举了唐前所有朝代的书体和书法家，那篇文章采用了"古今"的说法㊹，欧阳修可以效仿；或者他可以用"历代"，像唐代作者张彦远一样，张在其有影响力的《历代名画记》中就用了这个说法。但是欧阳修没有选择这些术语。

　　这里的问题并不仅止于碰巧选择了一个什么术语那样简单。欧阳修自觉地意识到铭文是"古"的一部分，他围绕这种认识流露的某些态度极为重要，尽管这些态度只有在我们阅读跋尾的过程中才能逐渐体会到。欧阳修显然认为自己站在崖谷的一边，时间的崖谷将他的时代与先宋时代分割开来。对此他并不乐意，他热切期望回到从前，将自己同时间彼岸的人联系起来。这种隔离感和对跨越隔阂的渴望是欧阳修从事收藏的一个重要动机。

　　我们不清楚，欧阳修为什么如此看待时间和历史。我们可以揣测其原因。现代的中国历史学家经常提醒我们，欧阳修所在的宋代，

㊸　此据欧阳棐《集古录目》所列目录。
㊹　参看《古今文字志录目》（作者不详），收入朱长文《墨池编》卷一，第 13a—16a 页。

其社会形态跟前代是多么不同。确实如此，随着新的扩张型商业支撑的更成熟的商人阶层的出现，社会发生了转变。由于官僚体系的扩大，作为官员选拔手段的考试体系越发重要，受教育阶层增长起来。印刷术的传播在多个层面上改变着对文本和学识的态度。王朝确立了新的都城汴梁（开封），在此之前，开封从未成为首都。都城不仅建于新址，而且由于人口多得城里都住不下，其规划和内部结构，也打破了帝国的长安和洛阳的传统——对称的分区、威严的皇城以及严整的矩形城墙。对外关系也处于新的基点之上。北宋发觉自己同北方和西北的敌国处于对等状态，这一点在中国主要的朝代中是史无前例的。确立国与国之间关系的盟约（与契丹辽在 1005 年，与西夏在 1042 年)，给汉族政权带来经济负担，很可能还给其君臣带来心理包袱，这跟已知的唐代情况全然不同。考虑到这些政治现实，对宋代国人来说，很难再像前代汉族政权之于近邻那样自视拥有同样的文化优越感吧。随着王朝举步维艰，在 1120 年代遭到灾难性的入侵，失掉北方半壁江山，这一现实只会变得更加显而易见、无法否认。

　　我们有理由认为，欧阳修即使不是对所有这些变化都有体认，至少也对其中很多内容有所体认。他正是根据这些变化，作出如下判断：他的时代和之前的历史时期如此不同，以至于如此了不相关。我们这样说是有道理的，是一个可以接受的说法，但仍是揣测，因为欧阳修没有多少话说到这一点。我们今天是在社会学、经济学及国际关系的知识体系下描述和分析宋代社会，欧阳修并非这样写作和思考。欧阳修认为"古"，包括近古时代，与自己的时代之间有不可逾越的鸿沟，这种感受对欧阳修来讲，是由衷的信念，无需分析，也不必费力解释。这就是他所有的那样一种感觉，无法摆脱，让人不那么愉快，却是事实。

　　接下来我们将看到，欧阳修这样的理解贯穿在他的跋尾中，但不限于跋尾。这里，我们要简要分析一篇跋尾之外写得很好的散文，

40   在这篇文章里，欧阳修对历史的独特理解得到了清晰的反映。这篇
文章是他为丰乐亭而写的记，该亭修建于 1046 年，此时他贬谪滁州
（今属安徽）。我们特别注意此文，是因为它关注的事件距欧阳修所
在的朝代近得不能再近了，就发生在新王朝建立前几年，而且恰可
作为新王朝建立的序幕。尽管如此之近，欧阳修却感到，在他着手
恢复并加以纪念之前，这些事件已经是很久以前的事情，濒临彻底
湮没。

    《丰乐亭记》按照惯常写法开头，欧阳修向我们讲述他在滁州上
任不久就在城外山间发现一处宜人之地，那里有一脉甘泉，于是建
造了此亭作为休憩游赏之所。然后说到一段历史教训。通过查考地
图和文献，欧阳修断定亭子所在的山间某处，正是后周统帅赵匡胤
在 956 年对南唐军队作战取得决定性胜利的地方。这场战役使南唐
正式臣服于后周。四年后，垂帘听政的后周太后逊位于这位大权在
握的军事统帅，后者成为宋代开国皇帝，史称宋太祖。欧阳修决定
拜访确切的决胜之地，试图确认其查考，却沮丧地发现当地无人能
确指其地。

        自唐失其政（906），海内分裂，豪杰并起而争，所在为敌
    国者，何可胜数！及宋受天命，圣人出而四海一。向之凭恃险
    阻，划削消磨，百年之间，漠然徒见山高而水清，欲问其事，
    而遗老尽矣。

41   今滁介于江、淮之间，舟车商贾、四方宾客之所不至，民
    生不见外事，而安于畎亩衣食，以乐生送死。而孰知上之功德，
    休养生息，涵煦百年之深也。⑮

    欧阳修在结尾解释说，他已经写了这篇记，叙述了这一历史事

---

⑮ 欧阳修《丰乐亭记》，《居士集》卷三九，《欧阳修全集》，第 575 页。

件，所以当地人将记住其家乡发生的事情，明白其幸福生活（"丰乐"）其来有自。

现在我们可以来考察这篇文章背后隐含的政治动机：这位新近被贬谪的官员，刚刚因被指控犯了通奸罪（事件本身可能起于政治斗争），而经历了痛苦的审讯，他试图通过这篇文章证明自己对君主的忠诚和对君主祖先的崇奉，这位当朝皇帝刚刚赦免其死罪[46]。这样的解读有些道理，但没说到点子上。文中表达的沮丧，才与我们关心的问题有关：如此之近又如此重大的事件却几乎完全湮没无闻了。湮没无闻包括两点：物质上和精神上。其物质证据——防御工事、战役本身带来的破坏和残骸——在随后的 90 年里完全销蚀殆尽。人们的印象同样模糊淡漠。在仅靠地图和当地文献而没有任何当地知情人的情况下，欧阳修似乎试图确定战场所在，结果无功而返。感觉上，这一事件真的已经消逝了，至少该战役的准确地点再也无法确定。

欧阳修明白他生活在一个相对安定繁荣的时代。在经历了曾经强盛的唐王朝的瓦解和随后半个世纪暗无天日的诸侯纷争之后，帝国重又统一，如今百姓安居乐业。像滁州这样封闭的地区，人们生 42 活在完全的自足中——"乐生送死"。国家商业繁荣，道路运河之上货物往来运送，络绎不绝。山川畅通，不再被非法的政治疆界或者军事要塞分割开来，山川的自然美凸现出来，所有人都能观览。然而尽管这个时代如此令人舒心，生活在此如此幸运，却有一种与古代甚至是近古割裂的感觉。欧阳修此处感受的，是像今天的历史学家描述的那种宋代的新经济、新建制和新社会吗？我们今天会分析，在漫长的帝制中国的历史中，宋代相对于前代进入了一个新时代，欧阳修是在回应这种向新时代的转变吗？我不认为我们能解答这些问题，我们能说的是，欧阳修感到他的世界同前代不衔接，这种感

---

[46] 关于欧阳修受到的审讯和当时的政治情况，参看拙作《欧阳修的文学作品》，第 5—7 页。

觉深深地困扰着他。

遗失，漫漶，无名

你担心与古代割裂，担心它无情地越出你的掌握，所以你决定收藏外观漂亮的古代遗物，这些遗物在你自己所在的世界得不到珍视。你为每一次的收获感到高兴，抓住每次机会唤起人们注意你的工作为澄清史实作出的贡献。但是你的很多收获是那么的破败，它们又提醒你要保存或恢复过去，你的能力是多么微弱。这一主题在欧阳修的跋尾中不断出现。

由于年代久远，并且曝露于大自然，碑石承受着数百年的自然侵蚀，很多铭文多有磨损。欧阳修的收藏工作，始于他收集的一幅孔庙碑文，在为这幅碑文写的跋尾中，他就提到这一点。在这些有关金石铭文的文字中，经常出现永固与易朽的矛盾内容。把文字刻在这些物质上，首先是要确保其长久。不像写在纸上的文字，更不像口耳相传的话，刻在石头上的文字就是要置之永久的。具有讽刺意味的是，手稿最后流传下去，尽管它可能不太经济，可能不可靠，却比金石更好地保证永久性——至少对那些不断被摹写而没有丢失的手稿来说是这样的。即使碑碣没被掩埋、丢失或者破碎，其上镌刻的文字也易于销蚀。所以意欲永恒的东西迟早会证明时间不可抗拒的碾压，证明永恒之不可能，证明幻想不朽之荒唐。

欧阳修偶尔在这样的心境下写作，带着说教的口吻严厉批评那些迷恋身后名的人。下面的跋尾即是一个例子：

> 右汉《郎中王君碑》。文字摩灭，不复成文，而仅有存者，其名字、官阀、卒葬年月皆莫可考。惟其碑首题云《汉故郎中王君之铭》，知君为汉人，姓王氏，而官为郎中尔。盖夫有形之物，必有时而弊，是以君子之道无弊，而其垂世者与天地而无穷。颜回高卧于陋巷，而名与舜、禹同荣，是岂有托于物而后

传耶？岂有为于事而后著耶？故曰久而无弊者道，隐而终显者诚，此君子之所贵也。若汉王君者，托有形之物，欲垂无穷之名，及其弊也，金石何异乎瓦砾？[47]

44

类似的跋尾还有几条，它们是关于如何合理看待身后名的小型演说[48]。它们本身并无新见，也没有什么意思。有意思的是，它们被写进了一部努力保存这些破败之物的著作中。在这一背景下，如果把它们当真，那么就没什么意义。如果说欧阳修努力使那些碑铭免于湮沦，同时又认为它们毫无意义、毫不重要，这就很奇怪。我更倾向于将这些跋尾理解为欧阳修要表达他对传统儒家观念的尊重，传统儒家认为德行重于声名。孔子说："不患莫己知，求为可知也。"[49] 欧阳修希望别人不要以为他对价值何轻何重分不清，他的跋尾中时时流露这样的情感。因此他便不时提到，同德行相比，金石记录多么无足轻重甚至不可靠。说到这里，他又马上回到抢救、保护、保存那些不能永久保存之物的任务上来。

欧阳修对铭文的观察有时走向完全相反的方向，这一观察向度，在跋尾中更特别、也更普遍。这是他评论那些残存的铭文的最主要的方式，这些铭文要么石碑不完，要么镌刻的文字不能完全辨认了。他在一件多有磨损的后汉碑文的跋尾结尾说了这样的话：

> 汉隶刻石存于今者少，惟余以集录之勤，所得为独多。然类多残缺不全，盖其难得而可喜者，其零落之余，尤为可惜也。[50]

45

---

[47] 欧阳修《后汉郎中王君碑》，《集古录跋尾》卷三，《欧阳修全集》，第 2135 页。

[48] 参看类似条目，欧阳修《唐甘棠馆题名》，《集古录跋尾》卷三，《欧阳修全集》，第 2263 页；《唐人书杨公史传记》，《集古录跋尾》卷一〇，《欧阳修全集》，第 2307 页。

[49] 《论语》第四篇，第十四章。

[50] 欧阳修《后汉郎中郑固碑》，《集古录跋尾》卷二，《欧阳修全集》，第 2114 页。

至此，我们料想欧阳修会说，多么不幸，又是一件残本，他宁愿拥有一件保存完好的、年代与字体都少见的范本。然而这根本不是他要说的。他为唐代著名书法家李阳冰的一件部分磨损的铭文所写的跋尾，其结尾有相同的表述：

> 阳冰篆字世传多矣，此摩灭而仅存，尤可惜也。[51]

这句话此处可有两种不同的解释：其一，这例李阳冰的篆书作品虽然不完整，但是不同寻常，特别有吸引力；其二，与保存更好的同类大多数作品不同，这一作品不完整而且保存下来全靠运气，却也正因此而特别有吸引力。我们通读跋尾（其中这样的表述不计其数）就会明白，欧阳修要表达的是第二个意思。在一则跋尾中他直接表达了这一观点：

> 右《李石碑》，柳公权书。余家集录颜、柳书尤多，惟碑石不完者，则其字尤佳，非字之然也。譬夫金玉，埋没于泥滓，时时发见其一二，则粲然在目，特为可喜尔。[52]

46

在文物收集者眼中，遭破坏的、部分磨损的或残存的遗迹具有一种别样的吸引力，而欧阳修也有此好，未能免俗。对他来说，铭文的吸引力就在于它的脆弱易毁，其残缺不全就印证了这种脆弱。他看着这些铭文，心想它差一点就遭完全毁灭。在此，他很坦率地承认，吸引他的不仅仅是书法本身，而是差一点就亡佚不传，而且内容也的确有残缺的书法。他认为，这才是真正"可惜"的，因为其存在是如此稀少而又如此脆弱。

---

[51] 欧阳修《唐李阳冰阮客旧居诗》，《集古录跋尾》卷七，《欧阳修全集》，第2244页。

[52] 欧阳修《唐李石神道碑》，《集古录跋尾》卷九，《欧阳修全集》，第2294页。

他看重的也不仅是这些古代遗迹的脆弱。铭文同样让他反思铭文的时代与他自己所处时代的隔阂。偶尔他也会沮丧地发现镌刻的文字要传达的意思无法捉摸。不光是因为铭刻的销蚀，也由于如下原因：自刻石以来，语言、风俗和制度都已经发生了变化。因此，欧阳修读到这些文字却无法理解，为过去之无法接近、不可回复而困扰。对于一件后汉庙碑文中不能理解的语句，他明显感到懊恼，问到："是何等语？"[53] 同样出自后汉的另一件碑文开列了捐赠者的名字。所列某些人的名与字的排列顺序让他不解，并让他迷惑："文字皆完，非讹谬，而莫晓其义也。"[54] 他为唐人颜勤礼的神道碑撰写了一篇特别长的跋尾，这位颜勤礼是历史学家颜师古与书法家颜真卿的亲戚。欧阳修遇到一个令人困惑的问题，关于这一重要家族的成员的姓名，不同的版本有不同的记载。他在宫廷秘阁中亲自查阅了官员任命状，这提供了颜勤礼、其叔父师古以及师古的父亲思鲁的名与字的一种版本。但是他收集的唐代碑文明显与之相反。两种来源都跟颜氏同时代，应该可靠，那么为什么不一致呢？无法解答，只有疑惑，他于是这样说："唐去今未远，事载文字者未甚讹舛残缺，尚可考求，而纷乱如此。"[55] 身陷这样的僵局，欧阳修感到不安，因为如果连生活在较近时代的重要人物的生平都无法确定，那么他如何期望确定更加难以捉摸的历史事实呢？他知道他对历史的复原总是有缺憾的、不完整的，就像那么多铭文自身残缺不全一样。

欧阳修对铭文中包含和体现的书法史的兴趣是很广泛的。历史上有伟人，也有小人物，甚至无名氏。声名有大小，地位有高下。我们可能以为历史名人——像颜真卿和孔颖达这样的人——占据着跋尾的大部分，但是并非如此。实际上，在写到那些不甚有名的人物时，欧阳修有一种不同的态度，这一点是令人惊讶的。他的语调

53　欧阳修《后汉修孔子庙器碑》，《集古录跋尾》卷二，《欧阳修全集》，第2109页。
54　欧阳修《后汉杨公碑阴题名》，《集古录跋尾》卷三，《欧阳修全集》，第2129页。
55　欧阳修《唐颜勤礼神道碑》，《集古录跋尾》卷七，《欧阳修全集》，第2255页。

变得个人化，甚至带有感情。这些不甚有名的人在他身上引起这样的反应，相比之下那些文化伟人更可能引起的是道德评价。以下两个例子，可以看出他如何对待出自声名不彰或无名之辈的铭文：

> 右《辨法师碑》，李俨撰，薛纯陀书。纯陀，唐太宗（627—650 在位）时人。其书有笔法，其道劲精悍不减吾家兰台（欧阳询〈557—641〉），意其当时必为知名士，而今世人无知者，然其所书亦不传于后世。余家集录可谓博矣，所得纯陀书只此而已。知其所书必不止此而已也，盖其不幸湮沉泯灭，非余偶录得之，则遂不见于世矣。乃知士有负绝学高世之名，而不幸不传于后者，可胜数哉！可胜叹哉！㊶

> 右《阳公旧隐碣》，胡证撰，黎𬀩书，李灵省篆额。唐世篆法，自李阳冰后寂然未有显于当世而能自名家者。灵省所书《阳公碣》，笔画甚可佳，既不显闻于时，亦不见于他处。以余家所藏之博，而见于录者惟此，虽未为绝笔，亦可惜哉！呜呼，士有负其能而不为人所知者，可胜道哉！㊷

正如我们这里看到的，当遇到一件出自不知名的书法家之手的铭文时，欧阳修会琢磨这位书家在生前有怎样的名声。但他讨论的方式又并不固定，难以捉摸。面对杰出的书法，比如薛纯陀的，他会想象其人在其时代里必定很有名。这里他把现实理想化了：一个人看上去应得大名，所以他认为此人一定曾有名气；或者面对另一件作品，可能其书法在众多的作品里不那么出众，比如出自李灵省的那件，他会认为该书法家在其时代可能没有名气。薛纯陀声名之下降、身后之黯淡，表明声名是多么的不可靠。而李灵省生前无闻，则表明世人可能

㊶ 欧阳修《唐辨法师碑》，《集古录跋尾》卷五，《欧阳修全集》，第 2197 页。
㊷ 欧阳修《唐阳公旧隐碣》，《集古录跋尾》卷八，《欧阳修全集》，第 2278 页。

会多么无视于优秀的艺术才能，尤其是当艺术家没有其他可称道的行为引起世人注意的话（如另一条跋尾所言⑱）。不管是怎么想，欧阳修最后总是诚挚地表达其伤感和遗憾：如此有才华的人差一点就完全湮灭。这是他个人对泯然无闻的书法家最终表达的强烈感慨。

有趣的是，欧阳修对碑文书写者泯然无闻的感慨，比对碑主为人淡忘的感慨更强烈。有很多碑主，其生平成为碑文的主题，他们同样被世人遗忘。欧阳修偶尔也提到他们，但是远不如他说起那些被遗忘的书法家那么频繁，也远不那么深情。跋尾中的这种偏向跟贯穿在欧阳修工作中的整体意图是一致的。他为铭文所吸引，首先是出自对其书法的喜爱。他试图汇编有专长的各体书法，其兴趣不是一般性地描绘历史，也不是通过铭文尽可能重新获取书面记录传统所丢失或讹谬的内容（尽管他自己经常这么说），其目标是较之以前更彻底地展现一种艺术追求，其关注点在历史的美学方面，而非历史的全体。

个人生命时间与历史时间

在欧阳修的收集品中有一件铭文，其内容仅由唐五代期间游历过华山的人的题名组成，时间跨度为 201 年。铭文没有叙事的正文，只有那些长途跋涉登山者的名字，他们将名字刻在华山的岩石上，想必都是亲笔写的。以下是欧阳修为此铭文写的跋尾：

50

> 右《华岳题名》。自唐开元二十三年（735），讫后唐清泰二年（935），实二百一年，题名者五百一人，再题者又三十一人。往往当时知名士也。或兄弟同游，或子侄并侍，或寮属将佐之咸在，或山人处士之相携。或奉使奔命，有行役之劳；或穷高望远，极登临之适。其富贵贫贱、欢乐忧悲，非惟人事百端，而亦世变多故。开元二十三年（乙亥），是岁天子耕籍田，肆大赦，群臣

---

⑱ 欧阳修《题西岳大洞张尊师碑》，《集古录跋尾》卷六，《欧阳修全集》，第 2212 页。

方颂太平，请封禅，盖有唐极盛之时也。清泰二年乙未，废帝篡立之明年也，是岁石敬瑭以太原反，召契丹入自雁门，废帝自焚于洛阳，而晋高祖（石敬瑭）入立。盖五代极乱之时也。始终二百年间，或治或乱，或盛或衰。而往者、来者、先者、后者，虽穷达寿夭，参差不齐，而斯五百人者，卒归于共尽也。其姓名岁月，风霜剥裂，亦或在或亡。其存者独五千仞之山石尔。故特录其题刻。每抚卷慨然，何异临长川而叹逝者也。[59]

跋尾最后提到孔子站在河边注视着河水，对着奔流不息的流水发出叹息。圣人的叹息传统上被理解为对流水恒久运动的礼赞，其运动被比喻成永不停息的道本身，或者君子在修身上的坚持不懈。欧阳修改换了孔子对流水感叹的意味，将其变成对时间无尽流逝的遗憾，并暗含对被时间洪流卷走的人的惋惜。这是欧阳修对这一串名字所生感慨的真正用心。在对残破的题名作出这样的反应时，他也想到了自己的泯灭，这样说不会有什么疑问吧？

欧阳修自己的生命同其收集过程复杂地交织在一起。我们看到，当初是对一件对他而言非常珍贵的铭文濒临消亡的切身痛惜促使其开始工作。另有一些跋尾同样揭示了历史时间与他生命中亲身经历的时间的这种交错重叠：

> 右《幽林思》，庐山林薮人韩覃撰。余为西京（洛阳）留守推官时，因游嵩山得此诗，爱其辞翰皆不俗。后十余年，始集古金石之文，发箧得之，不胜其喜。余在洛阳，凡再登嵩岳。其始往也，与梅圣俞、杨子聪俱；其再往也，与谢希深、尹师鲁、王几道、杨子聪俱。当发箧见此诗以入集时，谢希深、杨子聪已死。其后师鲁、几道、圣俞相继皆死。盖游嵩在天圣十年（1032），是

59　欧阳修《唐华岳题名》，《集古录跋尾》卷六，《欧阳修全集》，第 2216 页。

岁改元明道，余时年二十六，距今嘉祐八年（1063）盖三十一年 52
矣。游嵩六人，独余在尔，感物追往，不胜怆然。⑩

这篇跋尾出自这样一个人的笔下，他面对着朋友们的辞世，同时
也暗含着他自己的泯灭。这一串朋友的名字，让人想起前面讨论过的
华山题名中那串不知名的人。乍看上去，这两群人的差异大得不能再
大了，一群是经过选择的欧阳修的亲密朋友，另外一群则是一长串数
百年前在历史上身影模糊的人。然而尽管有这样的不同，关于二者，
欧阳修思考的都是时间如何牢牢地掌握着他们。

收藏工作让欧阳修既遭遇个人时间，又遭遇历史时间。文字刻之
金石，以求永久保存，可是令人诧异的是，数百年后，刻之金石却显
示其仍属徒劳。欧阳修敏锐地觉察到他收集的铭文的脆弱，因此特别
迷恋于那些部分磨损的铭文，对他来说正因其破损才有着不可抗拒的
魅力。从某种意义上说，欧阳修是在跟时间赛跑，时间正威胁着地面
上每一块石碑。甚至每获得一件铭文，将之小心地装裱在一个巨大的
簿册里时，他都在考虑其收藏品自身也不会长久留存。他明白它们会
逐渐离散，最终该怎样就会怎样。

但是其收集工作仍在及时地进行着，在欧阳修有生之年，月复一
月，年复一年。他在跋尾里不断地提醒我们，他开始收集的确切时间，
他已经从事了多久，又花了多久的努力才获得一件拓本等等。他自觉
地并且坚持不懈地持续了将近 20 年，直到 56 岁。即使其积累已堪称
庞大，他仍然不满足，于是着手撰写跋尾。一旦开始，就一直坚持到
六十几岁，直到老病缠身，不能再写为止。最后一则跋尾写于 1071 53
年，他 65 岁逝世前一年。他的收集工作既是在他的生命时间里展开，
又与之相抗衡。

这位上了年纪的诗人、学者对这些遗迹感兴趣出于各种复杂的原

---

⑩ 欧阳修《唐韩覃幽林思》，《集古录跋尾》卷六，《欧阳修全集》，第 2208 页。

因。但显然一个原因是他意识到自己所剩的岁月正在日渐减少。他急于抢救那些遗迹，使之免予湮沦，部分原因是自己被生命"湮沦"的威胁所困扰。他目睹友朋谢世，痛苦压在心头。其收藏工作本身可能更增加了欧阳修对死亡的忧惧。铭文不断地提醒他，世俗的显赫是多么容易被历史遗忘与埋没。欧阳修已经洞察自己在历史和时间中所处的位置，对他来说，收藏工作已经不再令他安心。不过这并没有让他放弃这一工作。实际上铭文的脆弱似乎激励他继续下去。

欧阳修以学者、历史学家的身份从事收藏工作，他开创了中国金石学这一学术领域，对此前人论之已详。人们对其工作的描述，通常忽略的是我们在跋尾中发现的这一个人因素。而这一个人主观因素对于理解其收藏态度不可或缺。由于欧阳修对自己的衰谢如此在意，以至于每当他遇到铭文部分磨损或埋没时，他都会感慨系之。最后，欧阳修的跋尾之所以是这样的面貌，是因为在写作的时候，他既是一个历史学家、金石学家，也是一位诗人。

碎碑记

有一篇有趣的晚唐散文，与上面谈到的欧阳修的观点形成有益的对比。该文出自沈颜之手，他在唐代末年考中进士，唐代灭亡后，在
54　短命的南方吴国官至翰林学士，卒于顺义朝（921—927）。其文如下：

碎碑记[61]

乙巳岁（885）冬十二月，客钟陵，由章江入剑池，过临川（江西抚州）。时天久恁雨，水泉将涸，风不便行，维舟于岸左。岸左有小渚，小渚之间垂舟之介揭厉而获碑。为介者异而告，发

---

[61]　沈颜《碎碑记》，《全唐文新编》，周绍良编，第16册卷八六八，第10943页；《全唐文》卷八六八，第1a—2a页。

而视之，字残缺，存者十七八。考其文则故临川内史颜鲁公（真卿）之文。识者以为公牧临川日所沉碑。其文亦多载鲁公之德业，辄碎败而已。

会同济者谓余曰："且鲁公沉是碑也，必将德业不称于后世，故沉之。今子既不能文而补之、写传之，亦不可复沉之于浚流，俾后人睹是碑者，抑亦昭鲁公之德业也。子欲蔽人之善欤？不然，胡碎之而已？"

余曰："吁，秦嬴政初并天下，天下大定，海内一统，于是出行郡县，登诸名山，刻石纪功德焉。及其仁政不修，后之人语及秦嬴政者，咸以为虐君也。

"尧舜无为而治，巍巍荡荡，俾凿井耕田者不知帝力，历于万纪，厥道愈光。今之人语及尧舜者，咸以为圣君之至。

"若岘首之碑，睹者堕泪，斯乃荆之人感羊公之德化，故泣而思之[62]。设使羊公（221—278）之德化不及于荆人，则是碑也不能感荆人之泣矣。

"且鲁公之德业，史传载之矣，遗俗传之矣。夫德业者，病不著于当世，岂病扬于后世乎？苟鲁公德业史传不载，虽全是碑，亦不能扬鲁公德业于后世。夫如是，碎之何伤？"

55

因为没有可资参考的背景，而且是完全没有，我们很难准确地说明沈颜此文的意图，因而也难以确知其基调。他的所作所为有多过分？这一发现应该受到保护并公之于众，这样的想法在他的时代有多少人接受？尽管不能确切回答这些问题，我们仍然注意到他的思考同欧阳修有着完全相反的几个方面。

首先，沈颜对颜真卿的评价完全异于欧阳修。我们回想一下，对

---

[62]　即著名的堕泪碑，用以纪念羊祜在襄阳的治政。碑在岘山顶，羊祜喜爱的一个地方。览者见之，感念羊祜的德行和善政而落泪。参《晋书·羊祜传》卷三四，第1022页。

欧阳修来说，颜真卿是一个操守坚贞的人，忠于王室而殉难。同时他又是一位伟大的书法家，其书法佐证了他的正直、勇敢和善良。沈颜没有想到颜真卿的慷慨赴死，他只把颜真卿看作临川的地方官。颜真卿的确是一个有德政的地方官，但在沈颜心中他也是一个过分关注身后之名的人。他将在临川的政绩刻石反而累及其政绩，这一举动可能让人首先怀疑其行德政的动机。

沈颜没有把颜真卿看成"古"人，没有将石碑看作前代的遗迹，也没有把颜氏看成逝去时代的人物。这大概因为颜氏同沈颜曾生活在同一朝代。不过，颜氏于 770 年代为官临川，这与沈颜发现铭刻之间，也隔了一百多年了。但是沈颜并不认为石碑年代久远，也不认为单单因其流传了那么久就值得珍爱。

沈颜也没对石碑的书法发表任何看法。我们不能确定所刻就是颜真卿的书法。从沈颜的叙述中，我们可以确知的是，铭文为颜真卿所写，叙述的是他在临川的治政。考虑到颜真卿作为书法家的声望，尤其是在碑铭撰写领域的声望，几乎难以想象碑铭不是出自他的笔下。他不但亲自写下自己为官的政绩，而且用自己的书法书写并刻石，这样做不是太不谦逊了吗？但是我们应该记着，沈颜的评价是负面的，所以他可能以最坏的方式描述碑文。碑文记录了颜真卿的"德业"的说法可能会误导读者。大概它记述的是颜氏在临川为官时的革新措施，同欧阳修在《丰乐亭记》中对他在滁州的治政的描述一样。这篇铭文应该不像沈颜描述的那样只为自我炫耀。

要是欧阳修写到这篇碑文，他绝不会不注意其书法，尤其如果是颜真卿的书法。同样他也会将石碑看作珍贵的古代遗迹。铭文部分残损的事实会对他产生更大的吸引力，当然，捶碎石碑在欧阳修完全是不可想象的。

这并非说沈颜对执著于身后之名的非难和欧阳修的思考方式不同，或说欧阳修不会赞同他的观点。如我们所见，欧阳修在跋尾中不时地提到以文字刻石来保证身后名是误入歧途。但是他即使做出这样的评论，还是勉力保存保护铭文。他太迷恋这些东西，这些给人审美愉悦的古代遗迹，以至于不得不做出这样的努力。他甚至对那些其作者或内容他不赞同的铭文都那么迷恋，所以绝不会想到要捶碎它们。

即使沈颜文章里为碑铭辩护的人，其观点也跟欧阳修不同。这位不知其身份的人为沈颜捶碎石碑的命令感到震惊，对沈颜提出质疑，让他作出解释。但他认为碑文的价值仅在于它记录了颜真卿的德行。他没有说："你怎么能破坏写有如此精妙书法的东西？怎么能废毁颜真卿书法的典范之作？怎么能抛弃如此古老、如此脆弱又如此珍贵的东西？"他关心的只是如何让关于颜真卿德政的记载传之后世。他考虑的只是碑文的内容，而非碑文的美和年代。

对于他那个时代朝廷所编之法帖选集《淳化阁法帖》，欧阳修一定会不满意其狭隘和排他，他试着作出另外的选择。他寻找的作品在野外，遍布在碎裂或者部分磨损的有纪念性的碑碣上，这些碑碣矗立在那里，经过了一千五百多年。我们今天会惊讶之前从没人系统留心过这些碑碣，只是由于欧阳修收集并撰写跋尾才形成了一个延续的传统：收集、研究并转录这些如此古老的石碑的内容，临摹其书法。而欧阳修作为收藏者从事的工作在当时必非容易了解之事，因为之前无人做过。

58

※　　　※　　　※

欧阳修对古代铭文感兴趣源于几个因素，其中一些可能与另外一些存在矛盾。他的好"古"，他对历史割裂感所感到的沮丧（这种割裂感有时甚至体现在时代很近的历史对象上），他对自身衰老与徂谢的焦虑（这使他对部分磨损的作品产生异乎寻常的兴趣），作为历史学家和学者的自豪，对宗教作品的疑惧，对几乎所有书法风格的欣赏——欧阳修对其收集品有复杂的看法，为之撰写跋尾也体现了复杂的方式；在这些复杂的看法和表达方式中，上述因素都得到了不同的呈现。既然其工作是前无古人的，也就难怪欧阳修本人的意图有时自相矛盾，难怪他经常显得对自己的工作意义感到没把握、不可靠了。总之，欧阳修在铭文中获得的愉悦，尤其是在视觉感染力如此丰富的古代书法风格中获得的愉悦，似乎是他坚持收集和撰写跋尾的最重要原因，正如我们在他写的序言中看到的那样。铭文不仅呈现了美感，而且呈现许多往昔的生命之"迹"，这些生命后来大多被遗忘，欧阳修对此是如此敏感，以至于在他眼中，很多铭文中为人疵议的内容，足以忽略不计。

59

第二章　新的诗歌批评：诗话的创造

　　欧阳修在他人生的最后两年（1071—1072），终于如愿以偿退出官场，结庐颍水（今安徽阜阳）。在那里欧阳修编写了一部有关诗坛轶事和见闻的小集子，命名为《六一诗话》。"六一居士"是他晚年常用的雅号，意在强调给他晚年生活带来简单快乐的六件事物：琴一张、棋一局、酒一壶、藏书、丰富的碑拓收藏，以及他自己这位老翁。

　　乍看，欧阳修的诗话并没有什么大不了①。其篇幅短小，仅仅只 60 有29个简短的条目，互相之间既没有明显的关联，排列又没有逻辑性。叙述散漫，主题多变，但是却具有高度的细节性：引用近代一位被遗忘诗人的诗句，讲述一首简单诗歌背后的笑话，解释某些令人困惑的诗句，批评和比较个别的唐代诗人，评论近来所作的咏洛阳遗迹的诗句，诸如此类。其随意的编纂缺乏明确的文学或思想的支持，也缺少一篇说明编写意图或计划的序言。只有一句简短的注释告诉我们，欧阳修是"集以资闲谈"。在近年出版的《欧阳修全集》中，诗话只占极其微小的一部分，很容易被忽视：在2772页中，只占13页②。

　　这就是诗话这种体裁的开端。欧阳修可能自己都没有想到他所开创的诗话体会逐渐成为中国古代文学批评的主要形式。当然，是

---

① 在研究中国文论和诗论的英语学者中，无论是欧阳修创造"诗话"这种形式的先驱性工作，还是这种形式本身，都没有引起太多的关注。迄今唯一对宋诗话进行全面研究的是Hsu Hsiao-ching 的一部未出版的博士论文《作为宋代文学批评形式之一的诗话》（"Talks on Poetry〈shih-hua〉as a Form of Sung Literary Criticism"，威斯康星大学，1991）。目前对欧阳修诗话所做的最有价值的讨论见于宇文所安（Stephen Owen）《中国文学思想读本》（*Readings in Chinese Literary Thought*），第359—389页，含有对其绝大部分条目的完整翻译。

② 这里指的是《六一诗话》，见《欧阳修全集》卷一二八，第1949—1961页。

在明清时期才达到那样的程度，许许多多不同的题目体现了不同文学流派各自的批评视角和价值观，它使中国任何其他文学批评的体裁都相形见绌。

在欧阳修开创性的工作之后，诗话逐渐繁荣，到南宋急剧增加。但其实在南渡以前，欧阳修的努力就吸引了别人的注意力，并有人模仿他。若干年后，欧阳修的两个年轻朋友，司马光和刘攽就分别创作了自己的诗话③。司马光甚至把自己的诗话说成欧阳修诗话的"续"，毫不避讳自己灵感的来源。可以说，从其诞生的起始阶段开始，诗话就得到了迅速发展。创作诗话的想法开始吸引更多开创者圈子以外的人，包括僧人和其他一些并非一流的学者和文人。到 11 世纪末为止，至少有 10 部其他的诗话产生。到北宋结束（1126），数字扩大到了二三十部，虽然后来许多都散佚或只是残存④。在王朝覆亡之际，大型的诗话选集开始出现（譬如《唐宋名贤诗话》、《古今诗话》、《诗话总龟》），材料来源广泛，包括并非诗话的轶事集，它们被集合起来按照诗人或内容重新分类编排，以期在激增的分散作品的基础上编出集成性的总集⑤。无论是短小的个人作品，还是大型的有系统的选集，诗话这种形式受欢迎的程度都在增加，一直贯穿整个南宋。到王朝结束，我们可以统计出约 140 部不同的诗话，可能还有很多我们不知道的作品⑥。至南宋为止，可以说诗话业已成熟。我们可以发现一系列丰富的作品，从综合性的选集到诗派之间互相竞争产生的作品。在相当短的时间内，诗话从个人的随意的创作——晚年写成且毫无明确动机——发展成宣告文学标准和风范的主要方式，大量的批评家热衷于投身其中。总而言之，宋诗话的迅

61

62

---

③ 司马光的作品是《温公续诗话》，刘攽的作品是《中山诗话》。

④ 罗根泽《中国文学批评史》里的编年表罗列了所知的诗话名称，包括一些后来编纂的北宋时期的诗话作品。见罗著第 743—761 页。

⑤ 关于这三部集子的资料可以在当今最详细的研究中找到：郭绍虞《宋诗话考》，第 23—30 页，165—167 页，195—197 页。

⑥ 见上引罗根泽的表格，也可以参见郭绍虞《宋诗话考》中现存与亡佚诗话的标题。

猛发展，且不提后来的持续发展，可以称作中国文学史上值得关注的事件。

　　本章的目的是，在宋代文学文化的背景下，通过考察诗话所达到的成就来说明它的产生和后来的显著发展。焦点将集中在早期诗话形式的发展上面：从欧阳修的时代到整个南宋初期。基本的看法是，诗话的迅速传播得益于其独特的形式，这种形式为人们提供了一个载体来讨论当时士大夫认为有指导性又有意思的诗歌。我同时也将说明，由于诗话的起源和内在特征，它促进了新的诗歌批评方式的产生，而这种新的诗歌批评方式要从论、文、序、书、跋这些旧有的文章样式中衍生，即使并非毫无可能，也是很困难的。

欧阳修的《归田录》

　　我们首先看看是什么促使欧阳修开创了这一体裁，它的实质是什么。在开始研究欧阳修的诗话之前，我们需要把目光先投放到他留下的三部简短的笔记上。即使它们的内容不局限在诗歌方面，但是在形制上与诗话相似，都是由短小、分散的条目组成，无系统地排列，内容跟文学和官僚士大夫的生活密切相关。如果要用一个传统的名称，那么这四部作品（包括《六一诗话》）都可以归入笔记小说类。欧阳修的另外几部作品为：《归田录》、《笔说》和《试笔》[⑦]。后两种是欧阳修练习书法时写的，特别之处在于，大多数人练习书法都是临摹现存的著名文本，而欧阳修有时则是在练习书法的时候创作自己的作品（或者在创作完成之后把它们用书法写出来）。这是最好的表现了他的自信和创造力的例子。无论如何，《笔说》和《试笔》不是欧阳修自己编纂的，而是经过后来（可能是南宋）的编者编辑，把欧阳修遗留的零散手稿集合起来，形成现在我

63

[⑦]　这三部作品见于《欧阳修全集》，卷一二六至卷一二七，第 1909—1946 页；卷一二九，第 1965—1972 页；卷一三〇，第 1975—1987 页。

们看到的样子。不同版本的欧阳修全集中关于这两部作品的跋向我们暗示了这一点，他的后裔也特别予以强调⑧。不过，《归田录》却不一样，那是欧阳修自己编订并写了序言的作品。

早期诗话在形式上和笔记小说相似是很容易理解的，那时笔记小说已经非常成熟。郭绍虞一再重申，在早期阶段诗话的形式几乎和笔记没有区别，后来才慢慢形成自己的特点⑨。正如我们现在所看到的，第一位创造了诗话这个名称的作者只是较早利用了旧有的形式来创造自己的作品。欧阳修的《归田录》编于 1067 年，《六一诗话》编于 1071 年（或 1072 年）。参照这部在内容和时间上密切相关的早期作品考察《六一诗话》，其中是否有值得我们注意的地方？

首先，欧阳修创作笔记小说这一行为就是不同寻常的。欧阳修
64　被当时人视作文坛领袖，写这样的东西显然是偏离了文人的惯例。唐、宋时期欧阳修以前的主要作家，没有人写过这样的东西，而创作这类作品的都不是文坛的重要人物。当时的重要作家如韩愈、白居易或杨亿、柳开，都避免笔记这样的形式，他们更愿意把精力集中在地位更高的文学形式上。（杨亿有《杨文公谈苑》，但那是杨亿弟子记录的他的言论，这非常不一样。）⑩ 但是欧阳修并没有遵守这一成约。他在创作上广泛撒网，尝试各种形式，包括那些跟他同等地位的人不屑于触及的形式。

欧阳修并非毫无顾忌。他知道他会因创作《归田录》被人批评浪费时间，因为文中谈论的都是一些琐事，是那些不为正史所取的材料仅能供人取乐。作为一个受人尊敬的历史学家，欧阳修也很清楚这一点。他也感到自己的行为有些矛盾，于是精心写了一篇为自己辩护的序言：

---

⑧　最早的由苏辙和苏轼写的跋见《欧阳修全集》卷一三〇，第 1986—1987 页。
⑨　郭绍虞《宋诗话考》，第 3—4 页。
⑩　关于杨亿作品的出处见李裕民《杨文公谈苑》新版的介绍，第 465—466 页。

归田录序[11]

《归田录》者，朝廷之遗事，史官之所不记，与夫士大夫笑谈之余而可录者，录之以备闲居之览也。

有闻而诮余者曰："何其迂哉！子之所学者，修仁义以为业，诵六经以为言，其自待者宜如何？而幸蒙人主之知，备位朝廷，与闻国论者，盖八年于兹矣。既不能因时奋身，遇事发愤，有所建明，以为补益。又不能依阿取容，以徇世俗。使怨嫉谤怒丛于一身，以受侮于群小。当其惊风骇浪卒然起于不测之渊，而蛟鳄鼋鼍之怪方骈首而窥伺，乃措身其间以蹈必死之祸。赖天子仁圣，恻然哀怜，脱于垂涎之口而活之，以赐其余生之命。曾不闻吐珠、衔环，效蛇雀之报[12]。盖方其壮也，犹无所为，今既老且病矣，是终负人主之恩，而徒久费大农之钱，为太仓之鼠也。为子计者，谓宜乞身于朝，远引疾去，以深戒前日之祸，而优游田亩，尽其天年，犹足窃知止之贤名。而乃裴回俯仰，久之不决。此而不思，尚何归田之录乎！"

余起而谢曰："凡子之责我者，皆是也。吾其归哉，子姑待。"治平四年九月乙未（1067 年 10 月 30 日），欧阳修序。

这篇序言表面上是在自责，实际是为了让人明白，作者的某些受到非议的举动在他自己看来却是有原则的、值得尊敬的（比如，不随波逐流迎合他人）。这里提出的根本问题——如何为编一部零散琐碎的笔记进行辩护——不是那么容易解决的。在这篇序言里，欧阳修在严肃作家应该写什么这一问题上，与沉重的传统进行着对抗。而

[11]　欧阳修《归田录序》，《居士集》卷四二，第 601—602 页。
[12]　汉杨宝救治了一只受伤的黄雀，这只为西王母传信的鸟最后以玉镯报答了他。见李贤《后汉书》注，卷五四，第 1759 页，注 2。隋侯治愈了一条受伤的蛇，蛇以珠相报。见高诱《淮南子》注，卷六，第 653 页，注 22。

文中所表达的对《归田录》价值的质疑，正代表了他大多数同僚的看法。这就是为什么欧阳修必须顾及到他们，在序言中承认他们有某种程度的正确性。

现存的《归田录》的开头并没有序。由于某些原因，它和原文分离，被放在欧阳修文集的其他地方，和他所作的其他序言归并在一起。那些序言大部分是为他人文集所作的。看看欧阳修的序是怎样改变了我们对《归田录》的看法是很有意思的。如果我们没有读到序言，可能就不会想到编这个集子有什么问题。读了序言以后，我们可以推测欧阳修为了编这个集子要克服怎样的心理压力，考虑别人会怎么看待它。它会被当作毫无价值的琐闻而遭人鄙弃吗？欧阳修若想抛开这些疑虑继续进行，似乎需要有足够的自信，相信这些材料的价值，尽管他在序言中说了很多轻视它的话。这位学者本身就是一位重要的史学家，却选择编纂一部由无关紧要的不适合归入正史的笔记、传闻和故事组成的集子。这种行为，我们可以认为是在扩大历史材料的范围，在探索哪些材料值得保存、哪些具有史学价值，尽管他本人没有这样说。

一位史学家、学者、文学巨匠屈尊编写一部轶闻集，引人兴味的不仅仅是这一行为本身。可以说作品的内容和语气本身就体现出出人意料的特点。什么是我们意料之中的呢？在简短的跋里，欧阳修说其在创作上的楷模是李肇的《唐国史补》，这是前代一部著名的笔记。欧阳修甚至引用了李肇叙述自己写目的的话，李肇声明自己排除任何跟神怪或男女关系相关的内容，重点放在史事、纠误、劝诫以及有助于谈笑等方面⑬。欧阳修在跋中称他的范围也大抵相近。

事实上，就主题和风格而言，欧阳修的作品与李肇有本质区别。李肇的作品成书于供职尚书省期间，其内容体现了王室、高官和当

---

⑬ 李肇《唐国史补序》，《唐国史补》，第3页；欧阳修《归田录》卷二，第1942页。

时同党政治的倾向。他记录了声名狼藉之辈的可取之处或应受谴责的行为，企图填补正史的空白，态度是客观冷静的。李肇避免把自己的好恶带入叙述当中，作者第一人称口吻从不出现。

虽然《归田录》中也有不少关于朝廷和达官的条目，但欧阳修对于威严、庄重的内容还是记得很少，特别是在第二部分。第二部分偏于记录日常的主题，比如：他家乡江西的金橘近来在都城受到欢迎；宋初著名诗人林逋的梅花诗；邂逅、怪异的棋才；欧阳修为答谢蔡襄的题字而馈赠的礼物；自然物之间的相互作用，如皂荚之于蟹有防腐作用，楒桲之于柿子有催熟作用，翡翠之于金有软化作用；数位士大夫承认他们在如厕的时候读书或写作："余因谓希深曰：'余平生所作文章，多在三上：乃马上、枕上、厕上也。'"⑭

和李肇不同的是，欧阳修在他的笔记里运用了很强的个人语气。例子之一是关于他和友人在 1057 年执掌进士试的时候创作的诗集。当考生结束考试，主考官欧阳修和五个助手被留在贡院内判卷，为期近两个月。在此期间，他们通过次韵赋诗来缓解工作的疲劳。欧阳修说：

> 嘉祐二年（1057），余与端明韩子华、翰长王禹玉、侍读范景仁、龙图梅公仪同知礼部贡举，辟梅圣俞为小试官，凡锁院五十日，六人者相与唱和，为古律歌诗一百七十余篇，集为三卷。

随后欧阳修举了几首诗说明他们之间恭维和笑话的机智，他这样说：

> 圣俞自天圣中（1023—1032），与余为诗友，余尝赠以《蟠

---

⑭ 欧阳修《归田录》卷二，第 1931 页。江西金橘事见卷二，第 1939 页，林逋诗见卷二，第 1930 页，棋才事见卷二，第 1931 页，送蔡襄礼物事见卷二，第 1934 页，物性相互作用事见卷二，第 1939 页。

69　　桃诗》，有"韩、孟"之戏。故至此梅赠余云"犹喜共量天下
　　　士，亦胜东野亦胜韩"⑮。而子华笔力豪赡，公仪文思温雅而敏
　　　捷，皆劲敌也。前此为南省试官者，多窘束条制，不少放怀。
　　　余六人者，欢然相得，群居终日，长篇险韵，众制交作，笔吏
　　　疲于写录，僮史奔走往来。间以滑稽嘲谑，形于风刺，更相酬
　　　酢，往往哄堂绝倒。自谓一时盛事，前此未之有也。⑯

六位士大夫在他们为朝廷选拔下一批新进士期间以这种方式自娱自
乐是一回事，欧阳修选择把这件事记录下来以资纪念是另一回事。
在这里我们更感兴趣的是欧阳修事后对事件描写的热情，而不是起
先参与其中的热情。

　　很显然，欧阳修是以一种很愉快的心情来记录这些快乐时光的。
他一点儿也不为自己和同僚的欢乐感到歉疚。相反，他为此十分自
豪，并反复强调这种情形在考官中是前所未有的。我们从中也理解
到，因为考官们手头工作的严肃性以及严格的规章制度，这种看似
轻薄的事情在以前从来没有发生过。这就是欧阳修所要说明的。

70　　这一则是关于诗歌创作的，尽管它被收在欧阳修的笔记里，而
不是他的诗话里。不过写这一条目的动机和创作诗话的动机是一致
的。记录社交场合的闲暇时光，写写风趣的交流和友好的逗乐，坦
率地承认诗歌创作中的竞争和小花招——所有这些在北宋初期包括
欧阳修自己的诗话中都是大量存在的。但这则条目在李肇的《国史
补》里却是完全不可能存在的。因为它在语气上太个人化、太宽泛
和太轻松，不属于那些与政治相关的、有用的历史细节。

　　在接触宋代早期诗话以前，我们就已经在更大类别的笔记作品
中发现了一些新的特点：随意性，非正式，能包容单纯的消遣和娱

⑮　梅尧臣《和永叔内翰》，《梅尧臣集编年校注》卷二七，第 926 页。
⑯　欧阳修《归田录》卷二，第 1937—1938 页。

乐，这些笔记作品甚至出自当时最受尊敬的学者、文人之手。这种态度、这种许可，是诗话得以生根发芽的肥沃土壤。

几种早期的资料记录了关于欧阳修《归田录》流传的故事，其中有一条是这样的：据说，欧阳修的序先于作品流传，很快这篇序受到神宗皇帝的注意（他在序言写成之后的 1068 年即位）。神宗要求看《归田录》全书。欧阳修担心某些条目可能触犯皇上，于是通读作品并删除了一些。但是当他完成后，他发现剩下的部分少得令人怀疑。因此他决定"杂记戏笑不急之事，以充满其卷帙"。他呈送给神宗皇帝的就是这部重新规划的《归田录》，也是最终流传的版本。原来的作品藏在欧阳修家中，后来丢失了[⑰]。

71

这一说法的可信度很难说。其中某些因素可能是真的。例如，由于序言明确说明书中包含了关于英宗（神宗的父亲）和仁宗两朝的内容，因此神宗一定会对该书感兴趣。再比如，欧阳修一听说皇上要看，立即重新考虑书中的条目，这也是可能的。因为皇上要求看《归田录》，欧阳修呈送的版本和原版本不同也是完全可信的。但是故事走得更远。它试图使我们相信，《归田录》目前的主体是欧阳修为了使该书看起来更合理，在呈送前的最后关头拼命增加内容以填补删节所形成的版本——这些后来添补的内容先前并不存在。这听起来好像是某人认为现在《归田录》的内容不够高雅，想极力解释为什么伟大的欧阳修会写出这样的作品。（在后面的章节我们将看到同样的努力，为欧阳修所写的爱情词作解释。）若真如此，则忽视了欧阳修在序言中已经预料到有人会反对他的笔记的事实。这样做也把上面引用的考官作诗取乐的条目贬低为毫无意义、不值一提的填补品。而在我看来，这样的条目正是欧阳修作品和创作动机的新意与重要价值之所在。

---

⑰ 故事见于朱弁《曲洧旧闻》卷九，第 3022—3023 页；王明清《挥麈录》后录，卷一，第 3630 页；周辉《清波杂志》卷八，第 5100 页。

欧阳修的诗话在很多方面可以被看作早期《归田录》式自创自
编作品的延续。早期的作品包括了一些诗歌的条目，但是直到欧阳
72 修真正退休，实现了他在序言里的承诺以后，他才真的准备好要编
一部完全只跟诗歌有关的轶事和见闻集。

欧阳修的诗话

可以看到，欧阳修诗话的第一个特征是，正如题目中"话"字
所暗示的，大部分条目其实都源于闲聊。这些闲聊是友朋间以诗歌
为话题展开的对话。当时，人们常常通过即兴赋诗对一个人的学识、
智力、性情和品味进行评价。朋友之间的酬唱之作以及雅集时创作
的诗歌，都是闲聊时光的产物，这一点并不令人感到惊讶。

诙谐在许多诗歌酬唱中起着关键的作用，这可以说也是意料之
中的。诙谐使评论更加难忘，因此更有可能在经年累月之后被记录
下来。诙谐也可能作为对文学作品进行评价的捷径，不过通常是负
面的评价，以此来避免冗长的解说。即使当诙谐流于幼稚或者粗鄙，
背后一般也包含着真正的文学品味和判断。我们来看欧阳修诗话中
的一条：

> 圣俞尝云："诗句义理虽通，语涉浅俗而可笑者，亦其病
> 也。如有《赠渔父》一联云：'眼前不见市朝事，耳畔惟闻风
> 水声。'说者云：'患肝肾风。'又有咏诗者云：'尽日觅不得，
> 有时还自来。'本谓诗之好句难得耳，而说者云：'此是人家失
> 却猫儿诗。'人皆以为笑也。"[18]

在欧阳修的时代，有些作家模仿杨亿的所谓"西昆体"以及 11 世纪
早期其他诗人的创作风格。 他们把中唐诗人白居易作为偶像并努力

---

[18] 欧阳修《六一诗话》，第 1953 页。

效仿，甚至有过之而无不及。欧阳修和梅尧臣清楚地意识到这路诗　73
风的缺陷，这一点我们从欧阳修诗话的其他条目中也可以看到。上
引条目正是通过诙谐的手段表明了如果一味追求"浅白"的话会冒
怎样的风险。

　　欧阳修诗话中的其他条目体现出一种更加严肃的口吻。这里有
一位主人测试众宾客的例子。此条正如我们所见，起于"浅易诮言"
的问题，但随即以不同的方式展开：

　　　　陈舍人从易（卒于 1031 年），当时文方盛之际，独以醇儒
　　古学见称，其诗多类白乐天。盖自杨、刘唱和，《西昆集》行，
　　后进学者争效之，风雅一变，谓之昆体。繇是唐贤诸诗集几废
　　而不行。陈公时偶得杜集旧本，文多脱误，至《送蔡都尉》诗
　　云"身轻一鸟"，其下脱一字。陈公因与数客各用一字补之，或
　　云"疾"，或云"落"，或云"起"，或云"下"，莫能定。其
　　后得一善本，乃是"身轻一鸟过"。陈公叹服，以为虽一字，诸
　　君亦不能到也。⑲

该条的目的是提醒读者这位唐代大诗人的超群绝伦，这一点是当代
的文风所无法贬损以至于埋没的。　　　　　　　　　　　　　74

　　可是，这里可能会导致一些误解，使人觉得所有记录在欧阳修
诗话中的诗歌交流都反映出很高的诗评水准。事实上，有些记录下
来的对话根本不涉及文学批评的内容或者兴趣。它们仅仅是一些某
种程度上有关诗歌的轶事。梅尧臣在欧阳修的诗话里有着很显著的
位置。一些有关诗艺的最富洞察力的条目引用了梅尧臣对欧阳修说
的话。但是欧阳修同时也会记录一些跟梅尧臣有关，而跟真正的文
学思想毫无关系的对话。这些内容的中心游离于文学理论和文学批

---

⑲　欧阳修《六一诗话》，第 1951 页。

评之外。详见下例：

> 郑谷诗名盛于唐末，号《云台编》，而世俗但称其官，为
> "郑都官诗"。其诗极有意思，亦多佳句，但其格不甚高。以其易
> 晓，人家多以教小儿，余为儿时犹诵之，今其集不行于世矣。梅
> 圣俞晚年官亦至都官，一日会饮余家，刘原父戏之曰："圣俞官
> 必止于此。"坐客皆惊。原父曰："昔有郑都官，今有梅都官也。"
> 圣俞颇不乐。未几，圣俞病卒。余为序，其诗为《宛陵集》，而
> 今人但谓之"梅都官诗"。一言之谑，后遂果然，斯可叹也！⑳

这当然就是那种"野史笔记"中常见的条目。其真正的主题并非诗
歌，而是命运的神秘或者是随意之言的不可思议的力量，这些对当
时的作家来说是具有永恒魅力的话题。

75   除了那些采自于闲聊或传闻的条目外，欧阳修的诗话里也有一
些单纯体现其诗学思想的条目，也就是那些不包含社交和对话内容
的条目。这些条目大都内容广泛，而且侧重点往往出人意料。这里
举例说明这些条目所涉及的范围：欧阳修回忆宋初"九僧"的诗，
他们的诗都已经亡佚㉑；他将唐人孟郊和贾岛的诗歌概括为满是穷苦
之句，并举例说明㉒；他评论自己两个诗风截然相反的好朋友梅尧臣
和苏舜钦，并用自己的诗歌描述这两种风格㉓；他指出在 8 世纪诗人
王建的《宫词》中可以发现正史里无法找到的内容㉔；他讨论诗歌
中的俗语，指出哪怕是五代和宋初这样晚近的诗歌，由于那时的俗
语现在已经不通行了，所以大家很难理解其中的意思㉕；他批评早先

---

⑳ 欧阳修《六一诗话》，第 1951 页。
㉑ 同上，第 1951 页。
㉒ 同上，第 1952 页。
㉓ 同上，第 1953 页。
㉔ 同上，第 1953—1954 页。
㉕ 同上，第 1954 页。

有的诗人作诗与社会的实际不相符，与历史事实不一致[26]；他引用并评价了当时各种吟咏洛阳古迹的诗句[27]；他描述石曼卿死后，其鬼魂如何数次显现于多人面前并吟诵诗句，这些诗句不见于其文集，然而却与他在世时的诗风惊人地相似[28]。

　　有趣的是，诗话作为一种批评形式，即使在最早的时候也并不只限于记录聊天的内容。欧阳修在记录他自己的思想以及他在谈话中的见闻的时候，给予了这一形式更大的空间，超出了他所选择的名称涵盖的范围。从那以后，题目中的"话"这个词具有了作者对诗学各方面进行冷静思考的含义。选择"话"这个词来命名这种形式是意义重大的。结果之一就是使这种体裁具有了一种随意性。"话"有别于欧阳修所用的其他词语，比如"记"、"录"、"说"和"语"。"话"意味着这些条目几乎是聊天的实录，尽管它们有时候并非真的是聊天记录。这个词令人期待某种自然、独特、带有尝试性的因素。当然，我们不能期待"话"包含严肃的声明或权威的表述。在欧阳修开创性的工作以后，诗话的确作为一种类型逐渐发展起来。两宋后期的许多诗歌批评作品中，记录谈话的条目所占的比重小了很多，这也表明比欧阳修的工作更艰巨、更系统的批评的产生。但这种形式的形成仍然是极其重要的，而且在命名中也的确保留了"话"这个词。这是思考诗歌问题的一个新的载体，提供了新的批评的可能。

　　欧阳修诗话所用的这些材料还可能在其他地方出现吗？还有什么地方可以容纳这些关于诗歌的考察？答案是，除了这些野史笔记外基本上没有其他的地方。过去，文学评论的经典范例都是议论性的文章，比如曹丕的《典论·论文》、陆机的《文赋》以及刘勰的《文心雕龙》。这些都是用严肃的骈文（或韵文）写成的关于文学创

---

[26]　欧阳修《六一诗话》，第 1954 页。
[27]　同上，第 1955 页。
[28]　同上，第 1956 页。

作、文体研究和文学原理的宏观体察。欧阳修诗话中的材料在这样
的论文中是不可能有位置的。钟嵘《诗品》看起来似乎和它比较接
近，但是钟嵘的目的是对不同的诗人进行评价并排序。欧阳修提供
的材料在侧重点上则显得更为集中、更有特色，常常只是围绕单个
的事件、问题、诗歌主题甚至单独一句诗。而且，钟嵘的排序所体
现的那种系统化的努力在欧阳修那里完全看不到，他对自己诗话的
那种随意性无疑是非常满意的。

　　离欧阳修的时代更近一点的唐代，在私人的书信、散文、序言
中常常出现关于文学的见解，这种现象一直延续到欧阳修及以后的
时代。欧阳修自己写了很多篇这种涉及文学的文章。从主题上来看，
这些文章并不是零散的，它们不像诗话，话题高度分散且无统一性。
散文、书信和序言在形制上都较为严谨，与诗话有很大的不同。另
一种与诗话相关的形式是诗学指南，比如产生于唐代的《诗髓脑》、
《新定诗体》和《诗式》。但是这些被称为作诗指南的书籍大多是简
明的指导手册，目的在于从韵律和诗题方面给那些准诗人提供指导。
它们更像标准诗歌的汇集，而非深刻的批评。而且，这些作品的地
位是处于边缘的，后来逐渐退出了流行的圈子。有几种诗学指南在
中国已经完全亡佚，只是因为在日本受到重视才得以保存至今。

　　当我们将目光转向那些在宋代文集中大量存在的题跋之时，我
们离诗话中的条目更近了一层。题跋一般都有明确的、限定的主题，
比较短小，与诗话条目类似。欧阳修文集补编里有很多题跋放在他
的诗话里也非常合适。但是总体上，题跋有着与诗话条目不同的倾
向。题跋通常带有颂扬的成分，因为它们中的大多数是应邀而作或
者是题写在友人的文集上。在诗话中，作者与主题之间没有太多私
人的关联，因此评论的语调较少受到社交因素的影响。此外，题跋
属于“文”的一种，这使它与诗话相比，显得更为庄重。最后，题
跋可能涉及诗歌以外的各种题材（比如砚、毛笔、非文学性的写作、
书法、绘画等等），因此它们不像诗话那样拥有独特、稳定的主题。

我们可以在晚唐找到另一个能够跟欧阳修诗话进行比较的作品：孟棨的《本事诗》。这本书里有很多短小的篇章，每一篇至少包含一首诗。诗歌被嵌入所叙述的事件中，叙述交待了场景，很多情况下这些场景就是诗歌产生的背景。一般来说，条目并不包含对诗歌的评论。它们更多的是通过记录诗歌的创作背景，来说明一首诗是如何被写出来的。虽然类似条目在北宋的诗话中也能找到，但它们并非主流，欧阳修自己就没有创作这样的条目。他更多的是记录那些诙谐诗句（而不是整首诗）产生的缘由，这已经是与描述诗歌来源最为接近的方式了。很明显，欧阳修力图做一些跟孟棨不一样的事。他为自己的作品所定的名称就表明了这一点：他所关注的不是诗歌的创作背景，而是它们被创作出来以后得到的评价。

《诗话》中所包含的材料，在其他类型的探讨诗歌或文学的作品中很少出现。这些材料是独特的，然而并不是完全没有先例的。《诗话》中的不少材料也可以在更早的"野史笔记"中找到。但这里有一个重要的区别。在欧阳修之前没有人想过要把诗歌条目从一般的笔记和轶闻中分离出来，单独汇编成册。诚然，孟棨这样做了，但由于他局限于对诗歌产生背景的记录，从而极大地限制了这些材料所具备的文学批评的潜能。欧阳修没有设置界限，恰恰相反，他为自己的作品所定的名称强有力地暗示了作品内容的广泛性，包含了闲谈所具有的多样化和不可预测性等特点。同时，这些材料都和诗歌有关。欧阳修开辟了一个崭新的、独特的领域，为诗歌批评做出了很大的贡献——尽力把那些原本被埋没的材料从"野史笔记"中抽离出来，同时保持它们非正式的野史风格，并没有把它们转变成正式、系统的文论形式——这体现了一种兴趣，即希望看到，在一种非正式的形式下，凭借这种形式自身的权利和长处去考察诗歌，会出现什么样的结果。在下面一节里我们将进一步探讨这一新奇的方式如何将诗歌分离出来并逐渐走近诗歌的内涵。我们不妨将考察的范围扩大到欧阳修里程碑式的作品以后几十年里出现的诗话。

79

经典的消失

我们注意到，我们原本期待的东西在诗话里是完全没有的：经典的诗歌被悄悄忽略掉了。在欧阳修的《诗话》里，既没有提到《诗经》，也没有提到《楚辞》。

不独欧阳修的诗话缺乏对经典的关照，刘攽的诗话也没有提到，司马光的诗话里只有一条涉及《诗经》[29]。这种忽略成了北宋诗话的常态。所以，当12世纪中期胡仔辑录他的《苕溪渔隐丛话》（此书原题为《苕溪渔隐诗评丛话》）时，广泛地从早期诗话和笔记中寻找材料，却几乎看不到那两部经典的影子。在《苕溪渔隐丛话》前集的首卷"国风汉魏六朝"中，只有5条是关于《诗经》的，涉及《楚辞》的一条也没有。其余31条都是关于后来的诗歌的。后集的首卷在卷题中干脆没有提到《诗经》，而是从有关《楚辞》的4则条目开始，然后直接进入了汉和后来的时期。和书中大量的有关陶潜以及盛唐、北宋主要诗人的材料相比，这种对经典的忽略显得十分突出。在前集中，有整整2卷是关于陶潜的，每一卷都有几十条之多；有9卷是关于杜甫的。在胡仔的书中，一些重要的诗人占据了大量的篇幅（用现代排版来计算的话可达到700页）：陶潜，17页；杜甫，92页；苏轼，105页。而《诗经》和《楚辞》加在一起才只有2页。

胡仔所纂辑的诗话按照时代顺序排列，只有7卷（一共100卷）是关于唐以前的诗歌，其中陶潜占了3卷。换句话说，在从周至隋长达1500年的诗史中，有将近一半的篇幅被一位诗人所占据。按照这样的分配比例，我们是否可以这样说，在胡仔和比他稍早的诗话作者看来，陶潜的诗取代了《诗经》、《楚辞》，成为诗史中的"经典"。现在我们知道，陶潜作为隐逸诗人在北宋呈现出多个层面的意

---

[29] 司马光《温公续诗话》，第277—278页。

义，他被公认为古典诗歌理想的化身。

　　无论如何夸大上述转变的重要性都不为过。在宋诗话出现以前，人们讨论诗歌的时候毫无例外会追溯到汉以前的那两部经典。这是理所当然的。唐以前的诗论开篇总会提及《诗》、《骚》，至少是其中之一（比如刘勰的《明诗》篇和钟嵘的《诗品序》）。然而这并不是一种空洞的或机械的文献溯源。这些有影响的中国文论作品在探讨"诗歌"的时候所使用的语言和体现的思想，比如"四始"、"六义"之名，诗歌的音乐、社会、仪式的起源，以及诗人的政治倾向等，都来自于那两部经典、两篇早期的《诗》序以及汉代对两部经典的笺注。唐代的文论、诗论继续着这样的惯例，凭借这两部古老的经典建构他们的诗学观念和诗歌理想。这种模式在宋代仍然存在。欧阳修本人在他那部重要的研究和阐释之作——《诗本义》中就倾向于追随正统和严肃的做法。欧阳修为梅尧臣文集写的序，无疑是他最著名的关于诗歌的论述，文中大量使用了两部经典中的观念。比如他认为梅尧臣的"穷"成就了他的文学才能（这与司马迁对屈原的评价如出一辙[30]）；诗人自比"逐臣"、"弃妇"，用卑微的花草、动物来间接表达自己的思想，表达他们对昏庸朝廷的忧虑以及随之产生的愤怒和挫折感。欧阳修甚至断言，如果梅尧臣的才能和价值能够被正确认识，那么他可能已经写出了堪与《诗经》中的《颂》相媲美的大宋王朝的颂歌[31]。在欧阳修为他朋友所作的这篇序言中，几乎每一句话都源于由两部经典生发出来的诗歌信条。但是这些传统的关于诗歌的思考方式在欧阳修的诗话里是看不到的。

　　我们可以从两个方面解释这种对于经典的忽略。第一是诗话的相对非正式性。在更加正式的书写中，以经典开始是传统的做法，不仅由于它们是古代的遗产，更因为它们与儒家伦理、史学、知识

81

82

_____

[30]　司马迁《史记》，卷八四，第2482页。
[31]　欧阳修《梅圣俞诗集序》，《居士集》，卷四三，第612—613页。

以及典型的诗人兼官员的形象之间有着密不可分的关联。作为最具文学性的儒家经典，《诗经》不仅被看作是诗歌的起源，而且被认为是对儒家世界观中所有"好的"和具有教育意义的事物的文学表现。《楚辞》，尤其是其中的《离骚》，已经发展成为与之相辅的文学经典，其中那个遭受不公平待遇的逐臣形象成为多少个世纪以来无数得不到君王赏识的官员的典型。这样我们就可以理解，任何时候当用严肃的语气来探讨诗歌、需要说出诗歌的最高目标的时候，作为诗歌源头的这两部经典就会立刻被人们记起。但当这样的要求不存在的时候，情况就改变了。当话题涉及诗歌的消遣性和娱乐性时，经典便很少出现。

另一方面源于在宋代的士大夫文化背景下，诗话所要达成的目的之一。所有这些来来回回的关于诗歌的讨论，所有的玩笑和有洞见的比较刻薄的俏皮话，诸如此类都旨在磨练参与者或诗话读者的诗歌感觉，最终使他们成为更好的诗人。大部分诗话材料跟相对较为晚近的诗歌有关，要么是北宋，要么是五代和唐。唐以前的诗歌引不起太多的兴趣，因为那时候律诗还没有产生，而且相对于唐代，语言上也离宋诗更为遥远。所以对唐以前的诗歌进行分析没有太大的意义。然而唐代诗人的作品却是仔细揣摩的对象。正如我们看到的，宋代诗人对于他们唐代的对手有着复杂的感情。作为后代的诗人，他们尊敬先辈的才能，但也力图超越前辈。相对于中国漫长的历史来说，宋人试图跨越唐宋之间相当狭窄的时间鸿沟同他们的前辈竞争。

如果唐以前的诗歌已经不具备太多的指导意义，那么考察真正的古典诗歌所获得的会更少。《诗经》的四字句已经过时，只有在刻意复古的诗歌中才会用到，而且《诗经》的语言也非常遥远和古奥难懂。骚体以及《离骚》的语句也同样如此。关注这些经典对于学者和古文献学家来说当然是好事，他们力图阐明文学的宏伟目标和崇高理想，但这些经典并不能指导一个人如何成为更优秀的诗人，

83

抑或帮助后人超越唐代的诗歌大师。

值得注意的是，当人们的关注点从古代的经典转移到近代的诗人的时候，一种新的对诗歌史的叙述也产生了。在早期的文学思想中，诗歌起源于《诗经》或《楚辞》是一种共识。这种诗歌史观念在钟嵘的《诗品》中受到尊崇并被当作一项基本的原则㉜。而且，后代衍生出来的诗歌均被看作是一种倒退，后代的诗人无论多么有才华或多么有成就，都不可能跟最古老的诗歌之源相提并论㉝。在唐代，人们奉行同样的思考模式。两部经典仍然常常被提及，不仅因为它们是古典诗歌传统的根基，还因为它们是最好的典范。白居易的态度可以说是这方面的代表。他认为在所有的作品中六经居于首位，而《诗经》则居六经之首。他给予东汉和建安诗人很高的评价，认为即使他们的成就无法与经典相比（确切地说，"十之二三"），但由于他们离古代较近，所以他们仍然理解诗歌的六义并能够在他们的作品中保留一些㉞。白居易也认可他他自己时代的天才诗人，认为他们当中的一些尤为杰出。但是即使是这些杰出者也必须服从严格的约束。据白居易说李白对《诗经》的继承"十无一焉"，杜甫作品中真正符合古典标准的据他说不超过"三四十"篇㉟。

84

这种诗史观念一直延续到宋代，在很多正式的文论中反复出现。但是在宋诗话中情况正好相反。在一篇经常被引用的后记里，苏轼曾断言："诗至于杜子美，文至于韩退之，书至于颜鲁公，画至于吴道子，而古今之变，天下之能事毕矣。"㊱ 这是对唐代散文（韩愈）、书法（颜真卿）、绘画（吴道子）各个艺术领域的完美表现的总体

㉜　见白牧之（Bruce Brooks）《〈诗品〉的几何学》（"A Geometry of the *Shr-pin*," *Wen-lin*: *Studies in the Chinese Humanities*），第140—141页。

㉝　白牧之（同上书第141页）指出衰退论由钟嵘延伸至后代诗人身上："这是一种规律，不可能有 B 等诗人从 C 等诗人发展而来，不可能有 A 等诗人从 B 等诗人发展而来。换句话说诗史的运动决不会从劣到优，而总是相反。"

㉞　白居易《与元九书》，《白居易集》卷四五，第959—960页。

㉟　同上，第961页。

㊱　苏轼《书吴道子画后》，《苏轼文集》卷七〇，第2210—2211页。

概括，但是对诗歌批评也同样有启发意义。很显然，苏轼是把每一种艺术形式放在从古至今的整体的历史背景中进行观照，他相信只有在经历了长期的发展并最终成熟以后，才能达到艺术的完美或者说成功境界。在这篇后记的开头，苏轼这样说："智者创物，能者述焉，非一人而成也。君子之于学，百工之于技，自三代历汉至唐而备矣。"苏轼的这些话在诗话中经常被引用，虽然只有一部分与诗歌
85 相关，但却对形成一种不同于以前的新的诗史观念起着很大作用。

持这种新观念的不仅仅是苏轼。陈师道在他的诗话里面说：

> 学诗当以子美为师，有规矩故可学。退之于诗，本无解处，以才高而好尔。渊明不为诗，写其胸中之妙尔。学杜不成，不失为工。无韩之才与陶之妙，而学其诗，终为乐天尔。㊲

与苏轼不同的是，陈师道在这里不独推举杜甫。他的观点更加功利，直接为学诗者指点迷津。他两次引用苏轼对杜甫的评论，说明他并不反对苏轼的观点。陈师道在这里的看法（事实上他的整个诗话）和苏轼的观点有着共同之处，即不言而喻地把古代经典的地位降低了。在这一点上，陈师道的看法和胡仔诗话的篇幅分布是一致的。杜甫比其他的唐代诗人得到了更多的关注，在杜甫以前基本上只有陶潜。

这是一种诗史叙述的逆转，其有趣之处不仅仅在于它以更新更近的典范取代古代的经典。事实上，整个讨论的实质已经改变了。宋诗话拓展出一块以前很少涉及的新领域，在诗歌写什么以及怎样写这个问题上，他们都反对旧的观念。也就是说，杜甫现在成了新的诗学理想，一种有别于古代经典的理想。他们并没有在杜甫的诗
86 里发现《诗经》的优点。那些优点自身也在转变，相应地关于诗歌

㊲ 陈师道《后山诗话》，第304页。

的讨论也转变了，至少在诗话中是这样（如果在更严肃的文论中并非如此的话）。这是第一次，在中国文学史上出现了一种新的载体，在这一新的载体之上，对诗歌的讨论不再局限于经典以及由经典衍生出来的概念。批评的领域由此扩展开来，并呈现出新的可能。

诗　艺

　　诗话所拓展出来的新的兴趣领域中，最大的一个是关于诗歌艺术或技巧。正式的文论、序言、书信、散文总是不愿意过多关注技巧这样的东西。这可能根源于长久以来儒家对实用专业知识的轻视。儒家传统总是把"工"，尤其是"巧"，跟虚伪、做作联系在一起，这种偏见阻碍了人们对专门技术的研究。因此，六朝末和唐代编纂的韵律手册和作诗指南渐渐淡出人们的视野，终至湮没无闻，也就不是没有原因的了。

　　精英知识阶层鄙视对文艺技巧所流露出的兴趣，这一情况并不仅仅存在于古代的中国。但可以说，这种偏见在中国非常强大，在宋代的精英阶层中尤为根深蒂固。11世纪，科举考试的空前重要性很可能加剧了学者对留心写作技巧行为的轻视。文章取士鼓励人们潜心于写作技巧，而精通文学的学者对这些技巧极为蔑视。对单纯的写作技巧感兴趣，而不是把写作当成与晋升无关的崇高事业，这样的行为被定义为"俗"。对于宋代士大夫来说，"俗"指称的对象不是平民，而是官僚阶层中的知识分子，认为他们在本质上属于官僚而非学者。我们从宋代士人夫大量的关于陶潜的评价中可以发现，他们对文学技巧是不屑一顾的，陶潜从来不关注诗歌法则或规范，因此他被看作是一个伟大的诗人。宋代士大夫甚至将陶潜的伟大之处推到极致，例如我们前面看到的一则评论，说陶潜根本不为诗。

　　诗话摆脱了严肃文论的束缚，所以它是相对自由的。人们对正统文论的厌倦使诗话有了谈论诗歌技巧的机会。诗话拥有轻松的形

87

式，能够较多地触及知识分子禁忌的话题。作家们当然十分渴望分析和思考诸如遣词、对偶、押韵、用典以及诗歌的结构这样的问题。在欧阳修最早的诗话中我们已经看到对不同层次的文本看法上的分歧。其中包括欧阳修和梅尧臣讨论韩愈诗歌押韵问题的那一则条目。我们知道，韩愈是欧阳修心目中的文化巨擘。在诗话之外，欧阳修常常在文章中谈及唐代的这位多才多艺的人物：作为排佛反道的儒者，作为古文运动的领袖，或者作为延续孟子、扬雄传统的圣贤道德典范。但是欧阳修几乎从不谈论作为诗人的韩愈，即使偶有提及，也仅限于讨论他诗歌中涉及儒学政治家形象的方面㊳。

88　　因此，当欧阳修的诗话中出现一则探讨韩愈诗歌技巧的条目时，人们就感到意外了。这说明欧阳修是韩愈诗歌的细心且富有洞察力的读者。在其他地方，欧阳修从来没有表露这一点。欧阳修在为自己提出这一话题进行了充分辩护后说：

> 此在雄文大手，固不足论，而余独爱其工于用韵也。盖其得韵宽，则波澜横溢，泛入傍韵，乍还乍离，出入回合，殆不可拘以常格，如《此日足可惜》之类是也㊴。得韵窄，则不复傍出，而因难见巧，愈险愈奇，如《病中赠张十八》之类是也㊵。余尝与圣俞论此，以谓譬如善驭良马者，通衢广陌，纵横驰逐，惟意所之。至于水曲蚁封，疾徐中节，而不少蹉跌，乃天下之至工也。㊶

㊳ 比如欧阳修在《读蟠桃诗寄子美》中用"雄"、"富"来形容韩愈的诗，把它和孟郊的"穷"相对比，《居士集》卷二，第36—37页。又如欧阳修在《与尹师鲁第一书》中批评韩愈见逐后沉浸在自悲自怜的感情中，与他深谙如何修身的儒家知识分子身份不一致，《居士外集》卷一九，第999页。

㊴ 韩愈《此日足可惜一首赠张籍》，《韩昌黎诗系年集释》卷一，第84—85页。

㊵ 韩愈《病中赠张十八》，《韩昌黎诗系年集释》卷一，第63页。

㊶ 欧阳修《六一诗话》，第1957页。

我们看到，即使是在诗话里，欧阳修也觉得应该为提出这样的话题道歉。但是一旦话题展开之后，他细致和敏锐的观察则给我们留下深刻的印象。这说明欧阳修对韩愈诗歌"固不足论"的特点有着深刻的见解。

一旦诗歌技巧的主题被提出，接踵而来的许多内容就会对其进行拓展。最早的诗话在材料类型方面体现出很大的不同：文人轶事 89 或诗歌本事占了很大的比重。虽然文学批评和分析的成分从一开始就存在（如欧阳修的诗话），但并不突出。正如在诗话尚不成熟的早期阶段，司马光将诗话的目的定义为"记事"（即促成诗歌产生的具体场景）⑫。这类记事性的条目在诗话中总是会被认可的，然而随着时间的流逝，纯粹的轶事逐渐失去优势，越来越多的篇幅让给了评论和分析。

诗话的关注点集中在诗歌技巧问题上，这不仅仅是形式本身的解放，也不仅仅意味着它们从此摆脱了正统文论的束缚。我们同时也看到两个群体之间的鸿沟：最有声望的精英作家与诗话创作者之间的鸿沟。这一差别在最早期的欧阳修、司马光和刘攽的诗话里并不存在，只是在下一代文人那里才变得明显起来。第二代诗人的领袖苏轼和黄庭坚都不创作诗话。苏轼的兄弟苏辙，苏轼主要的门徒（秦观、张耒、晁补之）也都不写。陈师道除外，但作品是否归属于陈师道还存在疑问⑬。王安石没有采用诗话的形式，贺铸和陈与义也一样。直到南宋，像杨万里和刘克庄这样的主要诗人才又开始诗话 90 的创作。

北宋最后的几十年里，诗话由那些可称为文坛的"旁观者"群体——僧人或不知名的作家来创作。比如惠洪（黄庭坚的佛教朋

---

⑫ 见司马光《温公续诗话》的题注。
⑬ 苏辙确有《诗病五事》留下，有时被归入诗话。见于《栾城第三集》卷八，苏辙《栾城集》，第1552—1556页。尽管这些短评是用来评价唐人的，但是只有五条，而且不太像苏辙时代的诗话。对署名陈师道的诗话的探讨见郭绍虞《宋诗话考》，第15—20页。

友）、王直方（苏轼的晚辈）、范温（秦观的女婿）、洪刍（黄庭坚的外甥）、蔡絛（蔡京的儿子）、阮阅（一个生平不详的人物）以及叶梦得（因记录大量的文人轶事而知名）[44]。这些人当然渴望成为诗人，在他们许多富有洞察力和鉴别力的评论中，我们可以感受到他们能够领会文学艺术的精妙之处并渴望将其展现出来。

北宋晚期的诗话经常会直接或间接引用苏轼和黄庭坚这两位在当时最受尊敬作家的风趣、精辟的评论。但苏轼和黄庭坚自己并不写诗话。这和他们一贯的主张有关，他们认为最好的诗歌并非来源于过分的修饰或苦吟。他们把对诗歌优劣的书面分析让给天资不高的人去完成。

我们来看一些具有代表性的、出自北宋末的二流诗人之手的诗话条目，都是关于杜甫的。这些诗话的重点在于突出杜甫如何重视遣词造句，并对杜甫的这种能力深表赞赏：

91

> 余登多景楼，南望丹徒，有大白鸟飞近青林，而得句云："白鸟过林分外明。"谢朓亦云："黄鸟度青枝。"[45] 语巧而弱。老杜云："白鸟去边明。"[46] 语少而意广。余每还里，而每觉老，复得句云"坐下渐人多"，而杜云"坐深乡里敬"[47]，而语益工。乃知杜诗无不有也。
>
> ——陈师道《后山诗话》[48]

> 有一士人携诗相示，首篇第一句云"十月寒"者。余曰："君亦读老杜诗，观其用'月'字乎？其曰'二月已风涛'，则

---

[44] 虽然叶梦得活到了南宋（他在 1148 年去世），但是一般认为他的《石林诗话》写成于北宋末，是在 1120 年代。见郭绍虞《宋诗话考》，第 33 页。

[45] 陈师道误读了钟嵘《诗品》序中这句诗的出处，《诗品集注》，第 58 页（见第 60—61 页注释 5）。这句诗不是谢朓的，而是一个叫虞炎的、不出名的诗人写的。见《玉阶怨》，齐诗卷五，《先秦汉魏晋南北朝诗》第二册，第 1459 页。

[46] 杜甫《雨四首》其一，《杜诗详注》卷二〇，第 1798 页。

[47] 杜甫《壮游》，《杜诗详注》卷一六，第 1442 页。

[48] 陈师道《后山诗话》，第 315 页。

记风涛之蚤也⁴⁹。曰'因惊四月雨声寒'，'五月江深草阁寒'，
盖不当寒而寒也⁵⁰。'五月风寒冷拂骨'，'六月风日冷'，盖不
当冷而冷也⁵¹。'今朝腊月春意动'，盖未当有春意也⁵²。虽不尽
如此，如'三月桃花浪'⁵³，'八月秋高风怒号'⁵⁴，'闰八月初 　92
吉'⁵⁵，'十月江平稳'之类⁵⁶，皆不系月，则不足以实录一时之
事。若十月之寒，既无所发明，又不足记录。退之谓惟陈言之
务去者⁵⁷，非必尘俗之言，止为无益之语耳。然吾辈文字，如
'十月寒'者多矣，方当共以为戒也。"

——范温《潜溪诗眼》⁵⁸

诗语固忌用巧太过，然缘情体物，自有天然工妙，虽巧而不
见刻削之痕。老杜"细雨鱼儿出，微风燕子斜"⁵⁹，此十字殆无一
字虚设。雨细著水面为沤，鱼常上浮而淰，若大雨则伏而不出矣。
燕体轻弱，风猛则不能胜，唯微风乃受以为势，故又有"轻燕受
风斜"之语⁶⁰。至"穿花蛱蝶深深见，点水蜻蜓款款飞"⁶¹，深深
字若无"穿"字，款款字若无"点"字，皆无以见其精微如此。 　93
然读之浑然，全似未尝用力，此所以不碍其气格超胜。使晚唐诸

---

⁴⁹ 杜甫《渡江》，《杜诗详注》卷一三，第1101页。

⑤⁰ 杜甫《绝句四首》其二，《严公仲夏枉驾草堂兼携酒馔》，《杜诗详注》卷一三，第
1143页，卷一一，第904页。

⑤¹ 现存杜诗（或其他唐人的诗）中没有前一句。后一句出自杜甫《渼陂西南台》，《杜诗
详注》，卷三，第183页。

⑤² 杜甫《十二月一日三首》其一，《杜诗详注》卷一四，第1243页。

⑤³ 杜甫《春水》，《杜诗详注》卷一〇，第799页。

⑤⁴ 杜甫《茅屋为秋风所破歌》，《杜诗详注》卷一〇，第831页。

⑤⁵ 杜甫《北征》，《杜诗详注》卷五，第395页。

⑤⁶ 杜甫《秋清》，《杜诗详注》卷一九，第1725页。

⑤⁷ 韩愈《答李翊书》，《韩昌黎文集校注》卷三，第100页。

⑤⁸ 范温《范温诗话》（《潜溪诗眼》是范温著作的原题，现被改成《范温诗话》），第
1248—1249页。

⑤⁹ 杜甫《水槛遣心二首》其一，《杜诗详注》卷一〇，第812页。

⑥⁰ 杜甫《春归》，《杜诗详注》卷一三，第1110页。

⑥¹ 杜甫《曲江二首》其二，《杜诗详注》卷六，第447页。

子为之，便当如"鱼跃练波抛玉尺，莺穿丝柳织金梭"体矣[62]。

——叶梦得《石林诗话》[63]

这些条目充满洞见，而且它们并不提及好诗应该是什么样或力求怎样等标准或信条。杜甫对统治者的忠诚以及对民众疾苦的关心在这里未被提及，他高远的"志"未被提及，优秀的诗作来源于诗人优秀的品格也未被提及，没有提到"道"，没有讨论诗人如何达到"文"的理想，没有关于感情表达的"诚"或"真"的论述。当作者把精力完全集中在他感兴趣的技巧方面时，所有传统的观念都被抛在一边。联句被看成是独立的单位，注意力完全放在遣词造句方面。在此基础之上批评家进行他的分析。评判这些诗句的唯一标准是用词的有效性。作者的兴趣在于找出并玩味那些熟练写就的诗句。其中隐含的问题是"为什么这个字用得好"或"为什么这一句比那一句好"。远离教条，不涉及文学、知识分子等更大的话题，是这些诗话条目的显著特点。

在叶梦得的诗话中，"巧"这个词的使用是一个十分有趣的现象。叶梦得认识到他想阐明的就是杜诗用词的"巧"，他最终选择了这个词来评价杜甫的诗。但这个词带有太多负面的意思，以至于叶梦得不得不反复说明杜甫的巧是与众不同，而且是无须质疑的。首先，他告诉我们杜甫的巧并不"过"。其次，叶梦得把他的技巧归结为"天然工妙"。但是"工妙"和"天然"似乎有点矛盾，所以叶梦得退一步说杜甫的诗是"虽巧而不见刻削之痕"，读之"全似未尝用力"。这就是为何杜甫的"巧"不会有损其诗歌成就的原因。叶梦得并没有明言杜甫作诗是否有意为之（苏轼和黄庭坚在评价陶

94

---

[62] 这一联不知出处。有人认为第一句乃 11 世纪中期的诗人王令所作，见纪昀《四库全书总目提要》卷一九八，第 4427 页，但在现存王令的诗集中却不见。叶梦得则十分确定这一联出自晚唐诗人之手。

[63] 叶梦得《石林诗话》，第 431 页。

潜的"天然"时并没有这样模棱两可）。这一点很重要。基本上叶梦得认为杜甫的"巧"是苦吟的结果。不过，叶梦得引用的晚唐风格的诗句明白地体现了他所要指出的另一种诗歌创作技巧，即雕琢。

范温的《潜溪诗眼》

在北宋后期的诗话中，范温诗话在对诗歌技巧的关注方面是最持之以恒且充满热情的。范温的诗话视角独特、辨别力敏锐，从分析诗句出发而最终指向整体的文学理论，这使他的诗话十分有名。从仅存的 29 条范温诗话来看，他和同时代人不同的是，更注意避开文学上的趣闻轶事、笑话和诗歌本事等内容。诗话在他的手上变成纯粹的批评，其中的一些条目类似于文学理论。

我们对其知之甚少，只知道他是学者兼史学家范祖禹之子。作 95 为秦观的女婿、吕本中的表叔，他是连接文学界和学术界的重要人物。据说他从黄庭坚学诗，他的诗话经常引用黄庭坚的观点。虽然范温诗话的确属于当时众多诗话中的一种，但是他却用"诗眼"一词代替了流行的标准术语。他的许多条目都在讨论单个的字在一句诗里面的用法，这些字在诗行里起到起承转合的关键作用。这样的词或词组被称为"诗眼"。范温还喜欢把不同诗人的主题相似的诗句并列起来考察，通过对比提出富有启发性的意见。有人指出这一特征或许是他题目里"诗眼"的第二层含义[64]。还有人进一步指出范温的"诗眼"可能来自于佛家的"法眼"，这在佛经或公案故事里有记载，认为它可以唤起言外之意[65]。

上面关于杜甫用"月"字的条目显示了范温作为读者和批评家的功力。这里再举出其他一些著名的例子：有一则比较了韩愈和杜甫为上贡的樱桃所作的诗。范温认为韩愈的诗模仿杜甫，但是"排

---

[64] 郭绍虞最早认为"诗眼"具有双重含义。见《宋诗话考》，第 133—134 页。
[65] 周裕锴《文字禅与宋代诗学》，第 106—109 页。

比对偶"和"搜求事迹"都显得勉强。范温继续发问，如果不是因为有杜甫更为出色的作品，以韩愈的伟大，谁敢于轻视他的创作*？虽然范温尊敬杜甫，但是他仍然在别处很公正地指出杜甫的诗实际上是在悄悄模仿沈佺期，而且不见得比沈诗好⑯。除了把注意力集中在单个的字句，范温还善于对诗歌作整体分析（这在早期的诗话中是不常见的）。那些条目反映了范温对所谓的"布置"或"意若贯珠"的兴趣⑰。他对杜甫《闻官军收河南河北》一诗的心理活动作了连贯的分析，说明诗句的逻辑性如何使诗歌具有"辩士之语言"⑱。范温对杜甫诗歌中工拙参半的特点也很感兴趣。他指出工拙搭配会提升诗歌的整体效果，如果整篇皆工，则显得"峭急而无古气"⑲。有时范温的兴趣会超越文学研究的领域，比如他会努力辨识文学和视觉艺术之间的共享原则。他发现诗歌和书法的相似处，纷繁的诗歌语言整合在统一的思想之下，同样的，书法家龙飞凤舞的笔触之中却有着完美端直的准绳⑳。另一个值得探究的是他对诗、书、画中作为艺术思想的"韵"的长篇讨论，钱钟书曾经称赞过这一条目，他在《永乐大典》残卷的无名段落中发现了它㉑。

范温还继续了对诗歌中"巧"的议论，但是他不像叶梦得那么模棱两可。他有一则关于李商隐诗的条目，比较了李商隐和其他作家的咏史诗，诸如咏诸葛亮、马嵬驿（唐玄宗宠爱的杨贵妃在此地被杀）。范温指出李商隐诗句中语意的稠密，显示了他用词的恰当与

96

97

---

* 译者按：范温《范温诗话》第一条，第 1244 页。
⑯ 范温《范温诗话》第八条，第 1246—1247 页。
⑰ 范温《范温诗话》第九、十四条，第 1247、1250 页。
⑱ 范温《范温诗话》第九条，第 1247—1248 页。
⑲ 范温《范温诗话》第十三条，第 1250 页。
⑳ 范温《范温诗话》第九条，第 1248 页。
㉑ 《范温诗话》第二十九条，第 1255—1257 页。关于钱钟书对范温诗话的评论见《管锥编》第 4 册第 1362—1363 页。钱钟书在他关于"韵"的论述中引用了范温的文字，也见于笔者的译本：Limited Views：Essays on Ideas and Letters，第 97—115 页（范温的条目在第 110—112 页）。

高效。关于马嵬诗[72]，他写道：

> 义山云"海外徒闻更九州，他生未卜此生休"，语既亲切高雅，故不用愁怨、堕泪等字，而闻者为之深悲。"空闻虎旅鸣宵柝，无复鸡人报晓筹"，如亲扈明皇，写出当时物色意味也。"此日六军同驻马，他时七夕笑牵牛"[73]，益奇。
>
> 义山诗世人但称其巧丽，至与温庭筠齐名，盖俗学只见其皮肤，其高情远意，皆不识也。[74]

现在我们把李商隐作为一位重要的诗人来看待，他对人的执着与痴情的探讨达到了前所未有的深度。但是他在北宋人的印象中却不是这样。这在很大程度上取决于宋代早期诗人对他的接受史，有少数诗人把李商隐视为楷模，认为他创造了一种冷僻却非常鲜明的风格，以其造诣极高的语汇和密集的典故而著称。他们将其追认为西昆体的领袖，令人投之以异样的眼光。北宋中期西昆体衰微后，李商隐作为西昆体的楷模也被遗弃。因此在胡仔的诗话里甚至都没有李商隐的位置。关于他的评论也大多是负面的，包含在"西昆体"的讨论中[75]。

98

范温对李商隐的评价与前人相比要更进一步。他在发现李商隐诗歌富有灵性和创造力的语言的同时，体会出李商隐诗歌的深刻意味。范温力图证明李商隐的诗具有真正的内涵，它们与外在的"巧丽"并存。

范温在对李商隐的评价中，明确宣称"巧"和深刻内涵是可以并存的。在关于杜甫的讨论中他更加明确地坚持这种观点。其中，最主要的一对相反的概念是"巧"和"壮"。"巧"中又包含"绮

---

[72] 李商隐《马嵬》其二，《全唐诗》卷五三九，第6177页。

[73] 唐明皇和杨贵妃曾经嘲笑过牛郎、织女这对天上情侣，牛郎、织女一年中只有一个晚上（七夕）可以相聚，而他们认为自己可以日日相守。

[74] 范温《范温诗话》第二十条，第1254页。

[75] 胡仔《苕溪渔隐丛话》，前集，卷二二，第144—148页。

丽"和"风花"。前者主要跟语言风格有关，后者则主要涉及内容（即对自然景物的描写，特别是美丽的花朵）。之所以认为"巧"有这层含义，是因为长久以来人们把这种风格跟高雅、精巧甚至女性化联系在一起。

杜诗巧而能壮[76]

世俗喜绮丽，知文者能轻之。后生好风花，老大即厌之。然文章论当理与不当理耳，苟当于理，则绮丽风花同入于妙；苟不当理，则一切皆为长语。上自齐梁诸公，下至刘梦得、温飞卿辈，往往以绮丽风花累其正气，其过在于理不胜而词有余也。老杜云："绿垂风折笋，红绽雨肥梅[77]。""岸花飞送客，樯燕语留人。"[78] 亦极绮丽，其模写景物，意自亲切，所以妙绝古今。其言春容闲适，则有"穿花蛱蝶深深见，点水蜻蜓款款飞"[79]，"落花游丝白日静，鸣鸠乳燕青春深"[80]。言秋景悲壮，则有"蓝水远从千涧落，玉山高并两峰寒"[81]，"无边落木萧萧下，不尽长江滚滚来"[82]。其富贵之词，则有"香飘合殿春风转，花覆千官淑景移"[83]，"麒麟不动炉烟上，孔雀徐开扇影还"[84]。其吊古则有"映阶碧草自春色，隔叶黄鹂空好音"[85]，

99

100

---

[76] 范温《范温诗话》第十六条，第 1252 页。
[77] 杜甫《陪郑广文游何将军山林十首》其五，《杜诗详注》卷二，第 152 页。
[78] 杜甫《发潭州》，《杜诗详注》卷二二，第 1971 页。《范温诗话》错把这一联和前一联并在一起，好像它们出自同一首诗。
[79] 杜甫《曲江二首》其二，《杜诗详注》卷六，第 447 页。
[80] 杜甫《题省中壁》，《杜诗详注》卷六，第 441 页。
[81] 杜甫《九日蓝田崔氏庄》，《杜诗详注》卷六，第 490 页。
[82] 杜甫《登高》，《杜诗详注》卷二〇，第 1766 页。
[83] 杜甫《紫宸殿退朝口号》，《杜诗详注》卷六，第 436 页。
[84] 杜甫《至日遣兴奉寄北省旧阁老两院故人二首》其二，《杜诗详注》卷六，第 498 页，前一句末尾的"上"一作"转"。
[85] 杜甫《蜀相》，《杜诗详注》卷九，第 736 页。

"竹送清溪月，苔移玉座春"⑥。皆出于风花，然穷尽性理，移夺造化。又云："绝壁过云开锦绣，疏松夹水奏笙簧。"⑦ 自古诗人巧即不壮，壮即不巧，巧而能壮，乃如是也。

从上述条目可以看出，在文学思想中对于"巧"的偏见是多么根深蒂固。甚至在诗话这一离传统诗教比较远的领域里，范温的表述依然小心翼翼，只有当他觉得不会因为赞成"巧"而被指责的时候，他才会放心。

对我们而言，范温怎样评价杜甫并不重要，重要的是他怎样看待"巧"，以及他作为一个批评家把这个问题正式提了出来。我在前面曾经提到，当时很多诗话都关注诗歌的技巧，也都注意到了诗人们得以体现语言魅力的"巧"。几乎在每一页中我们都可以感受到诗话作者的兴奋，因为他们终于找到诗话这样一种能够探讨诗歌技术的载体。欧阳修以前的文人可没有这么幸运。从最初的努力到范温，再到南宋，诗话形式的演进表明：弄清楚究竟什么使得一首诗歌出色，这一批评思想是促使诗话大量产生的动力。诗话作者们逐渐把重点放在这样的探究上，其他诸如传记轶闻、诗歌出处这样的内容相应减少了。以北宋晚期诗话作品的最高水平来衡量，司马光十分称许的"记事"体看起来就显得非常天真了。像范温这样的 12 世纪早期的诗话作者对诗话明显具有不同的想法。 〔101〕

即使对诗歌进行字句分析已经十分常见，但仍然是一种比较大胆的做法，因为往往直接触及"巧"的问题，就像范温在上面提到的。在范温对李商隐的评价中，仍然把"巧"归结为一种肤浅的东西，即使它包含着有价值的内容。在关于杜甫的条目中，他进一步提出对"巧"的新见解。他归纳出不同类型的"巧"。其中一些他

⑥ 杜甫《谒先主庙》，《杜诗详注》卷一五，第 1354 页。
⑦ 杜甫《七月一日题终明府水楼二首》其一，《杜诗详注》卷一九，第 1652 页。

认为是浅陋的，但也有一些值得肯定，甚至可以跻身于历史上最优秀的诗歌行列。决定性的因素不在于主题或语言结构，而在于能否恰当地传达意义或是否合情合理。只要作品有感而发且有意义，那么即使从表面上看主题是肤浅的或者语言复杂难懂，也同样可能是好诗。因此，即使人们总是认为"巧"是做作的、过度修饰的，甚至虚伪的，但是它仍然可以和"壮"或"雄"并列，并可以体现雄壮之美。范温的观点为细致分析诗歌语言提供了正当性，也使某些一向被视为轻浮的诗句获得了欣赏。范温扩大了诗歌批评的范围，同时也为人们关注不同类型和风格的诗歌提供了理论依据。

异端的观点

虽然诗歌技巧是新出现的诗话中最引人注目的话题，但仍有很多其他的内容。作者经常会在诗话中提出一些在传统诗论中不可能提出的异端想法。我们看到了对传统观念的质疑，涉及的问题包括文学表达的实质、阅读行为和文学史。有时候这种质疑是直言不讳、打破偶像崇拜的，而有些时候这种怀疑的态度比较温和。可能那些突破旧的诗学观念的想法是随手记录下来的，未被精心加工。

在最早的诗话中我们也能够看到这一点。欧阳修的诗话中有一条涉及龙图学士赵师民，欧阳修称其为人"沉厚端默"，是一个严肃而沉默寡言的人。然而令欧阳修吃惊的是，他的"诗思尤精"，显示出对美的敏感性。欧阳修引了其中一些句子（用范温的话说都是一些有关"风花"的句子）。欧阳修的评价是，赵师民的诗"殆不类其为人矣"。这让人联想到在一部笔记中欧阳修的几句议论，带有同样的意味："欧阳文忠公尝以诗荐一士人与王渭州仲仪，仲仪待之甚厚。未几，赃败。仲仪归朝见文忠公，论及此士人，文忠公笑曰：'诗不可信也如此！'"⑧⑧

---

⑧⑧　赵令畤《侯鲭录》卷三，第 2052 页。

　　欧阳修对赵师民的评价显然洞察了其性格与诗风的差异，虽然带着幽默的口吻，仍然引起我们的思考。欧阳修时代的诗论认为写作能够揭示一个人的真正本质。这是中国文学思想的一个基本原则。欧阳修的批评质疑了作家的个性与诗歌的必然联系。他的诗话虽然没有如此幽默或具有针对性，内涵却是一样。

　　另一个文学思想的基本观念是，作家的好友更能够理解和欣赏作家的作品。在这样一种文化传统中，"知音"代表着"亲密无间的朋友"，人们普遍相信朋友间的文字表达是十分透明的。因此，当我们碰到那些不符合传统观念的诗话条目时，我们难免会感到惊讶。在刘攽的诗话中有这样一则关于欧阳修和梅尧臣的故事。欧阳修承认他所喜欢的梅尧臣的诗和梅尧臣自己认为好的诗不一致。"知圣俞诗者莫如某，然圣俞平生所自负者，皆某所不好；圣俞所卑下者，皆某所称赏。"⑧⑨ 这样的表述非常直率且出人意料。谁能想到这两位著名的诗友之间的看法竟如此大相径庭？而且这还不是个别诗篇的问题。欧阳修所称赏的和梅尧臣所喜欢的完全是不同的两类。如果光看到欧阳修对梅尧臣及其诗歌的其他评论，而忽视上述批评⑨⑩，那将徒劳无获。　　104

　　从欧阳修的诗话开始，诗话中相当大的篇幅让给了以前被忽视的作家。有些甚至被人们遗忘成为无名氏。他们可能在他们的时代是知名的，他们的诗歌也可能获得过某种程度的名声，但是后来他们的作品变得默默无闻。诗话引用他们的一些残句，显示其才能，并为佚失的部分惋惜。有时候，这些默默无闻的诗人是那些看起来不太可能会写出漂亮诗句的人物（比如僧人、妇女、外国人或者年轻人），这也是为什么文学史忽略了他们的原因。欧阳修开此先例，在他的诗话中首先评论了宋初的九僧⑨①。欧阳修说他小时候曾听到过

⑧⑨　刘攽《中山诗话》，第 286 页。
⑨⑩　类似的关于晏殊和梅尧臣对梅诗不同看法的条目见欧阳修的《六一诗话》，第 1955 页。
⑨①　欧阳修《六一诗话》，第 1951—1952 页。

长辈热烈地谈论他们的诗歌。后来不仅他们的诗集已经亡佚，就连欧阳修也只记得其中一位的名字，并且只记住少数几个佳句。

写于北宋灭亡后（1128）的许颛的诗话也有类似的条目：

> 有李氏女者，字少云，本士族。尝适人，夫死无子，弃家着道士服，往来江淮间。仆顷年见之金陵。其诗有云："几多柳絮风翻雪，无数桃花水浸霞。"殊无脂泽气。又喜炼丹砂，仆亦得其方，大抵类魏伯阳法，而有铢两加精详者也。尝语仆曰："我命薄，政恐不能成此药耳。"后二年再见之，其瘦骨立，盖丹未成而少云已病。仆问曰："子丹成欲仙乎？惟甚瘦则鹤背能胜也。"笑曰："忍相戏耶！"病中作《梅花诗》云："素艳明寒雪，清香任晓风。可怜浑似我，零落此山中！"寻卒。后检方书，见丹法及此诗，录之。②

对许颛来说，一个女人而且是道姑竟然有如此高的诗歌天分，是比较异常的。这是他如此着迷并在诗话中予以记录的原因。

一般诗人所作的评论不会直接挑战传统的诗歌观念，但是会悄悄影响人们的某些业已形成的看法。需要指出的是，被记录下来的只是那些能够写出好诗的无名人物。如果他们既没有名气，又没有才华，那就不会引起人们的兴趣。同时，这些诗话条目也在暗示着这样的问题：文献的记录是完整的吗？杰出诗人的名单是准确无误的吗？关于文学的功用和价值的传统观念是正确的吗？写作毕竟被认为是"三不朽"之一，但由于那些出色的诗人都会被人遗忘，写作的信心也就受到彻底的动摇。文学史的传统观念又怎么样呢？到宋代，按照时代来构建文学史的轮廓成为一种共识，大家基本上对哪些人是唐、五代、北宋的杰出诗人有一致的意见。在那些阐述如

---

② 许颛《彦周诗话》，第380—381页。

何利用和评价文学的序言和文章中，频频被提及的杰出人物在人们的脑海中形成了牢固的印象，他们就代表着经典。这些有关曾被忽视的诗人的诗话条目多少使文学史的图景更加丰富了一点，同时也说明传统的文学史实际是带有偶然成分的。这是一个令人不安的想法。诗话作者对此反复提及，正是因为他们感到传统的文学史有其缺陷。

※　　※　　※

大体上说，将诗话视作一种对严肃文论的替代是有用的。在这里可以考虑和探讨一些在相对正式的文体，比如在那些论著中很难深究的文学话题。无论是针对诗歌技巧的微观分析，还是涉及较大问题的反传统思考，诗话都提供了一种新的描述和探讨诗歌的途径。由于起源于非正式的谈话，诗话享受了某种程度的自由，不用遵守也无须无止境地重复那些关于诗歌与个性、与伦理价值之间关系的教条，也不用附和那些文学思想中的主流，尤其是那些出自经典的主流意识。诗话因这种自由而繁盛起来。它形式的独特性和片断化也是吸引人的原因之一。诗话作者的观察不必围绕文论中大的问题，所以这种形式可以轻易地聚焦于某句诗的历史真实性（比如寺庙里真的会夜半敲钟吗）、一个字的正确解释、两句完美对偶的复杂结构，或者相关文本异文的优点。

随着诗话在 11 世纪末期的出现和迅速传播，中国建立起了一种前所未有、恐怕也是无与伦比的文学鉴赏传统。此前没有任何一种文学批评形式，在数量上或者在文学技巧的深刻洞察方面可以同宋诗话相比，更不用说涉及诗歌领域各个方面的探索了。实际上，这很容易令人把宋诗话的爆发（这不是一个过分的词）看成中国诗歌鉴赏的诞生，无论在质还是在量上，宋诗话都在此前各时期的文论基础上更进了一步。很明显，诗话符合当时士大夫的迫切需要。关于为什么这种形式会很快被当时的文人采纳并传播，这儿没有其他

107

解释。诗话在士大夫生活中扮演重要角色，因为当时没有比闲聊更具持久生命力的、能够裁断具体诗歌优劣的场所。但是考虑到精英文化的保守，以及人们不愿意触及技巧这样功利的内容，所以需要有一位充满自信的作者来大胆尝试，以此满足当时士人的需要，这个任务就落到了欧阳修身上。

108

第三章　牡丹的诱惑：有关植物的
写作以及花卉的美

北宋期间中国文化史上的若干"第一"中，以花卉植物为主题的论文的出现是其中之一。撇开植物的营养价值或药用价值不谈，仅仅关注于植物种植美学的写作，在北宋以前是很少见的。此前也曾经出现过一些作品，如5世纪戴凯之的《竹谱》；再如嵇含致力于描述南方奇异植物的《南方草木状》。但这些作品都是罕见且分散的，缺乏连贯性，也未针对该领域知识的发展变化。在唐代，诗文里有无数关于植物的内容可供参考，包括植物的分布和种植的信息，可是却缺乏专门讨论种植技术特别是花卉鉴赏的专论。唐代最有名的非医药性的植物论述可能是陆羽的《茶经》。那可以看作是一个转折点，是一种特殊的有关植物的学问和对植物的鉴赏。只不过这种鉴赏是味觉的鉴赏，而非视觉的鉴赏。

两宋期间的情况发生了急剧的变化，我们发现各种关于花卉植 109 物的手册、目录和论文逐渐增多。这一脉的文本以欧阳修作于11世纪30年代的《洛阳牡丹记》为始（至少这是现存最早的）①。其后不久，其他作家接续欧阳修的先例，创作了关于扬州芍药、菊花、梅花、海棠、玫瑰、山茶、杜鹃、荷花以及兰花的专论。其中有些植物倍受关注。有史以来，宋代首先见证了大量关于花卉栽培和鉴赏文集的产生，这比西方要早几个世纪。

跟《本草》类文献或与其有关系但关系较远的药用类文献不同，

---

① 僧人仲休早在10世纪80年代就有《越中牡丹花品》。但作品是否流传广泛或欧阳修是否知道该作品，目前还无法确定。该作品现已亡佚，陈振孙《直斋书录解题》著录了该书，见卷一〇，第297页。

宋代这些关于花卉植物的专论很少得到关注。它们在中国植物学史上的地位已经在《中国的科学与文明》（卷六《生物学和生物技术》，第一部分"植物学"）一书中被李约瑟和其他学者讨论过了②。但是，就美学史以及宋代对美和鉴赏的思考来说，它们的重要性都没有得到应有的关注。本章意在对此方向予以探讨。

在宋代的思想史上，不是所有的植物都享有平等地位。考虑到儒家（和佛家）关于感官愉悦的训诫及其影响，对某些植物的审美愉悦的书写比写其他的植物来得容易得多。在欧阳修以前，僧人赞宁就已作过关于竹子的目录③。这是一件相对简单的事，因为在竹这种植物和文人（无论是学者、官员、士子还是僧人）的精神特性之间已经建立起了某种深刻的联系。以前有过这样的先例。基于同样的理由，写关于栽培菊和梅的文章也不会引起太多的问题。这三种植物早就变成高尚人格的象征，因此对它们的欣赏也就意味着对既定价值的认可，没有必要感到羞愧。

牡丹却不是。牡丹的华贵及其硕大花朵显示出视觉上的炫耀和嗅觉上的诱惑，它的人格象征跟女性有关，往往容易跟女性的情色和诱惑联系在一起。赞宁写竹子可以说是不足为奇的，可是 1034 年欧阳修作为一名初涉官场的年轻官员对牡丹栽培进行详细叙述却是一件不同寻常的事——他应该知道这会造成一种坏印象。他的例子在后来的植物学文章中被反复引用，我们因此可以确信他的叙述在当时就出名并影响了他的同时代人。

本章的目的是考察欧阳修及后来受其影响的作者怎样完成了对他们来说属于比较困难的任务。在他们的作品里我们既清楚地看到他们热切地传播植物的栽培知识，又感受到他们每走一步的艰难。即使有无数反对理由，他们毕竟还是意外地写出了专论。在写作中，

---

② 李约瑟（Joseph Needham）等《中国科学技术史》卷六，《生物学和生物技术》第一部分：植物学，第 355—439 页。
③ 赞宁《笋谱》。

作者为克服障碍所突出的重点问题、他们尽力解决的问题、他们偶然发现的巧妙理由，以及他们有时必须回避的难题，这些都是我们要考察的。他们在处理并最终完成这些任务时所普遍表现出来的知识分子的勇敢，体现了宋代士人文化的创新精神。当我们意识到其他文化经过了若干世纪才出现这么多关于植物鉴赏的写作，我们就会领悟到宋代这一成就的重要性。

我们有必要先来简单回顾一下唐代有关牡丹的情况。8、9世纪 111 的长安城里已经掀起了对牡丹的狂热。每年春天牡丹盛开的时候，成群的观赏者涌入当地最好的寺庙和庄园去欣赏美景，买花和幼苗带回家。持续大约十天左右的短暂花季使整个城市沉浸在狂欢的气氛里。人们支起帐篷来保护牡丹，小贩们售卖糕点，还有舞台表演（在宋代，洛阳牡丹盛开的时节也有如此盛况）。

不过士大夫阶层似乎对此种狂欢有点反感，至少在他们的作品中有过这样的表露。比如白居易的诗就体现了这种反感。这首诗收在他描写长安生活的组诗里。如诗序所云，这组诗聚焦于他所亲自闻见的"足悲"者。对牡丹的痴狂就是其中之一。

买 花④

帝城春欲暮，喧喧车马度。共道牡丹时，相随买花去。贵贱无常价，酬直看花数。灼灼百朵红，戋戋五束素。上张幄幕庇，旁织笆篱护。水洒复泥封，移来色如故。家家习为俗，人人迷不悟。有一田舍翁，偶来买花处。低头独长叹，此叹无人 112 谕。一丛深色花，十户中人赋。

正是这种被追捧的经济上的奢侈使作者感到吃惊，他以诗人的角色

---

④ 白居易《秦中吟十首·买花》，《白居易集》卷二，第34—35页。

来批判社会的不公以及责任感的缺乏。美丽的花朵成功蛊惑了整个城市的人，他们的行为从此失去了理性，对此只有一位没有文化的农民看到了它的荒唐。

《唐国史补》里面的一则史料道出了白居易同时代人对此的相似态度：

> 京城贵游，尚牡丹，三十余年矣。每春暮，车马若狂，以不耽玩为耻。执金吾铺官围外，寺观种以求利，一本有直数万者。元和（806—820）末，韩令始至长安，居第有之，遽命刬去，曰："吾岂效儿女子耶？"⑤

对于韩令，我们除了知道他曾经做过宣武军节度使以外，一无所知⑥。韩令个性严厉，跟别人尤其是那些浪漫的年轻人不一样，他对于牡丹的美没有癖好，甚至鄙视那些喜欢牡丹的人。在这里我们再次看到，和白居易的诗一样，对于牡丹狂热的批判并不仅仅是上层社会对商人或较低社会阶层娱乐的批判。对于牡丹的热情弥漫于整个唐代社会的富贵阶层，这也是为什么牡丹花可以开到那么高的价格的原因，人们对此常有议论。对沉溺于牡丹的非议只限于精英社会的范围之内，以韩令为代表的人视之为幼稚；而另一些人则不这么看，比如白居易较少带有那种道德的情绪，他可以承认自己曾购买牡丹来栽种的行为⑦。韩令的态度可能过于极端，以至于把他推到少数人的境地。但是他谴责赏花的不当，或者说至少他指出了人们对牡丹在感官愉悦上的沉溺，这种态度和看法在当时仍然是有影响的。与韩令不一定持同样看法的人也许会允许自己赏花，却不会写作关于牡丹的文章；当有人真的描写大家对牡丹的狂热，

113

⑤ 李肇《唐国史补》中卷，第45页。
⑥ 李肇《唐国史补》上卷，第31页。
⑦ 白居易《移牡丹栽》，《白居易集》卷一九，第426页。

写到这种热情席卷全城、人们为了牡丹漫天要价的时候，他们也会持否定的态度。

欧阳修的《洛阳牡丹记》

欧阳修在他官僚生涯的第一个阶段曾是钱惟演的幕僚，他在洛阳度过了四个春天（1031—1034）。1034年，刚离开洛阳不久，他创作了《洛阳牡丹记》，记录他在那里关于牡丹的见闻。在11世纪（以及此后的若干世纪里）人们都普遍认为洛阳的牡丹甲天下。作为一个亲身经历过的人，欧阳修试图用他的文章来介绍洛阳城里的奇异花朵。

《洛阳牡丹记》包括三个部分：第一，作了一个总的介绍，列出二十四个洛阳牡丹的品种；第二，解释各个品种的名称；第三，描述各地关于牡丹的风俗。和别的植物不同的是，无论是通过天然还是人工的办法，牡丹因其遗传的多样性而能轻易变异，衍生更多的品种，每一个品种的花朵都独具特色，在颜色、瓣数、形状和香味方面各有差异。欧阳修时代的园艺家们的嫁接等实践技术非常先进，了解品种应怎样杂交和突变，从而培育出令人叹为观止的牡丹。其中最为壮观的是被称为"千叶"的品种，它的雄蕊被转变成花瓣，单独的一朵花可以具有厚厚的几百片花瓣。欧阳修列举了二十四种最负盛名的洛阳牡丹，但他的名单是不详尽的。他曾经看到过超过九十种的名单[8]，正如我们将看到的，他的短名单在若干年后就过时了，每年春天人们都在不断地索求新的更惊人的花朵，所以品种改变的速度非常之快。欧阳修的第二部分解释了二十四个品种的名称来源，大部分是得自于他们独特的颜色或形状（比如鹤翎红、九蕊真珠），或者是跟培育的主人有关（比如牛家黄）。第三部分描述了该地关于牡丹的习俗和传说，从园艺专家的高价收购到培育技术，无所不包。以下是从中摘录的内容：

114

---

[8] 欧阳修《洛阳牡丹记》，《居士外集》卷二五，第1097页。

接时须用社后重阳前，过此不堪矣。花之木去地五七寸许截之，乃接，以泥封裹，用软土拥之，以蒻叶作庵子罩之，不令见风日，唯南向留一小户以达气，至春乃去其覆。此接花之法也。

种花必择善地，尽去旧土，以细土用白敛末一斤和之，盖牡丹根甜，多引虫食，白敛能杀虫。此种花之法也。

浇花亦自有时，或用日未出，或日西时。九月旬日一浇，十月、十一月，三日、二日一浇，正月隔日一浇，二月一日一浇。此浇花之法也。

一本发数朵者，择其小者去之，只留一二朵，谓之打剥，惧分其脉也。花才落，便剪其枝，勿令结子，惧其易老也。春初既去蒻庵，便以棘数枝置花丛上，棘气暖，可以辟霜，不损花芽，他大树亦然。此养花之法也。

花开渐小于旧者，盖有蠹虫损之，必寻其穴，以硫黄簪之。其旁又有小穴如针孔，乃虫所藏处，花工谓之气窗，以大针点硫黄末针之，虫乃死，虫死花复盛。此医花之法也。乌贼鱼骨以针花树，入其肤，花辄死。此花之忌也。⑨

这些作品在欧阳修的文集中显得很特别。无论何种主题，要想在他的文集中找到对物质世界如此关注的文章是很难的。对于园艺文化中技术层面的关注也是很少见的。通常士人阶层会避免表现出他们具有如此专门的实践类知识，因为这对于他们来说是不合宜的。与欧阳修同等地位的人唯一乐于展现的是跟精英与经典的学问有关的传统知识。而这篇文章中所说的学问是园丁的学问，而园丁阶层的人在欧阳修的世界里没有地位。

即使是这样，欧阳修仍然对此付出极大的热情。他非常急切地

---

⑨　欧阳修《洛阳牡丹记》，第1102页。

传达他所学到的关于如何有效地培育植物的每一点知识——他的确懂得不少。在开头的概述部分，欧阳修充分肯定了洛阳牡丹的优点，这些优点是中国其他地区的牡丹所不具备的。他反复强调，连外地种牡丹的人都认为洛阳牡丹甲天下的时候，这说明他自己也是认可这一点的。他还提到洛阳当地人特有的令人印象深刻的表达方式。当他们提到其他花卉的时候，他们会冠以具体的名字，比如"绯桃"、"瑞莲"等等。但是他们提到牡丹的时候，就直接用"花"这个字。欧阳修总结道："其意谓天下真花独牡丹。"⑩ 他认为这表明了洛阳人多么喜欢和珍惜牡丹。很明显，欧阳修自己也接受了洛阳人对于牡丹的态度。

在文章的开头一段之后，欧阳修迅速转换了话题和语气。他提出了关于美的理论，并试图解释为什么洛阳牡丹这么特别。他说：

> 说者多言洛阳于二河间，古善地。昔周公以尺寸考日出没，测知寒暑风雨乖与顺于此，此盖天地之中，草木之华得中气之和者多，故独与他方异。予甚以为不然。夫洛阳于周所有之土，四方入贡，道里均，乃九州之中；在天地昆仑旁薄之间，未必中也。又况天地之和气，宜遍被四方上下，不宜限其中以自私。 117
>
> 夫中与和者，有常之气，其推于物也，亦宜为有常之形，物之常者，不甚美亦不甚恶。及元气之病也，美恶鬲并而不相和入，故物有极美与极恶者，皆得于气之偏也。花之钟其美，与夫瘿木拥肿之钟其恶，丑好虽异，而得分气之偏病则均。
>
> 洛阳城圆数十里，而诸县之花莫及城中者，出其境则不可植焉，岂又偏气之美者独聚此数十里之地乎？此又天地之大，不可考也已。
>
> 凡物不常有而为害乎人者曰灾，不常有而徒可怪骇不为害

---

⑩　欧阳修《洛阳牡丹记》，第 1096 页。

118
者曰妖，语曰："天反时为灾，地反物为妖。"⑪ 此亦草木之妖而万物之一怪也。然比夫瘿木拥肿者，窃独钟其美而见幸于人焉⑫。

随即，欧阳修的主题又突然一转，描述了自己为何在洛阳待了四年，而逐渐熟悉了牡丹。

上面的文章看起来似乎有点乱。欧阳修用了很多文字来解释洛阳为何拥有这么美的花朵，并用自己的观点推翻了人们之前的看法，尽管他的解释看起来有点奇怪。他把美同物气之偏病联系起来。这绝对是最偏离正统的美学理论。传统的看法认为美通常来自于中正平和之气，而非气的分配不均。的确，有时候人们用"气之偏"来描述生物的区别，但那是就"偏"的中性意义而言，并没有把它跟病联系在一起。而"气之病"通常指事物的本质发生了变异。因此，一星之陨，一泉之绝，一般都用"气之病"来形容⑬。通常的看法是，生命力与有机体的健康或美之间，后者是前者的直接结果，就像柳宗元（773—814）所说的，贞松产于岩岭乃"和气之发也"⑭。

在确定了气之偏病跟美的关联之后，欧阳修又寻找有力的证据证明花的"灾"和"妖"之间的区别。他主要的看法是，花虽然妖艳有瑕疵，但却是无害的。有意思的是，欧阳修在这里对"妖"这
119 个概念作了刻意的曲解。他坚称"妖"跟灾害无关，这跟该字的常用意义不一样。史书中充满了大量的例证表明被称作"妖"的怪兽和灾异现象的确伤害老百姓，会导致大的灾难。"妖"意味着"对人的引诱和迷惑"，经常用来指女性的美，很明显跟欧阳修在这里使用的意义有关。然而，正如我们所知道的这个词通常的含义是：女

---

⑪ 《左传》24/宣15/3；理雅各（James Legge）译《中国经典》（*The Chinese Classics*）第5册，第328页b，修订本。
⑫ 欧阳修《洛阳牡丹记》，第1096—1097页。
⑬ 见郑氏的评注，卫湜《礼记集说》卷五四，第28页b—29页a。
⑭ 柳宗元《送崔群序》，《柳河东集》卷二二，第377页。

性的妖艳是十分危险的。这样一来，欧阳修的说法就很牵强了。他似乎有意要包含两层意思，即：牡丹虽然是妖艳的，却没有害处。问题在于他所用的词汇本身不具备这种双重性。

　　欧阳修突然脱离正题，转而讨论牡丹的生理学和宇宙学元气论，而后又很快地结束这个话题，可以看作是他的一种妥协，借此调和他所讨论的主题本身潜在的矛盾。正如先前引用的唐代文献所表明的，人们对牡丹的普遍的狂热被士大夫阶层谴责为幼稚或疯狂。跟梅和菊不同的是，牡丹缺乏一种诠释学上的传统，使它易于为士人所接受。欧阳修几乎不可能凭一己之力去为牡丹树立一种新的观念和形象，不过他却急于表现他广博的栽培知识，这是他矛盾的症结所在。他的解决办法是在论述中尽早承认牡丹天生的宇宙学元气论上的缺陷，尽管他所包含的意思超越了宇宙学元气论。说某物"元气"偏病往往意味着这项事物是不好的。欧阳修在下文明确地说，尽管这是一件反常的事，然而不至于对人有害。经过这样一番解释，欧阳修觉得他已经为牡丹说了所有他能说的。因此接下来他开始告诉读者如何种植牡丹。在我看来，如果不考虑精英阶层对于牡丹，特别是对"牡丹热"所持的普遍态度，就无法正确理解欧阳修的这篇文章。欧阳修是第一个为牡丹作详细记述的作者，对人们有关牡丹的偏见他不可能视若无睹。120因此他只能用自己独特的方式来看待它们。

人工造物与植物学史

　　对于想写牡丹的人来说，所要面对的问题并不仅仅是它的魅力。还有一个问题是美得以实现的方式，即在自然的生长和开花过程中介入园艺加工的因素。正如前面提到的，牡丹的鲜艳和多样是靠嫁接获得的（其他像菊花这样的为人所喜爱的花卉也是如此），这导致了变异。欧阳修看到"其不接则不佳"[15]。不过这对于士人鉴赏家来

---

[15]　欧阳修《洛阳牡丹记》，第 1102 页。

说却是个棘手的问题，因为在他们看来对于花卉美的欣赏应该是就其"自然"的一面来说的。通常看来，自然之美可以超越任何靠人工获得的美。欧阳修没有提到这个问题，不过王观在 1075 年所写的关于芍药的文章却提到了，他在文章的开头就提出如下观念：

> 天地之功，至大而神，非人力之所能窃胜。惟圣人为能体法其神，以成天下之化。其功盖出其下，而曾不少加以力。不然，天地固亦有间，而可穷其用矣。
>
> 余尝论天下之物，悉受天地之气以生，其小大短长、辛酸甘苦，与夫颜色之异，计非人力之可容致巧于其间也。今洛阳之牡丹、维扬之芍药，受天地之气以生，而小大浅深，一随人力之工拙，而移其天地所生之性，故奇容异色，间出于人间；以人而盗天地之功而成之，良可怪也。然而，天地之间，事之纷纭出于其前不得而晓者，此其一也。⑯

以上两段是王观文章的开头。接下来，他继续从更世俗的意义上解释他为扬州芍药分类的目的。

很明显，对于自己所提出的问题，王观并没有给出答案。他指出事物的自然秩序存在着紊乱的现象，却没有试图去解释清楚。就中国人对宇宙和人在自然中的位置的想象来说，天地是至高无上的，不应该出现人力"篡夺"本属于更高实体的权力的现象。但是对于牡丹来说，没有人工的努力，就没有那么美的花朵，这是无可辩驳的事实。第二段中，牡丹栽培的实际情况直接反驳了第一段中宇宙和人的关系的论述。因此王观用"余尝论……"这样的语句表明他不会再持旧有的观点。因为牡丹的事实已经证明旧有观点的不可信。

---

⑯ 王观《扬州芍药谱》，第 1 页 a。

　　不过，王观至少承认在宇宙的秩序中仍然存在这一令人尴尬的
例外。与之相比其他的作者并没有如此坦率。诗评家刘敞也写过一
篇有关扬州芍药的文章，而且比王观的文章早两年。刘敞的文章现
已不存，不过他的序言还在（保存在其他的文献里）。刘敞对于在培
植优秀芍药品种过程中的人工介入也感到不舒服。然而跟王观不同　122
的是，他没有将其视为一个问题，而是否认它的存在。在他的序里，
他把洛阳牡丹同扬州芍药作了比较，认为前者的确是接受了嫁接，
而后者则不需要那样的人工栽培。对于哪一种培育方式更可取，他
的态度很明确："（洛阳牡丹）由人力接种，故岁岁变更日新。而
（扬州）芍药自以种传，独得于天然。"⑰ 在刘敞的观念中，新奇显
然无法与自然相比。他急于说明芍药的自然特性，以至于忽略了最
美的花朵是如何被培育出来的（如王观所指出的）。

　　虽然初看上去似乎跟人工造物无关，但是如何看待人工介入植
物培育过程这个问题，和植物学史上其他一系列问题之间却存在着
有趣的关联。从植物学史角度出发，我们会问：北宋的牡丹跟以前
的牡丹相比如何？它们夺目的美是一种新的现象，还是它们始终这
样吸引人？如果它们的美是长期存在的话，为什么没有被唐代的诗
人所称颂或没有在更早的文章中被讨论？

　　在"花释名"部分的结尾处，欧阳修提出了这些问题：

　　　　牡丹初不载文字，唯以药载《本草》。然于花中不为高第，
　　大抵丹、延（陕西东北）已西及褒斜道（陕西西南）中尤多，与
　　荆棘无异，土人皆取以为薪。自唐则天已后，洛阳牡丹始盛。然
　　未闻有以名著者，如沈、宋、元、白之流皆善咏花草，计有若今　123
　　之异者，彼必形于篇咏，而寂无传焉。唯刘梦得有《咏鱼朝恩宅

⑰　刘敞《芍药谱序》，《全宋文》第 35 册，卷一五〇二，第 159 页。

牡丹》诗[18]，但云"一丛千万朵"而已，亦不云其美且异也。谢
灵运言永嘉竹间水际多牡丹[19]，今越花不及洛阳甚远，是洛花自
古未有若今之盛也。[20]

从表面上看，他的逻辑很合理。唐人对于牡丹之美缺乏记录，可以
看作是当时牡丹不如欧阳修时代的牡丹出众的证据。但是欧阳修忽
视了另一种可能：牡丹在那时也很壮观（有证据证明这一点），只不
过诗人们没有把它们作为创作主题。欧阳修肯定读过白居易的《买
花》，或许这首诗可以说明为什么诗人对牡丹的美采取回避的态度。

孔武仲在他关于扬州芍药的文章中也认为："唐之诗人最以模写
风物自喜，如卢仝、杜牧、张祜之徒，皆居扬之日久，亦未有一语
及之。是花品未有若今日之盛也。"[21] 他的看法肯定要先于王观（孔
文是我们提及的关于扬州芍药的第三篇文章）。

124　　　而王观则提供了不同的看法。前面我们看到在王观文章的开头，
他提出人工介入扬州芍药栽培过程的问题。在文章的结尾部分，他
添上了一个"后论"，回到了前面的话题。他接受了孔武仲的观点并
且说：

维扬，东南一都会也，自古号为繁盛。自唐末乱离，群雄
据有，数经战焚，故遗基废迹，往往芜没而不可见。今天下一
统，井邑田野，虽不及古之繁盛，而人皆安生乐业，不知有兵
革之患。民间及春之月，惟以治花木、饰亭榭，以往来游乐为
事，其幸矣哉。

扬之芍药甲天下，其盛不知起于何代，观其今日之盛，想

---

[18] 现存刘禹锡作品或其他唐人作品中均无此诗。
[19] 谢灵运《泉山》，《谢灵运集逐字索引》6. 19. 4/86/5。谢灵运在诗中描述了现在浙江的泉
山地区。
[20] 欧阳修《洛阳牡丹记》，第1101页。
[21] 孔武仲《芍药谱》，见于吴曾《能改斋漫录》卷一五，第459页。

古亦不减于此矣。或者以谓自有唐若张祜、杜牧、卢仝、崔涯、章孝标、李嵘、王播，皆一时名士，而工于诗者也，或观于此，或游于此，不为不久，而略无一言一句以及芍药，意其古未有之，始盛于今，未为通论也。海棠之盛，莫甚于西蜀，而杜子美诗名又重于张祜诸公，在蜀日久，其诗仅数千篇，而未尝一言及海棠之盛。张祜辈诗之不及芍药，不足疑也。

　　芍药三十一品，乃前人之所次，余不敢辄易。后八品，乃得于民间而最佳者。然花之名品，时或变易，又安知止此八品 125 而已哉。后将有出兹八品之外者，余不得而知，当俟来者以补之也。㉒

王观的态度相对保守。他不敢宣称他那时候的芍药优于前代，也不说他所知道的扬州在物质的富裕程度和文化的繁盛上有可能超过早前的时代。在他心目中，这两点很明显是互相关联的：对于芍药和城市，他用了同一个"盛"字来形容。王观的后论体现了中国文化史上占主导地位的叙述，即今朝总不如往昔的辉煌，至少不可能超越往昔。

　　王观的论述存在明显的漏洞。不排除四川的海棠在王观的时代比杜甫那个时代更出色的可能性，如果是这样，王观所认为的诗人对于海棠的沉默和扬州诗人对于芍药的忽视之间的对应关系就站不住脚。不过，既然他认为过去一定是无法超越的，他可能根本不会考虑到这一点。

　　实际上王观在后论中大可以避开这个话题。像前人一样，他完全可以承认牡丹从未如此广受欢迎，从未如此赏心悦目。这似乎才是一个作者所应有的看法。正因为牡丹从未像今日这般美丽多样，所以人们才会写文章赞美它。这正是孔武仲的观点，在洛阳牡丹的

———————————

㉒　王观，第7页 b—8页 a。

主题上，他是顺着欧阳修的思路说下去的。为何王观不愿意承续这一观点呢？

126   王观很保守，其实他在这个问题上很专业，他意识到芍药的变化。在文章里，他强调他所说的是传统的三十一个品种，并把它们划为三个等级（"上"、"中"、"下"），每一个等级又分若干小等。不过随后他又增添了八个新的种类，这八品在此前没有被提及过。他在序言里说这八品不如前面的三十一品，不过他将它们悉列于此。正如在后论里所言，他也意识到可能在八品之外还有更多变种，增补最终要待后人来完成。

王观在后论中提到的"八品"，把我们又带回到他的文章以及他在人工培育植物新品种的问题上表现出的暧昧态度。王观对于人类"篡夺"上天的权力培育花朵的做法持保留意见，因此他坚称今日之花必定不如往昔。我们不难觉察这两者之间的关系。王观不喜欢园艺技术中的"非自然"因素，所以他觉得有必要反驳那些认为今日之花胜过往昔的人。他承认嫁接这样的人工技术普遍存在，但绝口不提这些技术可以培育出更美的花朵。更进一步，王观可能会说即使人工的介入培育出了更多品种，但培育出来的花朵还是不可能超过往昔。或者他可能会这样安慰自己，正是因为人工的介入从很久前就开始了，所以现在的花朵才不如以前。无论如何，王观不肯承认人工的介入提高了花的质量。他在文章的结尾极力否认孔武仲所描述的当时花开的壮观。为了详尽地描述芍药的品种，王观虽然在传统品种的基础上增

127 添了新的种类，但是他同时也告诉我们这些新品是次等的。

刘攽早在《芍药谱序》里就说芍药是不需要嫁接的。他也注意到了早前的文学作品里很少提及芍药的事实：

> 予按唐氏藩镇之盛，扬府号为第一，万商千贾，珍货之所丛及，百氏小说，尚多说之，而莫有言芍药之美者，非天地生物之劣于古而特隆于今也，殆一时所好尚不齐，而古人未必能

知正色耳。[23]

跟王观一样，刘攽在文中体现了城市与花卉之间的关联。他认为扬州芍药不需要通过嫁接来获得出众的花朵。虽然缺乏足够的证据，他还是坚持认为他那个时代的芍药不可能超过唐代。

那些对于园艺嫁接中的人工因素感到不快的作者，无论是像王观那样对人类篡夺上天的权力存在着矛盾心理，还是像刘攽那样否认人工技术的作用，他们的共同点是认为古代的芍药绝不会逊色于现代的芍药。这两种观点是一个硬币的两面：这些作者或许对于芍药很了解，却深深地为嫁接技术带来的进步感到困扰。事实上正是这些技术在 11 世纪给芍药的种植带来了前所未有的成功，培育出很多以前没有的华丽新品种。正如孔武仲所惊叹的："吾见其一岁而小变，三岁而大变。"[24]

以欧阳修和孔武仲为代表的另外一些作者没有在园艺种植中的人工因素问题上产生困扰，而是对其结果抱着积极的态度。这类作家，承认当代的革新，并且十分自信地认为古人决不能想象他们现在所看到的花朵之美。在这种观点背后，隐藏的是对当代所取得成就的巨大自豪感。

然而要坚持这种想法不是一件容易的事。人类对于自然规律的"干预"是否合理，这一问题并没有解决，削弱着人们面对绚丽花朵产生的兴奋感。对于牡丹栽培中人工因素的矛盾态度，使得人们很少为园艺家的工作感到骄傲，即便对此极为热情的人也是如此。

在写成《洛阳牡丹记》十一年后，欧阳修在一首长诗中表达了对这个问题的疑惑。这首诗的创作是因他任职真定时所看到的一本集子，其中包含了很多洛阳牡丹新品的图例：

128

---

[23] 刘攽《芍药谱序》，《全宋文》第 35 册，卷一五〇二，第 160 页。
[24] 孔武仲《芍药谱》，第 458 页。

洛阳牡丹图㉕

洛阳地脉花最宜，牡丹尤为天下奇。

我昔所记数十种，于今十年半忘之。

开图若见古人面，其间数种昔未窥。

客言近岁花特异，往往变出呈新枝。

洛人惊夸立名字，买种不复论家资。

比新较旧难优劣，争先擅价各一时。

当时绝品可数者，魏红窈窕姚黄妃。

寿安细叶开尚少，朱砂玉板人未知。㉖

传闻千叶昔未有，只从左紫名初驰。

四十年间花百变，最后最好潜溪绯。

今花虽新我未识，未信与旧谁妍媸。

当时所见已云绝，岂有更好此可疑。

古称天下无正色㉗，但恐世好随时移。

鞓红鹤翎岂不美，敛色如避新来姬。

何况远说苏与贺，有类异世夸嫱施。

造化无情宜一概，偏此著意何其私。

又疑人心愈巧伪，天欲斗巧穷精微。

不然元化朴散久，岂特近岁尤浇漓。

争新斗丽若不已，更后百载知何为。

但应新花日愈好，惟有我老年年衰。

欧阳修用牡丹图作为反映牡丹变化的明证，特别是那些自他十年前写

㉕ 欧阳修《洛阳牡丹图》，《居士集》卷一，第34页。

㉖ 据欧阳修《洛阳牡丹记》中牡丹品种的名称，将此句中的"版"写作"板"，第1098页。

㉗ 语出《庄子》，《庄子逐字索引》2/6/14。类似的表述见白居易《秦中吟十首》"议婚"，《白居易集》卷二，第30页。

《洛阳牡丹记》以后发生的变化。他失望地发现他当时所作的牡丹品录如今大部分都已过时，更加绚烂的牡丹新品种取代了过去的旧品种。

正是这位作者，持续一贯地在文章中介绍牡丹幼苗嫁接和切割的具体知识。他要让读者了解最新的园艺技术。但是现在，欧阳修在他的诗里却表达了对于人工介入的不安。培育新品种的人被形容为"愈巧伪"，他们是在"争新斗丽"，其结果被认为是"浇漓"。这些看法毫无疑问都是负面的。　131

我们再一次看到王观文章里出现过的那种将自然秩序（王观用"天与地"来指称，欧阳修用"造物者"来指称）与人工策略一分为二的做法；他力图使我们明白，后者就正义或威严来说无法与前者相比。不过这里并没有否认培育者"人造"工作的有效性。这似乎正是欧阳修面临的问题：人工技术实在是太过优异了。它们不但使花的品种常常发生变化，而且赋予花朵更加夺目的美。在人们的头脑中，只有自然才能够做到这一点。然而事实却证明，人工技术已经超过了自然的力量。欧阳修提醒我们，大自然对于牡丹不可能有这么多的眷顾。

欧阳修诗里面的另外一个对比是他往日所知道的牡丹和他在现在这本集子里看到的牡丹之间的差异。在感情上，他承认自己很难想象有任何事物会比自己多年前在洛阳看到的牡丹还要美。然而摆在他面前的集子证明了这一点。他脑海中的印象是一回事，眼前的图画则是另一回事。我们也许会认为这样的态度缺乏知识分子应有的诚实。欧阳修似乎把自己当年看到的牡丹同自然等同起来，而把这本图集里面的牡丹跟人工等同起来。这样的区分忽略了一个事实，即他以前欣赏过的牡丹同样也是园艺师人工培育的产物。

我们可以列举各种各样的因素来揣测欧阳修思想的显著变化。牡丹的新品种使他感到自己正在急遽地衰老（牡丹日益美丽，而他的肌体却在逐渐退化），这也是为什么他开始怀旧，并用一种冷漠轻蔑的态度看待新品种的原因。或许这跟他书写时所用的体裁不同有　132

关。当他写那篇洛阳牡丹的文章时，是一种非正统的行为，相对来说他所受到的那种"自然"胜过"人工"的传统想法的制约比较小。而当他用比较正统的体裁（诗歌）来写作的时候，传统的观念就凸现并占据了主导地位。不管我们认为这样的因素占有多少分量，欧阳修的诗显示他对牡丹培育中的人工因素是否定的。如果我们仅看先前的那篇文章，我们或许会认为牡丹培育中的人工因素对欧阳修来说不成问题。但我们可能被误导了。其实在阅读其他作者的作品时同样会有类似疑问，欧阳修的诗证实了我们的疑问。对人工因素的接受是一件很难坚持下去的事情。人们无法抛开自然远胜人工这一传统观念，这种传统被反复强调，即使有些人想要暂时放下它也不那么容易。自然和人工孰优孰劣的争论仍在继续。

大众的喝彩

自欧阳修的《洛阳牡丹记》以来，人们进行牡丹写作的时候通常都会描述大众对于牡丹的热情。欧阳修文章的第三部分也就是结尾，题目是"风俗记"：

> 洛阳之俗，大抵好花。春时，城中无贵贱，皆插花，虽负担者亦然。花开时，士庶竞为游遨，往往于古寺废宅有池台处，为市井，张幄帘，笙歌之声相闻，最盛于月陂堤、张家园、棠棣坊、长寿寺东街与郭令宅，至花落乃罢。

> 洛阳至东京（开封）六驿，旧不进花，自今徐州李相迪为留守时始进御，岁遣衙校一员，乘驿马，一日一夕至京师。所进不过姚黄、魏花三数朵，以菜叶实竹笼子藉覆之，使马上不动摇，以蜡封花蒂，乃数日不落。

> 大抵洛人家家有花而少大树者，盖其不接则不佳。春初时，洛人于寿安山中斫小栽子卖城中，谓之山篦子。人家治地为畦塍种之，至秋乃接。接花工尤著者，谓之门园子，（盖本姓东门氏，

133

或是西门，俗但云门园子，亦由今俗呼皇甫氏多只云皇家也。）
豪家无不邀之。姚黄一接头直钱五千，秋时立契买之，至春见花
乃归其直。洛人甚惜此花，不欲传，有权贵求其接头者，或以汤
中蘸杀与之。魏花初出时，接头亦直钱五千，今尚直一千。㉘

这看起来很平常，但它在欧阳修的全部作品中实际上是非常突出的。
它深入探讨了一系列相关的主题，例如：城市狂欢、季节性的花市、 134
著名园艺师的名声和财富，以及商品的市场价值。这些在欧阳修的
其他作品中基本上是没有的。简而言之，我们在这里看到的是对于
市井文化的着迷，跟欧阳修的其他作品不太相称。

这是欧阳修唯一一处明确把"风俗"作为话题的地方。一般来
说，这个词是用来形容在某个区域任职的官员"改善"了那个地方
的习俗。这是官僚阶层的惯常用法，他们认为自己具有教化的责任，
以使其管辖范围的民众更加富有道德感、更遵守法律、更守本分。
在一般官员的写作中，"风俗"这个概念不会包含民众的行为特征以
及他们怎样生活。

钱财及其用途也是欧阳修作品有意避开的话题。正如很多文化
中的绅士阶层一样，欧阳修所属的知识精英阶层也不屑于谈论钱财。
因此，在他的文章中很少涉及金钱问题，也很少论及物品的价格。
的确，欧阳修在写正式文书的时候，也偶尔会提到钱财，这种情况
可能跟税收有关，跟政府垄断有关，或跟米价有关，尤其是呼吁朝
廷救济灾区的时候。欧阳修在涉及捐赠或善举的时候也会打破对金
钱问题的沉默，比如在一篇题辞中他记录了修缮寺庙的捐款数额，
又比如在某人的墓志中记录其省钱慷慨捐献的钱数。在这样的文章
中，通常是数额比较大的钱财才被记录下来，成为受赠者所得价值
的体现或捐献者美德的标尺。

㉘ 欧阳修《洛阳牡丹记》，第 1101—1102 页。

欧阳修的写作中只在某几处提到过物品的价格，这样做的目的无非是说明人们多么想得到那些物品。例如，关于梅尧臣一首诗的手稿，

135 欧阳修说有一位"皇亲"（似乎是一位皇后）以数千钱去购买㉙。另一个非常特别的例子是，欧阳修提到一个投机的书商靠制造袖珍经书赚得二三万钱的例子，他利用放大镜，在很小的模板上刻写经书然后印刷出来，以供那些不愿下功夫背诵或记不住经文内容却急于考取功名的考生藏在衣服里作弊用。欧阳修谴责书商印制这些用来作弊的书，并敦促在科举考试中增加监考人员来阻止此类行为的发生㉚。

当我们看到欧阳修以赞扬的口吻写到梅尧臣的诗歌才华，告诉人们皇室成员愿意花重金来购得梅诗手稿的时候；当我们看到他以道德的口吻怒斥科举考试中不诚实的考生的时候（对这些考生来说，只要能通过考试，花点钱不算什么），我们不会感到惊讶。诗才和科举考试的腐败毕竟是士大夫们经常讨论的话题。但欧阳修专门写文章谈到一株要价过高的牡丹，却让人感到意外。而且，当欧阳修谈到牡丹嫁接所需的巨额钱数时，丝毫没有反对的意思。白居易谴责这种现象，而欧阳修恰恰相反。不仅上面的文章如此，在之前介绍牡丹新品种的时候，他告诉我们魏氏是如何利用自己所种的牡丹招徕游客并向赏花人收取费用的。只有在付了钱以后，赏花人才会被允许乘船到池塘的另一边去观赏牡丹。如此，花季中的每一天，魏

136 氏可以收钱"十数缗"㉛。对此，欧阳修也毫无反对的意思。

此类写作的重点在于尽力表现洛阳居民对于牡丹的热情。这正是为什么欧阳修多次写到人们愿意为牡丹付出高价的原因，也是为

㉙　欧阳修《归田录》卷二，第 1931 页。

㉚　欧阳修《条约举人怀挟文字札子》，《表奏书启四六集》，卷一五，第 1677—1678 页。

㉛　欧阳修《洛阳牡丹记》，第 1099 页。欧阳修在这里提到的关于收费的事情和其他文献中记载的关于司马光洛阳园林的故事形成对比。每逢春天，司马光的园子向游客开放的时候，来访的客人都要给看园人一些茶汤钱。季末，看园人积攒了相当多的银子。很显然，按照惯例他要跟主人分享这些银子。刚正清廉的司马光拒绝收下任何一个子儿，他让看园人保留了所有的银钱。见马永卿《元城语录解》中卷，第 15 页 a—b。

什么他在上面的文章里打破禁忌、详尽记述的原因。一般来说，文人很少提到商贾阶层或劳动者。但是欧阳修却跟我们谈到园丁，甚至还为那位园丁的怪名字附加了一条学术性的注释。他所写到的命运卑微却同样分享着城市欢乐的挑担夫也令人印象深刻：在欧阳修的其他作品里我们找不到这些在城市里无所不在的卑微者的身影。此外，从城市居民如何对牡丹着迷，进而说到牡丹怎么被进献给皇帝，欧阳修的叙述也非常有趣。对于牡丹在皇宫里的待遇他只字未提。我们可能会期待这方面的描述，因为这样可以突出洛阳牡丹超众的美和吸引力。但是欧阳修却从未将注意力聚焦到皇宫里。他始终关注着洛阳周围的这些牡丹。只需告诉人们牡丹是进奉皇宫的合适贡品就足够了，正如我们所看到的，欧阳修在文章中只用了短短几句话就清楚地表明，下自街头走卒，上至帝王，统统都是牡丹的痴迷者。如果有什么需要指出的话，那就是：都城里的人包括皇宫里的贵族，他们仅仅瞥见了洛阳居民每年春天所欣赏到的壮观景象 137的一瞬。在这里，欧阳修似乎完全沉浸在当地居民的热情和自豪当中。当他说起洛阳人如何骗外地人购买姚黄的时候，他并未对此进行谴责。洛阳人以各种方式展现他们对于牡丹的迷恋，欧阳修对此全力支持，他以洛阳人的骄傲为骄傲。

上面的文章在很多方面背离了士大夫的写作传统。在文章的开头部分，欧阳修有意去说明牡丹内在的"偏病"，以暗示自己和牡丹这个特异主题之间还保持着一定距离。如果他先宣称他的写作对象是不完美的，那么这个从未有人涉足的题目写起来会容易一些。但是，这篇文章的写作到底基于什么样的理由呢？不可能仅仅出于对牡丹花的喜爱。牡丹不像梅和菊，它除了对人感官的吸引以外，没有其他任何值得推荐的品质；牡丹是诱人的女子，而非高尚坚忍的君子。如果欧阳修只是表明他被这美丽的花朵所诱惑，这是一件很冒险的事情。他必须找到其他关注牡丹的理由。而他在公众对牡丹的热情中找到了理由。这种热情已渗透到社会的各个阶层。这让我们再次回想起欧阳修文章的开头提到的人们对于洛阳牡丹的特殊命名，以及由此得出的结论："其爱重之如此。"欧阳修详细描写了洛阳人对牡丹的喜爱，超越了士人话语的边界。他讨论了城市的大众文化及其品味。除此以外他还能怎样为他的文章作辩护呢？他已经承认自己所讨论的对象是有瑕疵的。现在他展示给我们的是每年春天的那几天里，牡丹赢得了整个城市的喜爱，甚至到了疯狂的地步。其实，真正不可思议的不是洛阳居民的狂热，而是作为知识精英的作者任由自己陷入这种喜悦之中并把它记录下来的行为。

138

苏轼对于牡丹作品的处理

苏轼并没有仿效欧阳修写有关牡丹或其他植物的文章。不过他的确写过无数关于牡丹、梅花以及其他花卉的诗歌，表达他对美的激赏。苏轼曾提到过一部能使我们产生兴趣的有关植物的作品。这是一本关于牡丹的手抄本，作者名沈立。沈立于 11 世纪 70 年代早期在杭州作知州，苏轼于 1071 年通判杭州。沈立关于牡丹的作品没有流传下来，但是苏轼为其所作的序却传下来了。这篇序涉及了几个话题，这些话题我们在别处也常常可以见到。跟往常一样，苏轼力图为我们探讨的话题注入新思考：

牡丹记叙㉜

熙宁五年（1072）三月二十三日，余从太守沈公观花于吉祥寺僧守璘之圃。圃中花千本，其品以百数。酒酣乐作，州人大集，金槃彩篮以献于坐者，五十有三人。饮酒乐甚，素不饮者皆醉。自舆台皂隶皆插花以从，观者数万人。明日，公出所集《牡丹记》十卷以示客，凡牡丹之见于传记与栽植培养剥治之

㉜　苏轼《牡丹记叙》，《苏轼文集》卷一〇，第 329 页。

方，古今咏歌诗赋，下至怪奇小说皆在。余既观花之极盛，与　139
州人共游之乐，又得观此书之精究博备，以为三者皆可纪，而
公又求余文以冠于篇。

　　盖此花见重于世三百余年，穷妖极丽，以擅天下之观美，
而近岁尤复变态百出，务为新奇以追逐时好者，不可胜纪。此
草木之智巧便佞者也。今公自耆老重德，而余又方蠢迂阔，举
世莫与为比，则其于此书，无乃皆非其人乎。然鹿门子常怪宋
广平之为人，意其铁心石肠，而为《梅花赋》，则清便艳发，得
南朝徐庾体㉝。今以余观之，凡托于椎陋以眩世者，又岂足信
哉！余虽非其人，强为公纪之。公家书三万卷，博览强记，遇
事成书，非独牡丹也。

　　到目前为止，我们一直在关注洛阳牡丹或扬州芍药的材料。上
文提到了一个靠近杭州某寺庙的大牡丹园。我们在苏轼其他的作品
中了解到他曾经于 1072 年有过出游寺庙的经历。在一首诗里他也记　140
叙了此次出游。除此以外，在很多年以后所作的一首诗里以怀旧的
笔调再一次提到这次出游㉞。前一首诗是绝句，经常出现在各种苏诗
选集里。他在诗里声称自己已经"老"（当时三十六岁）了，说自己
这样一个老人那天把花插在头上是一幅多么让人诧异的景象。结句
说诗人在回家的路上醉得必须要倚在别人身上，并以"十里珠帘半
上钩"结束全诗，也就是说，路上有一半的人家都把帘子卷起来好
奇地观赏副太守的醉态。

　　苏轼当时虽然还不算老，不过他已凭着他的文学才能获得了声
誉。正因为如此，沈立请这位下属为自己的书作序也不奇怪。而且，
苏轼很难拒绝沈立的请求。苏轼在序言的结尾处对沈立的评价并非

㉝　皮日休《桃花赋》，《皮子文薮》卷一，第 11 页 a。
㉞　苏轼《吉祥寺赏牡丹》和《惜花》，《苏轼诗集》卷七，第 330—331 页和卷一三，第
　　625 页。第二首诗有苏轼的自注，重复了为沈立所作的序里所包含的信息。

虚誉。沈立其实是一个多产的作家，除了跟牡丹有关的书以外，他还有相当大规模的文集，以及一部关于盐贸易的文集，以香料和织锦为主题的书。只不过他是个不幸的作家，作品无一留存。

在早期所有关于牡丹的作品中，沈立的作品似乎是篇幅最长的。这部作品达十卷之多，似乎是一部关于牡丹的百科全书，汇集了当时所有关于牡丹的内容。相比而言，欧阳修的作品只有几页。自 11 世纪 70 年代以来，其他留存下来的关于芍药的作品（孔武仲和王观的作品）都相对较简短。

在序言里，苏轼毫无顾忌地描述了游览牡丹园的欢愉。他似乎非常乐意向我们诉说当天的快乐情形。他写诗记录这桩盛事，在诗141 序里也提到了这件事，同样包含了饮酒和在回家的路上头戴鲜花的细节。只有当他把注意力集中到沈立的书上面的时候，矛盾才显露出来。这跟前面所说的情况一样。美酒和各种娱乐活动为观赏牡丹增添了更多的欢乐，士人沉浸在这样的娱乐中并不感到焦虑。但是一旦关注点集中到诱人的花朵身上，问题就出来了。一下午流连于花丛的欢乐是短暂的，因为一年中这样的日子只有那么几天，所以很容易视之为理所当然。但是用具体的细节来展示花朵的美就是在进一步渲染对它的兴趣，或者说是在表现面对感官诱惑时的脆弱，这才是真正令人不安的。写一篇关于牡丹的有分量的文章必定要涉及作者的价值观问题，例如他是否认为文章应该有着更高的追求。苏轼明显感到在结束他的序言之前必须涉及这些问题。

我们不能认为苏轼序言的后半部分不重要。苏轼把牡丹定性为"智巧便佞者"，听起来太过荒唐，似乎除了戏谑以外不可能有其他的意思，我们很可能会因此忽视它。苏轼在这里的语气比起欧阳修所说的"偏病之气"要更强烈、更具贬义。不过，苏轼的提法的确跟欧阳修后来关于洛阳牡丹新品种的说法类似。苏轼的话或许有些极端，他把牡丹置于最不利的地位，而他这样做的目的其实是想要对沈立的作品先抑后扬，为后面的辩护埋下伏笔。

接下来，苏轼开始进行辩护。他首先把自己和沈立以及这部有关牡丹的百科全书式的作品拉开距离。在苏轼看来，当牡丹以诱人的外表来取悦世人的时候，它其实是在巧妙地炫耀自己（实际上应该责怪的人是园艺家而非牡丹）。苏轼说，沈立与他都不事张扬，尽管各有原因：沈立重德行，而他只是个不合时宜的人，或者在骨子里不愿屈就潮流。苏轼自我贬低的同时是在赞扬沈立，由此得到了　142　初步的结论，即沈立和苏轼，作者与作序者，跟这本书发生联系都是极不适宜的。顺着这一思路，两位作者与这本书之间表面上的不相称关系便自然形成了。接下来，当苏轼试图调和这种不对应的时候，他的思路突然转到了其他问题上。

苏轼想到了晚唐诗人皮日休对宋璟（663—737）的评论，即宋璟刚直的品行和他对美的敏锐感受之间的对立统一。宋璟是唐代睿宗和玄宗两朝的名臣（玄宗前期，走向衰落之前）。宋璟以刚正无畏而知名，在其任职期间，屡次直言进谏，坚定地维护皇权与帝国的统治。他因此被称为"铁心石肠"。虽然他以刚直的品行出名，但他的《梅花赋》对梅花优雅姿态的描述被皮日休认为是极精巧而美艳的文体。苏轼没有就此下任何结论，只是含蓄地表明：那种认为纤细柔美的感性和无所畏惧的英勇正气不相容的观念是不正确的。然而，苏轼因为沈立重德性，因此尽力划清他跟此书的直接关联，这种做法也包含了前面所说的成见。因此，苏轼引用皮日休对宋璟的评论其实恰恰证明了他在这个问题上的犹疑。

苏轼并未就此结束。他进一步提出自己的想法，找到另一个理由说明应该摈弃那种认为正直人物不适合写花卉种植类书籍的观念。前一个理由主要针对沈立，这个理由则主要针对苏轼自己。考虑到此前他已提到过自己，这里只是做一个补充，且带有自我批评的色彩。在苏轼看来，有的人行为看似简单直接，但却可能是虚假不实　143　的。也就是说，简单朴实之中存在着虚假，就好像精巧眩惑中的不实一样。前面关于宋璟的思考揭示出感官享受与品德并不相悖。这里的想法则说明道德上看似完美无缺、无可挑剔的行为中存在着缺陷的可能性。苏轼借此暗示，对于美好诱人事物的鄙视可能跟抵挡不住诱惑一样，也会带来问题。这种想法可能借鉴了佛教思想对相关问题的看法，这在以前对于喜爱牡丹的辩护中是没有的。

即便这样，苏轼还是不满足。他觉得还没有说服所有的反对者，所以最后他为了安慰仍心存疑惑的读者，补充道：我们不应该认为沈立只知道与牡丹相关的知识（这一点苏轼绝对正确），沈立非常博学，可以就其他许多事物发表高见。换句话，我们不应该对这本书格外关注。直到文章结束，苏轼仍然怀有歉意。

洛阳牡丹和洛阳花园

尽管还有像苏轼那样的保留意见存在，人们对于像沈立那样有关植物的技术性写作的热情却逐渐高涨。这一类写作的动力已经被激发起来，它们的数量在稳步上升。在 11 世纪末至 12 世纪初期，随着印刷术的发展，具体的、关于装饰性花卉的种类以及培育它们的知识，通过各类手册和目录传播开来，在宋代达到了出人意料的广度和深度。自欧阳修开启风气之后，其他花卉（除牡丹外）或其他地区（洛阳之外）的好事者都被激发起来书写他们对植物的喜爱，力图传播相关的知识，以和洛阳牡丹相抗衡。（这一股热情肯定也感染过上面提到的扬州芍药的文章的作者。）因此，我们很快就看到了关于菊花（几篇不同的作品）、梅花、兰花、金漳兰花、陈州牡丹、天彭牡丹、（有代表性的）桂海花卉以及海棠花的文章的出现。南宋早期诗人范成大写了若干这方面的作品，与他同时代的陆游也写了一篇。

在我们考察过的更早的时期中，周师厚（1053 年进士）的《洛阳花木记》是一部值得注意的作品，周师厚于 11 世纪 70 至 80 年代任朝散郎，后官至荆湖南路转运判官㉟。这部著作试图罗列洛阳所有

㉟　周师厚《洛阳花木记》，陶宗仪《说郛》卷一〇四下，第 15 页 a—32 页 b。

的花卉，包括木本、草本、水生和藤类植物。周师厚记叙了自己
1081 年在洛阳访得的三种更早的关于花卉的作品：李德裕的《平泉
花木记》、某位范尚书的关于牡丹的文章（该作品则未为人知），以
及欧阳修的牡丹文章㊱。周师厚认识到此类作品并不全面，关于牡丹
品种的记录也是不完整的，决定对它们进行补充。他列出了 107 种
牡丹和 41 种芍药。（欧阳修列出了 24 种牡丹。据周师厚称，范尚书
列出了 52 种。李德裕甚至都没有涉及洛阳本地的植物，他只是炫耀
自己的庄园里有着从全国各地弄来的各种各样本地没有的植物。）㊲
除了洛阳最著名的花卉以外，周师厚还列出了"杂花" 82 品，果子
花 130 种（其中包括桃 30 种、杏 16 种、梨 27 种、樱桃 11 种、石榴
9 种，以及 37 种刺花），草花 89 种，水花 17 种，蔓花 6 种。这样，
周师厚一共列举了 390 种洛阳的花卉。他还附加了一个列表，按照　145
月份，说明在不同的时间应对什么花进行种植、剪枝、分花，以及
为最著名的花朵进行嫁接。同时，他附上详细的文字说明如何进行
这些园艺操作。周师厚作品的这一特征令人联想到同一时期张峋关
于牡丹的一部作品。据说，张峋曾就嫁接技术请教过一位老园丁。
张峋书里的细节都要归功于老园丁的指导㊳。可惜这部作品并没有流
传下来。

　　当然，周师厚（和张峋一样）并不是专业的园艺家。他是个对新
政不满而且敢于大胆批评的杰出政治家。他是范仲淹的侄女婿，周锷
的父亲。周锷在文彦博和司马光退休居于洛阳的时候经常拜访他们㊴。
周师厚的官员和士大夫身份并没有妨碍他详细地记录这座城市的花卉，
他展示自己专门而深入的知识，没有丝毫歉意或矛盾心理。事实上，
他除了告诉人们他所做的是比前人更加全面的记录以外，对自己的行

㊱　周师厚，第 15 页 a—b。
㊲　李德裕《平泉山居草木记》，《全唐文新编》第 12 册，卷七〇八，第 8041—8042 页。
㊳　朱弁《曲洧旧闻》里有关于张峋牡丹作品的记录。《曲洧旧闻》卷四，第 2983 页。
㊴　袁桷《延祐四明志》卷四，第 28 页 a—29 页 a。

为没有进行任何辩护。自欧阳修开启此类写作的五十年以来，这种观赏性花卉的研究作品在士人阶层中已经得到相当的认可了。

如果我们把关注点从植物性的写作转移到私家花园的写作的话，我们会看到同样的讨论，或者说同样的对于花卉的欣赏与犹豫交织起来的矛盾心理。为了证实这一点，我们来简单看一下有关洛阳花园的两篇重要作品。

就好像在 11 世纪的末期出现了周师厚这样体现了新观点的人一样，也有一些人并不受欧阳修所开启的风气的影响。或许更准确地说，有些人刻意不受影响，比如司马光。他设计了他的洛阳花园并为此写了文章。我们知道，司马光在 11 世纪 70 年代初王安石上台、新政得到推行以后即退居洛阳。由于失去了神宗的支持，司马光隐退洛阳达十五年之久，直到 1086 年才短暂地回到政坛，尔后突然去世。在他的政治生涯中，因为反对王安石的改革，他被称为"保守派"。他对于洛阳花园里的花卉也采取了保守态度，反映了老一辈的士人对于花卉之美的偏好和理解。

这些在司马光关于他的花园的文章中得到了清楚的阐述。他将之命名为"独乐园"，他解释了名字的由来，并向人们描述了花园的景象。"独乐"带有负面的含义，在孟子看来，独乐不如与人分享快乐⑩。司马光说他之所以选这个名字是因为他不奢望达到孟子的境界。他毕竟只是个"迂叟"（他在这个时期给自己起的别号），独乐对他是最适合不过的。他接着描述花园的布局，从中央的读书堂开始，其中收藏了五千卷书。他把读书堂建在花园的中央，并首先描写了这座建筑，这些都意味着主人的偏好。继而他详细描述了分布在地下的流水系统，包括池塘、瀑布、小溪。然后司马光提到了花园的其他建筑和植物：

146

---

⑩ 《孟子逐字索引》2.1/7/3—23。

堂北为沼，中央有岛，岛上植竹。圆若玉玦，围三丈，揽
结其杪，如渔人之庐，命之曰"钓鱼庵"。沼北横屋六楹，厚其 147
墉茨，以御烈日，开户东出，南北列轩牖以延凉飔，前后多植
美竹，为清暑之所，命之曰"种竹斋"。沼东治地为百有二十
畦，杂莳草药，辨其名物而揭之。畦北植竹，方若棋局，径一
丈，屈其杪，交相掩以为屋。植竹于其前，夹道如步廊，皆以
蔓药覆之，四周植木药为藩援，命之曰"采药圃"。圃南为六
栏，芍药、牡丹、杂花，各居其二，每种止植两本，识其名状
而已，不求多也。栏北为亭，命之曰"浇花亭"。洛城距山不
远，而林薄茂密，常若不得见，乃于园中筑台构屋其上，以望
万安、轩辕，至于太室，命之曰"见山台"。[41]

接下来司马光开始记述他是如何在这方空间享受乐趣的。他的大部
分活动主要以士大夫的喜好为主，再加上一些有益无害的娱乐活动，
比如在读书之余垂钓和采草药。

这里的描述，无论在内容还是语气上，都跟欧阳修笔下春日里
种满成千上万株牡丹的园林的欢乐景象完全不同。司马光肯定知道
洛阳的那些名园，他在谈到自己的园子的时候有意识地把自己的隐
居地同洛阳其他著名人士的备受称赞的退隐地区别开来。他的快乐
是"离群索居"的，不是那种处于人群中的快乐。他所种植的植物
以象征士人的竹子居多。他的园里几乎没有什么花——相对于这座 148
花的城市——即使有，也不是为了它们的美，而是为了学问，能使
观赏者认识植物的名称和样子（这使人想起孔子所说的学《诗》可
以多识鸟兽草木之名）[42]。

司马光对于花卉的保守态度是显而易见的。李格非 1095 年左右

---

[41] 司马光《独乐园记》，《全宋文》第 28 册，卷一二二四，第 584—585 页。
[42] 《论语》17/9。

所写的《洛阳名园记》在态度上则要复杂得多。李格非在经学方面颇有造诣，官至礼部员外郎。他年轻的时候据说是苏轼的弟子之一，在 11 世纪 90 年代他因拒绝新政而被认为是元祐党人。他的政治生涯并不显赫，其作品大部分也都亡佚了。今天我们知道李格非恐怕主要因为他是李清照的父亲。

李格非的《洛阳名园记》记述了十九个花园，主要是洛阳城里的私家花园。文章的题目特别准确，他记述的的确是城里"著名"的花园。有好几座园子属于像司马光那样的官居高位者（或其后裔），他们在仕途达到鼎盛之后退居洛阳。例如富弼（卒于 1083 年）、苗授（1029—1095）、文彦博（1006—1097）、吕蒙正（946—1011）以及司马光的花园。由于李格非没有提供足够的信息，其他一些园主的身份今天很难确定，但是我们可以推测他们都是十分富有的人。有几个花园建在寺庙的属地上，也有建在公共区域的。

149　　司马光的花园以及他着重记述的有很多方面可以说在北宋士大夫花园中都是比较有代表性的（正如 Robert Harrist 所言）[43]。但是在写洛阳名园的时候，李格非却对另一类文化空间特别感兴趣。虽然李格非记述了一些士大夫花园，但吸引他注意的主要是另一种富丽堂皇的类型。它们有着广大的空间，拥有很多精巧的建筑、醉人的美景、宽敞的社交区域、大量的花卉展示。总而言之，有关于它们的一切都跟规模的适度和自我节制相违背。而适度与自制则是司马光在经营他的花园时所关心的。

在下面的这段有代表性的文字里，李格非所描写的花园不但非常大，而且设计得很好，其描写的视野超出了花园本身的范围，不但包括城外的群山（司马光也是这样做的），而且包括了唐代宫殿的遗址，因此这个花园本身几乎也像是一个小的帝国：

---

[43]　韩文彬（Robert Harrist）《11 世纪中国的绘画与私人生活：李公麟的〈山庄图〉》（*Painting and Private Life in Eleventh-Century China：Mountain Villa by Li Gonglin*，pp. 46—60）。

环溪，王开府宅园。其洁华亭者南临池，池左右翼而北，过凉榭，复汇为大池，周回如环，故云。榭南有多景楼，以南望，则嵩高、少室、龙门、大谷，层峰翠巘，毕效奇于前；榭北有风月台，以北望，则隋唐宫阙楼台，千门万户，岧峣璀璨，亘十余里；凡左太冲十年极力而赋者，可一目而尽也。又西有锦厅秀野台，园中树松桧花木千株，皆品别列。除其中为岛屿，上可张乐，各时其盛而赏之。凉榭、锦厅，其下可坐数百　150
人，宏大壮丽，洛中无逾者。㊹

读到这段，我们可能首先会认为这座花园大得不寻常，也正因为如此李格非才向我们介绍它。但是事实证明他在描述其他花园的时候也用了同样的方式，反复告诉我们那些花园的壮丽和独特。比如"富郑公园最为近辟，而景物最胜"㊺，"于是（苗侯）有欲凭陵诸园之意矣"㊻，"（赵韩王花园）其经画制作，殆侔禁省"㊼，"河南城方五十余里，中多大园池，而此（归仁园）为冠"㊽，李格非对洛阳花园太喜爱了，以至于不止一座花园被他称为最大和最好的。

有不少花园占地数英亩以上。其中有些花园曲径通幽，对于那些坚持探寻到底的游客来说，他们得到的奖赏是在小径的深处看到小树林或者瀑布。而有些花园则以庞大的建筑著称，人们在那里可以舒舒服服地休憩好几天："董氏盛时，载歌舞游之，醉不可归，则宿此数十日。"㊾ 所有的花园都有花，准确地说是开花的果树。在许多花园里，花是主要的，甚至是唯一吸引人的物事。这里有一个例子，该园就是以满是鲜花为特征：　151

㊹ 李格非《洛阳名园记》，邵博《邵氏闻见后录》卷二四，第 193—194 页。
㊺ 李格非，第 192 页。
㊻ 同上，第 197 页。
㊼ 同上，第 197 页。
㊽ 同上，第 196 页。
㊾ 同上，第 193 页。

李氏仁丰园(50)

李卫公有《平泉花木记》，百余种耳(51)。今洛阳良工巧匠，批红判白，接以他木，与造化争妙，故岁岁益奇且广。桃、李、梅、杏、莲、菊，各数千种(52)，牡丹、芍药，至数百种，而又远方异卉，如紫兰、茉莉、琼花、山茶之俦，号为难植，独植之洛阳，辄与其土产无异，故洛中园圃，花木有至千种者。甘露院东李氏园，人力甚治，而洛中花木无不有，中有四并，迎翠、濯缨、观清、超然四亭。

下面这则介绍的是一座属于佛教寺庙的花园(53)。这里的记述令人想起上面提到的欧阳修讲“风俗”的部分：

天王院花园子(54)

洛中花甚多种，而独名牡丹曰“花王”。凡园皆植牡丹，而独名此曰“花园子”，盖无他池亭，独有牡丹数十万本。凡城中
152 赖花以生者，毕家于此。至花时张幙幄，列市肆，管弦其中，城中士女，绝烟火游之。过花时则复为丘墟，破垣遗灶相望矣。今牡丹岁益滋，而姚魏花愈难得，魏花一枝千钱，姚黄无卖者。

然而，当记述年长学者的花园的时候，李格非并没有详细记述那种欢愉，或者渲染花卉之繁多。也就是说，他对于园子主人的角

---

(50) 李格非，第 197—198 页。
(51) 李德裕《平泉山居草木记》，第 8041—8042 页。
(52) 此处“千”或作“十”。
(53) 关于天王院作为北宋洛阳的佛教花园的相关材料，见尹洙《题杨少师书后》，《河南集》卷四，第 12 页 a—b。
(54) 李格非，第 196 页。

色很敏感，特别是对那些年长的士大夫。他对园子的描述符合园主的本意。比如对于文彦博花园的描述，重点就不是植物而是水：一里左右的广阔水域一直延伸至花园尽头的亭榭。最后出现的动人景象是：九旬的文彦博杖履游之。关于司马光花园的介绍也同样简明扼要，强调里面的东西规模都比较小。该花园本身面积很小（“卑小不可与他园班”），如李格非所云，其中的建筑一个比一个小：“其曰‘读书堂’者，数十椽屋。‘浇花亭’者，益小。‘弄水种竹轩’者，尤小。曰‘见山台’者，高不过寻丈。曰‘钓鱼庵’、曰‘采药圃’者，又特结竹杪，落蕃蔓草为之尔。”(55) 当然，李格非很可能已经看到了司马光自己对于花园的记述（他说得如此详细），绝不会与之有不一致的地方。他下结论说：“所以为人欣慕者，不在于园耳。”唯恐读者没有意识到这一点。引起人们敬慕的不是园子本身，而是园子的主人。不过，这样的记述在李格非的作品中是例外。他在其他地方有很多对于花园本身美好特质的描写。 153

李格非在文章的最后给了我们一个意外。他没有为他的《洛阳名园记》提供序言或导言，但他却写了一个后记：

> 洛阳处天下之中，挟殽渑之阻，当秦陇之襟喉，而赵魏之走集(56)，盖四方必争之地也。
>
> 天下常无事则已，有事则洛阳先受兵。余故曰：洛阳之盛衰者，天下治乱之候也。
>
> 方唐贞观、开元之间，公卿贵戚开馆列第于东都者，号千有余所，及其乱离，继以五季之酷，其池塘竹树，兵车蹂践，废而为丘墟；高亭大榭，烟火焚燎，化而为灰烬；与唐共灭而

---

(55) 李格非，第200页。

(56) 殽（亦作崤）渑是位于洛阳西面（今天渑池县）的山，古代以战略上的重要性著称。秦、陇乃由东向西穿过陕西进入甘肃的两条山脉（秦岭和陇山）。赵、魏是位于今河北、河南、山西等古代核心地区的诸侯国。

俱亡者，无余家矣。余故曰：园圃之废兴者，洛阳盛衰之候
也[57]。且天下之治乱，候于洛阳之盛衰而知；洛阳之盛衰，候于
园圃之废兴而得。则《名园记》之作，余岂徒然哉！

154
　　呜呼！公卿大夫，高进于朝，放乎以一己之私自为，而忘
天下之治忽，欲退享此，得乎？唐之末路是也。[58]

　　关于这段文字首先要提及的是它的用词："候"这个字的用法有
些奇怪，但很有意思。从某种程度上说，作者对词语的灵活运用贯
穿于整篇后记。作为名词，"候"的意思是"迹象、指示、表征"；
作为动词意味着"显示、预示"。不过，这个词也表示某些事情将要
发生的迹象，所以作为名词可以解释成"预兆"，作为动词可以理解
为"成为预示、预知、预兆"。李格非在第二段第一次用这个词的时
候取的是第一层意思——表征：洛阳的繁荣表征着帝国的稳定，而
洛阳的衰落表征着帝国的混乱。这是这个词在形容洛阳和帝国关系
时的一贯用法。但是在下文中，当李格非用这个词来形容城市和花
园关系的时候，他使用了另一层意思：预示着还未发生的情况。他
把关系颠倒过来：花园的繁盛预示着城市的衰落，而花园的颓败则
预示着城市的兴盛（虽然他没有明说）。同一个作者在同一篇文字里
用了同一个词的两个不同的意思，这的确有点不寻常。刚开始的时
候，我们可能没发现存在着意义之间的转换，也可能没发现小组合
（洛阳和花园）和大组合（帝国和洛阳）的内部关系发生了颠倒。
因此，当我们读到"余故曰'园圃之废兴者，洛阳盛衰之候也'"
的时候，我们会感到困惑。我们会误认为"候"仍然用的是第一层
155 意思，而小组合与大组合之间的内部关系仍是平行的而非对立。不
过当我们继续读下去，我们就会逐渐清楚这种解读是站不住脚的，

---

[57]　在该句和下一句中，我根据《古今逸史》本，使用了"废兴"一词，而非其他版本所
　　用的"兴废"。理由见下文讨论。
[58]　李格非，第201—202页。

作者的意思并不是这样。等我们读到最后一段，就明确知道李格非要让我们吸取教训：洛阳花园的繁盛预示着城市的衰落，从而最终预示整个帝国的衰败。

这段文字包含着微妙的线索，李格非要建立的两对关系是互相对立的：涉及城市和帝国的时候，正面的词在前，负面的词在后（"盛衰"、"治乱"）。但是，当涉及花园的时候，顺序就被颠倒过来，负面的词在前，而正面的词则在后（"废兴"）。按照字面的意义，这样的词序为花园和城市建立了这样的关系：废/盛，兴/衰。不能肯定这样的词序一定是李格非的本意（其他版本就作"兴废"）。不过他的确是要说明花园与城市之间的对立关系，而这正好与之相符。无论李格非用了哪一种词序，其内在的逻辑是非常清楚的。

为什么李格非在写后记的时候这样旋绕？可能他要力图使后记和上文之间的对比显得不那么突兀。读者被后记里的文字慢慢说服，逐渐对花园产生否定的情绪，等他们醒悟李格非的真正用意的时候已经迟了，他们已经被李格非的论述所征服，相信花园的繁盛会带来严重的后果。这里并没有简单宣布营建花园是一种愚蠢的举动，作者先是表明重要城市和国家安定之间有着看似绝对的对应关系，在这样的逻辑论述之后，他得出了关于花园的结论，显得非常必然。

很显然，在李格非的后记和作品的其他部分之间存在着矛盾。在描述那 19 座花园的时候，他用的是一种欣赏、赞同的口吻。作者 156 详细描述着豪华的设计、优美的风景、庞大的建筑以及众多的植物，他显然被这些所打动，要让他的读者们也感到敬畏。我们在作品中几乎看不到任何负面的语句。诚然，是有一对花园（水北、胡氏园）的建筑在李格非看来名实不符[59]。还有一座花园（赵韩王园），李格非批评它的主人大多数时间将它锁着，显得"吝惜"，不愿意与人分

---

[59]　李格非，第 199 页。

享[60]。但这几乎构不成对园子主人因过分贪恋花园而忽视社会责任的责难。在李格非的记述中没有涉及到它们的奢华，修建和维护的耗资巨大，供游人娱乐的功能或者任何可能诱使其主人（多为高官）疏于政事的倾向——这些都是就后记看来，我们觉得作者应该指出的。

首先，在后记里李格非回到了传统的观念，批评个人对于豪奢花园或庄园的沉溺，而放弃了士人对国家所负的更高的责任。这至少可以回溯到唐代，是一种传统的对于花园的态度。由此，对于花园的迷恋或对于其中精巧的石头造型的迷恋，被看成是把家凌驾于国的自私行为。前面提到过的唐代政治家李德裕及其洛阳花园就是

157 这样的例子，他因此在唐宋时期常常受到批评[61]。

其次，奇妙的历史也对人们怎么阅读和理解李格非的后记产生了重要的影响。当李格非1095年写下这些的时候，他和他的同僚都没想到存在了135年的王朝30年后其首都会被洗劫，他们的皇帝会被俘获到遥远的北方，整个帝国的北部会被永久地侵占。洛阳当然包括在被金兵占领的广大地区之中。李格非在后记里记述唐末洛阳花园时所说的话对于南宋的读者来说具有新的意义，他们对于1126年开封的陷落有着切肤之痛。李格非的后记具有不可思议的预见性。

我们可以想见，如果没有这篇后记的话，《洛阳名园记》很可能就流传不下来。虽然李格非的文才在当时负有盛名，据说在秦观和晁补之上，但是他的作品除了《洛阳名园记》以外统统都亡佚了[62]。李格非创作了相当多的文学作品，同时还有对《礼记》的研究以及史学方面的研究著述。这些在南宋末期都已见不到了。《洛阳

---

[60] 李格非，第197页。

[61] 关于私家花园及其中石头的相关评论的全面研究，见杨晓山（Xiaoshan Yang）《私人领域的变形》（*Metamorphosis of the Private Sphere*），第11—21页和108—138页。

[62] 南宋诗人刘克庄曾将李格非和秦观、晁补之作比较，见《刘克庄诗话》续集卷三，第三七五条，第8445页。关于李格非文集的遗失，见陈振孙《直斋书录解题》卷八，第243页。

名园记》却有着不同的命运。它不仅存留下来，而且在南宋初期还赢得了肯定。并不是因为主题或内容比较妥当，而是由于它的后记，这后记似乎预言了北宋 1126 年的灭亡。正因为此，李格非获得了声誉，被认为写出了"知言"。一个叫张琰的人在南宋早期（1138）保存过李格非的作品，并为之作序，强调它的警示意义和教化价值，并赞扬李格非的后记，认为它显示了作者的聪明和睿智，能够从很近、很小的事情上（比如洛阳花园）觉察到具有重大影响的事件的苗头（比如金兵入侵）。其后，李格非的作品被邵博（卒于 1158 年）所知，邵博有一部重要的笔记作品。他也赏识并挑选出李格非关于花园、洛阳以及整个帝国之间关系的议论，并且引述了整部作品⑬。他的这一举动保证了《洛阳名园记》的留存。此后，这部作品变得知名，但同样是因为其后记富有预见性而获得赞赏。其中的主要论述出现在《宋史》中李格非简短的传记里，给人的印象是，如若他没有写下这些话，他在史书里就可能没有传记⑭。这篇后记还被作为单篇文章收录在南宋末年的《文章轨范》中，这部集子只收录了整个朝代的 27 篇文章。为了防止读者不能理解后记和前文之间的割裂，《文章轨范》的编者谢枋得在李格非带有修辞性质的反问（"则《名园记》之作，余岂徒然哉？"）之后加了评注："有此文章方可传。不然，虚辞浮语虽工何可传？"⑮

　　从我们的角度来看，我们不再需要像北宋灭亡后很多读者那样，赋予后记以特殊的地位，或者任由它掩盖掉正文的光彩。但是，即使我们不相信李格非具有先知的能力，或即使我们不为他否定洛阳化园以表明他的倾向性而欢呼鼓掌，我们仍然会倾向于赋予后记重要的意义。我们或许会说李格非对于洛阳花园的兴趣归根结底是对它们的一

158

159

---

⑬　邵博在《邵氏闻见后录》卷二四第 191 页引了李格非"预见性的"关于洛阳花园和国家的议论。随后他附着了李格非的作品，见卷二四第 192 页至卷二五第 202 页。
⑭　《宋史》卷四四四，第 13121 页。
⑮　谢枋得《文章轨范》卷六，第 11 页 b。

种否定。或者当我们放下李格非的著作，我们仍然会觉得文章有割裂感并为此而迷惑，在他对洛阳花园的欣赏和否定之间感到困惑。

我提议用另外一种方法解读李格非的作品。首先，我们要知道李格非描写洛阳花园的方法是多么与众不同。这部作品是前所未有的。的确有很多士大夫曾经描写过自己的花园（我们看到司马光早前在这方面的努力），但是这和描写别人的花园是两回事。李格非把花园作为独立的个体来进行描写，把它从私人自传性的领域抽离出来，花园仅仅体现其自身的价值。而且我们看到李格非不仅描写跟他本人没有关系的事物，而且他的写作多少偏离了传统上所强调的对于花园布置的学者式的克制（司马光描写自己花园的文章就是这样的）。有时候当写到学者的花园的时候，李格非会对那些传统作出妥协，但通常他是不会的。在他的大多数描写中，李格非把自己对富丽堂皇花园的热情明确表达出来。他的写法和欧阳修对每年春天洛阳居民如何庆祝牡丹花季的写法很相似。

很明显李格非心里对他的主题有一点矛盾。如果完全没有顾虑的话，他不必加上一个后记，或者在文章中提出疑问以证明自己的
160 写作不是"徒然"的——他担心如果自己不提的话别人也会提。不过，一旦进入了主题，他的矛盾也可以悬置起来。我们可能除了在他描写年长学者的花园时感觉到这种矛盾以外，在他写其他花园的时候感受不到。就这一点来讲，李格非后记让我们想到欧阳修写牡丹的时候作出的妥协，他明显感觉到自己应该发表一些对牡丹的批评，因此他才说牡丹的"偏"、"病"。尽管他这么说，他还是告诉我们牡丹是多么美，洛阳人对它多么热爱。李格非的态度也有同样的克制，且固定在某一部分。在作品的其他部分看不到，在事后才又突然出现。当它出现以后，李格非虽然也承认，但这并不能改变对整个主题的处理。

如果我们不像李格非的早期读者那样，由于特殊的历史和政治原因把重点放在后记上，或者不去强调正文和后记之间的矛盾，尽

管我们对心理的复杂性感兴趣，我们依然会对正文的直率、原创性给予更多的关注。放在历史的背景里，对于花园美景的热情描绘以及由此带来的愉悦，比起后记中李格非出于对传统观念的屈服而写下的文字来讲，前者要比后者更加令人印象深刻。由于创作了《洛阳名园记》，而非后记，李格非成为北宋士大夫中对园艺和花卉鉴赏做出重要贡献的一分子。

161

第四章　苏轼、王诜、米芾的艺术品收藏及其困扰

　　在第一章中，我们考察了欧阳修对碑帖铭文的搜集以及他对古代器物、艺术审美及其教化功能的思索。在这一章中，我们将关注欧阳修的后辈们——特别是 11 世纪末、12 世纪初三位最重要的收藏家和鉴赏家——苏轼、王诜和米芾的艺术品收集情况及其观念①。

　　欧阳修钟爱那些艺术水准高的作品，但当它们的内容于史学书写无益、甚至其中所体现的宗教理念与儒家之道相悖时，如何对这种钟爱做出合理的解释，曾让欧阳修颇费了一番心思。尽管难以忽视它们的异端色彩，欧阳修最终还是被它们的书法艺术魅力折服，将其纳入到自己的收藏之中。他将它们视之为古物和"历史"的珍贵遗存，这样一来，自己因醉心这些古物而产生的不安便可稍稍释然。欧阳修对出自不知名甚至无名者之手的书作具有一种非凡的鉴赏力，而且往往是那些半损毁的、甚或是碎碑的拓片，在他看来尤其具有无法抗拒的诱惑。因此，他对书法史的处理方式在根本上有别于那种精挑细选、风格相对单一的皇家观念。在散落于乡野的不起眼的荒碑上，欧阳修发现了镌刻其上的字迹及其笔锋中所蕴藏的

162

①　近年来英语学界出现的关于苏轼的一些研究成果包括：傅君劢（Michael Fuller），《东坡之路：苏轼诗歌表达的发展》（*The Road to East Slope: The Development of Su Shi's Poetic Voice*）；包弼德（Peter Bol），《斯文：唐宋思想的转型》（*"This Culture of Ours": Intellectual Transitions in T'ang and Sung China*）（第八章）；管佩达（Beata Grant），《重游庐山：佛教与苏轼的生活与创作》（*Mount Lu Revisited: Buddhism in the Life and Writings of Su Shi*）；毕熙燕（Xiyan Bi），《苏轼文学思想中的守法与创新》（*Creativity and Convention in Su Shi's Literary Thought*）；以及拙著《苏轼的言、象、行》（*Word, Image, and Deed in the Life of Su Shi*）。关于米芾，可参见石慢（Peter Sturman）所著《米芾：北宋的书法风格与艺术》（*Mi Fu: Style and the Art of Calligraphy in Northern Song China*）；另雷德侯（Lothar Ledderose）有专论米芾收藏与鉴赏的著作：《米芾与中国书法的古典传统》（*Mi Fu and the Classical Tradition of Chinese Calligraphy*）。

真美，而这些有字之石，无疑正是数百年前那些平凡的普通人最真实的遗存物。

新一代的收藏家中产生了新问题，而收集和鉴赏本身也有了新行情。欧阳修之前从未属意过的"绘画"，如今它与书法一起，共同左右着收藏家们估价的标准。大规模的私人收藏将书法和绘画作品聚积起来，还出现了专门存放它们的居所，艺术品交易作为一种潮流在士大夫精英中蔚然成风。我们很难说这些现象具有多大的空前性，因为私人收藏书法或绘画艺术珍品的历史确乎已存在了数十年，甚至数百年。但收藏家和关注者们围绕其所进行的文学创作、讨论以及对由之产生的美学和思想话题的辨析，其程度、范围之深广的确是前所未有的。

至于是否要将自己那些可观的拓片藏品视为一种被占有的"物"，欧阳修没有过多考虑。他在自画像式的戏作《六一居士传》中曾提及这个问题，但仅仅一笑而过，并未真正找到解决办法，而且显然他也并不因此烦恼②。在苏轼那里，这一问题再次出现，并且成了他的一个心病。他为自己占有了这些收藏品感到不安，甚至连收藏行为本身都令他烦扰。一边是收藏艺术品的高雅趣味，一边是聚敛象牙珠玉的鄙俗动机，二者之间，欧阳修可以悠然处之，苏轼却不能。对苏轼来说，任何一种对实在之"物"——无论它是什么——的占有，都有违于高尚的人格。因此，他试图找到一个折衷方案，调试出一种不将占有艺术品当作"占有"的理想心理状态。但苏轼的朋友们，包括王诜和米芾，则不一定接受他的"折衷方案"，并且对苏轼所宣称的自己已达到那种理想状态深表怀疑。

与苏轼不同，米芾拥有顶级的书画私藏，却丝毫不为此感到歉疚。作为收藏家、鉴赏家和书画家，他浸淫于艺术之中，艺术就是

163

---

② 欧阳修《六一居士传》，《居士集》卷四四，第 634—635 页。该文的英语翻译可参见拙著《欧阳修的文学作品》(*Literary Works of Ou-yang Hsiu*〈1007—1072〉)，第 223—224 页。

他的生命。米芾描绘着占有那些珍品时的愉悦，也不假掩饰地袒露错失某件精品时的懊丧挫败，这种热情和投入，是同样作为收藏家的苏轼所难以企及的。但是米芾唯艺是尊的倾向在当时能否被接受成为一个新问题。而这一问题在欧阳修那里根本不成问题：欧阳修在各个领域内多头并进的追求使得他同时兼有经学家、史学家、古文家和诗人的身份，"艺术品收藏家"相较于其他几种更堂皇、更主流的角色而言，不可能在欧阳修的整体形象构成中占据优势。但北宋思想文化界究竟能在多大程度上容忍士大夫们对艺术品如此这般的沉迷追逐，以致几乎无暇他顾，还很难讲，米芾挑战了这个极限。对于一件藏品，除了肯定它的技艺之美外，欧阳修至少还关注其是否具有其他方面的价值。米芾则完全不把这些放在眼里，他这样夸赞自己藏品中的那些古画：与画家同时代的风云人物曾经有过的经天纬地的壮举在今天已被遗忘，而这画作自身却仍有着不言而喻、显而易见的恒久价值。这种论调很可能被认为是奇谈怪论，尤其在米芾的时代，甚至可以说是出格，这么说的后果不可谓不严重。在欧阳修之后继起

164 的这一代人身上，我们看到了其对艺术和艺术品收藏的新认识，他们不再纠结于审美价值和教化功能间的二元对立，而是将注意力转向了艺术之于收藏家个人精神与生命的意义，以及艺术所扮演的角色。

给王诜的忠告

我们先来看看苏轼这篇《宝绘堂记》。宝绘堂是他的朋友王诜专门建造用来存放其收集的艺术珍品的居所。王诜拥有当时最好的书画私藏，应他之邀，苏轼作了这篇记文。

宝绘堂记③

君子可以寓意于物，而不可以留意于物。寓意于物，虽微

---

③　苏轼《宝绘堂记》，《苏轼文集》卷一一，第356—357页。

物足以为乐，虽尤物不足以为病。留意于物，虽微物足以为病，虽尤物不足以为乐。老子曰："五色令人目盲，五音令人耳聋，五味令人口爽，驰骋田猎令人心发狂。"④ 然圣人未尝废此四者，亦聊以寓意焉耳。刘备之雄才也，而好结髦⑤。嵇康之达也，而好锻炼⑥。阮孚之放也，而好蜡屐⑦。此岂有声色臭味也哉，而乐之终身不厌。

凡物之可喜，足以悦人而不足以移人者，莫若书与画。然至其留意而不释，则其祸有不可胜言者。钟繇至以此呕血发冢⑧，宋孝武、王僧虔至以此相忌⑨，桓玄之走舸⑩，王涯之复壁⑪，皆以儿戏害其国，凶其身。此留意之祸也。 165

始吾少时，尝好此二者，家之所有，惟恐其失之，人之所有，惟恐其不吾予也。既而自笑曰：吾薄富贵而厚于书，轻死生而重于画，岂不颠倒错缪失其本心也哉？自是不复好。见可喜者虽时复蓄之，然为人取去，亦不复惜也。譬之烟云之过眼，百鸟之感耳，岂不欣然接之，然去而不复念也。于是乎二物者常为吾乐而不能为吾病。

驸马都尉王君晋卿虽在戚里，而其被服礼义，学问诗书，常与寒士角。平居攘去膏粱，屏远声色，而从事于书画，作宝绘堂于私第之东，以蓄其所有，而求文以为记。恐其不幸而类吾少时之所好，故以是告之，庶几全其乐而远其病也。 166

---

④ 老子《道德经》第十二章。
⑤ 《三国志》裴松之注引《魏略》，《三国志》卷三五，第913页。
⑥ 《晋书》卷四九，第1372页。
⑦ 《晋书》卷四九，第1365页。
⑧ 钟繇是3世纪的书法家，他偶然见到了蔡邕的《笔法》，但不得观其详，捶胸三日，以至呕血。他苦求此书而不得，一直等到其拥有者韦诞死后，钟繇盗掘其墓，终于得到了这部书。见韦续《墨薮》卷一，第35页a—b，"用笔法并口诀第八"条。
⑨ 宋孝武帝"欲擅书名"、与书法家王僧虔比书艺高下之事，见《南史》卷二二，第601页。
⑩ 《晋书》卷九九，第2592页。
⑪ 《旧唐书》卷一六九，第4405页。

当初王诜托苏轼撰写一篇可以悬于堂中的记文时，他所期待的肯定不是这样一篇文章。这一点毋庸置疑。有其他两条材料表明，对于苏轼文中提到的历史上那些因沉溺于搜集珍宝而招来横祸的先例，王诜是持有异议的。王诜觉得苏轼的话晦气，而且说不定真的会因此招来不吉利的后果。他写信给苏轼，请他删掉那一段。但苏轼拒绝作任何改动，答复说如果王诜不喜欢就不要把这篇文章当作宝绘堂的记文⑫。两人间这次罕见的尴尬交涉很清楚地表明，苏轼创作《宝绘堂记》并非仅仅出于应酬，而是将他坚守的某种信念贯穿于其中。

王诜是那个时代最杰出的画家、书法家和收藏家，作为宋朝开国功臣王全斌的后代，他位高名重⑬，并且凭借这种政治和社会资本，在而立之年结亲皇室，尚英宗次女。如此显赫的一桩婚姻，苏轼不会不在文中提及：正如我们所见，苏轼总是对王诜保持着礼节上的尊重，并且时常直接或间接地提及他在上流社会的社交关系和他拥有的巨额财富。考虑到王诜高傲的优越感，苏轼在文中表达的观念以及拒绝王诜的修改要求就更显得非同凡响。

如果王诜的身份使得苏轼的这篇文章显得不太可能，那么苏轼本人乍看去更不像是能写出这样一篇文章的人。苏轼是那个时代最重要、最具影响力的绘画艺术的鼓吹者，在将绘画从技术提升为一种艺术的过程当中，无人比他付出的努力更多。他第一个确定了后世所熟知的"文人画"的基本原则，是文人画创作的最高权威。纵观苏轼的文学创作生涯，他在每个阶段都留下了大量有关书画的诗文。在数以百计的诗、跋、书、赞及各种小品文中，苏轼展示并发展了他对于各式各样书画艺术笔法之美的思考，这其中包括画家与摹画对象的关系、规则与法帖的作用、灵感的来源、创作中的天分

167

---

⑫ 朋九万《乌台诗案》，第13页a；吴子良《荆溪林下偶谈》卷二，第14页a–b。皆转引自曾枣庄《苏文汇评》上册，第216—217页。

⑬ 今人关于王诜的研究，可参见沈迈士《王诜》。

以及视觉艺术与文学的关系问题等等，但又远远不止这些。新近出版的《苏轼论书画史料》首次将这方面的材料集齐⑭，小字密排，且没有任何笺注，各类总计竟也达到一百五十页之多。作为画家，苏轼可以全然醉心于这种艺术的创作；作为学者，他不遗余力地丰富着那个时代的画论。然而在《宝绘堂记》中，我们却分明发现他在"寓意悦人的书画"与"留意移人的书画"间努力地作着区分辨别，这两种状态奇异地并存于苏轼——这个可以称之为北宋"画圣"的人身上。

　　《宝绘堂记》之外，苏轼还有一系列为友人的艺术品收藏室所作的记文，包括给石康伯的《石氏画苑记》⑮，给张希元的《墨宝堂记》⑯，给文同的《墨君堂记》⑰，给孙莘老的《墨妙亭记》⑱。若将这些作品进行对读，就会发现它们彼此间竟然有如此大的差异。撰写此类记文时，苏轼并没有固定模式，而是大致上根据他对每个收藏者及其藏品评价、认识的不同而选择不同的主题和写法。不过，　168也许还有另一个原因可以解释这种多样性：苏轼对于收藏的意旨存在不确定的、甚至是矛盾的态度。他这种潜在的对于"收藏"行为的疑虑，在《宝绘堂记》中得到了最明确的体现。

　　但是，苏轼的这种疑虑并非只体现在《宝绘堂记》中。在给石康伯的《石氏画苑记》中，苏轼说康伯"好画乃其一病"，且谓之为"无足录者"。以"病"名之其实是旧调重弹了：柳宗元在其著名的《报崔黯秀才论为文书》中早就有过"好辞工书皆病癖也"的论断⑲。而且"好画乃其一病"也并非该文的主旨，苏轼意在铺陈石康伯的高尚人格，关于他的古画收藏几乎只字未提。在《墨妙亭

⑭　李福顺《苏轼论书画史料》，第27—169页。
⑮　苏轼《石氏画苑记》，《苏轼文集》卷一一，第364—365页。
⑯　苏轼《墨宝堂记》，《苏轼文集》卷一一，第357—358页。
⑰　苏轼《墨君堂记》，《苏轼文集》卷一一，第355—356页。
⑱　苏轼《墨妙亭记》，《苏轼文集》卷一一，第354—355页。
⑲　柳宗元《报崔黯秀才论为文书》，《柳河东集》卷三四，第551页。

记》中，虽然"是亭之作否无足争者"，然而"其理"苏轼"则不可以不辨"：鉴赏家们穷其心力、财力搜得的珍品，到头来总不免归于颓坏——即便这种颓坏发生在拥有者过世之后——此番情境如何不令人嗟叹，这难道不是人们"不知命"的表现么？而在《墨宝堂记》中，他干脆将两者做了彻底的比较：纵情声色的低级趣味和耽于法书名画一样，都不可取，两者不同只在于所好对象的不同而已。看上去苏轼似乎在宣扬一种诸"好"等价论。但在文末，他写到了对张希元的预期："君岂久闲者？蓄极而通，必将大发之于政。"如此一来，寄情书画、以此自娱便可被视为是张君通达前暂时"役其心智"之法。也许表达方式上《宝绘堂记》最为直接，但苏轼关于此问题所流露出的内心冲突其实是随处可见的。

169

收藏家苏轼

苏轼可以算是收藏家吗？单看他给王诜的记文，我们似乎不能这么认为。但苏轼又确实收藏艺术品，而且并不像他在《宝绘堂记》中宣称的那样，仅仅是"少时之所好"。只不过他在收藏时总带着些"纠结"，他有多珍爱那些书画，据为己有时就有多纠结。他对此讳莫如深，从来不在自己那些正式的文体如律诗或古文中提及。这种态度在其早年所作的自传中即有体现：对待艺术品他总是乐于欣赏，而非汲汲于占有。苏轼的"纠结"与欧阳修坐拥古碑遗刻、并时时以之自许的陶然自得形成了鲜明对比。

但是，苏轼的确曾经投身于绘画技法的研习之中，而不像一般的旁观者、批评家或理论家那样置身其外、只做客观分析。他毕竟是那个但凡小酌便欲"书墙涴壁"的坡公，所到之处，常常即兴"题壁"、"书壁"、"画壁"，若不巧主人不买账、还是更爱原来的"雪壁"时，苏轼便会遭到指责[20]。以下，我将从苏轼浩如烟海的论

[20]　苏轼《郭祥正家醉画竹石壁上……》，《苏轼诗集》卷二三，第1234—1235页。

画、论艺之文中撷取出一部分来分析，以期从中窥到这些艺术品怎样无所不在地渗入他的生活中：对于绘画苏轼绝非只是发表空论而已。我要特别强调的是，由于篇幅有限，这只是"部分"信息，此外，还有大量相关材料散见于苏轼的文集中。关于这一点，可以参见韩文彬（Robert Harrist）关于苏、李（《西园雅集图》作者李公麟）交游考以及李公麟应苏轼及其门人之请所作画的研究[21]。韩文彬考察了苏轼时代的开封艺术品市场，透过那些各式各样的画展场所，我们可以清楚地感受到绘画在北宋士大夫阶层中的风行程度。

　　苏轼年轻时曾斥钱十万购得两块四面的唐代画家吴道子所绘菩萨像画版送给他的父亲苏洵。这在苏轼是非常罕见的，而且很有可能是他一辈子在艺术品上花费最巨的一次。苏洵收集古画，并且懂得鉴赏，在他所有的私藏中，吴道子的这四幅画是他最喜爱的。1066 年苏洵去世后，苏轼应先君故人释惟简之请，将四幅菩萨像捐给了当地一间寺院。据信，这种施舍所捐之物必须是施主"所甚爱与所不忍舍者"，方能算得最大的功德。之后，寺院"以钱百万度为大阁以藏之"，苏轼"助钱二十之一"，并将苏洵的画像悬于四菩萨阁之堂上[22]。11 世纪 70 年代苏轼在杭州时，曾赠与郭祥正"御笔一双、赐墨一圭、新茶两饼"——御笔等虽为真物，但其实"得于大臣家"，故而"不罪浼渎"[23]。与此同时，苏轼考虑再捐一幅父亲生前所藏的罗汉像给大觉怀琏禅师，不曾想这次捐赠竟颇费周折：苏轼本欲捐出的是禅月罗汉像，与之接洽的僧人却修书来指名索要金水罗汉像。苏轼认为这是无礼的冒犯，在回信中甚不客气地说"开书不觉失笑"[24]。这次布施最终有没有成功，我们不得而知。

　　11 世纪 80 年代初，苏轼坐乌台诗案贬谪黄州，友人王巩亦受到

170

㉑　韩文彬（Robert Harrist）《11 世纪中国的绘画与私人生活：李公麟的〈山庄图〉》（Painting and Private Life in Eleventh-Century China: Mountain Villa by Li Gonglin），第 14—31 页。

㉒　苏轼《四菩萨阁记》，《苏轼文集》卷一二，第 385—386 页。

㉓　苏轼《与郭功父七首》其三，《苏轼文集》卷五一，第 1510 页。

㉔　苏轼《与大觉禅师三首》其一，《苏轼文集》卷六一，第 1879 页。

171 牵连。居黄期间，王巩曾致书给他，索要新近画作，但彼时苏轼却苦于无画可赠[25]。他回信解释说，在黄州，每次醉后都会大起丹青之兴，一气作画"一二十纸"，但往往差强人意、可留者不过其一，其余"多为人持去"，故而暂无可相赠者。这一时期，苏轼还写了一篇有关蒲永升所赠画水之作的长文《画水记》。宋初川籍画家孙知微曾于大慈寺寿宁院墙壁上画湖滩水石，蒲永升为苏轼临摹了二十四轴。苏轼在文中讨论了诸种"画水"的技法[26]。同时，他还送了友人吴复古一幅山水画，该画出自苏轼新结识的一位不甚知名的画坛新人李明之手，苏轼建议吴复古用此画来装饰床上的绕屏[27]。后来，苏轼离黄北上，途径商丘时，曾遇到一位张太保，太保交给他十六轴罗汉画像，谓己"衰老无复玩好，而私家蓄画像，乏香灯供养"。苏轼随后将罗汉像交与僧人开元明师，以为如此或能符合张太保之本意[28]。在此期间，滕元发借给苏轼一套李成（10 世纪著名山水画家）的《十幅图》，苏轼大喜过望，预备请人临摹后再归还给滕[29]。1086—1088 年苏轼任翰林学士时，李之仪送给他一幅李公麟所作《地藏》图，作为酬答，苏轼写了一篇评吴道子画的小文，与其所藏

172 吴道子画（或为摹本）一幅，一并寄给了李之仪[30]。1088 年，苏轼知贡举，阅卷之余，常与门人黄庭坚、张耒、晁补之及李公麟一起画马、画竹解闷，还依次为所绘之图赋诗[31]。1089—1091 年，苏轼知杭州期间，他送给宝月大师一幅王诜所画的古松图，此图具有特殊意义：应宝月之请，苏轼托王诜向朝廷上奏章，请赐宝月之友

[25] 苏轼《与王定国四十一首》其十三，《苏轼文集》卷五二，第 1521 页。
[26] 苏轼《画水记》，《苏轼文集》卷一二，第 408—409 页。
[27] 苏轼《答吴子野七首》其三，《苏轼文集》卷五七，第 1735 页。
[28] 苏轼《答开元明座主九首》其七，《苏轼文集》卷六一，第 1894 页。
[29] 苏轼《与滕达道六十八首》其四十九，《苏轼文集》卷五一，第 1491 页。
[30] 苏轼《答李端叔十首》其一，《苏轼文集》卷五二，第 1540 页。
[31] 参见拙著《苏轼的言、象、行》（Word, Image, and Deed in the Life of Su Shi），第 304—305 页。

"瑜师""紫衣师号"[32]。1092—1093 年间，苏轼从扬州寄给鞠持正四幅蒲永升所绘水景图，而这很有可能出自多年前苏轼从蒲处获赠的、蒲临五代末孙知微绘大慈寺寿宁院壁画的那二十四个摹本——苏轼竟将其收藏了如此之久。苏轼在信中告诉鞠持正，夏日挂此画于高堂之上，凉风袭人，可以"一洗残暑"[33]。

　　1094 年，在遥远的北方定州，苏轼给李之仪寄去一幅宋初道士牛戬的《鸳鸯竹石图》，并说他此时唯念"扫此长物"、遍散所收书画[34]。同年稍晚苏轼南游，过汝州时见到了弟弟苏辙。苏辙刚刚助资"百练"新修了当地隆兴寺中两幅吴道子所绘壁画，苏轼对弟弟此举甚为称赏，赋诗云"他年吊古知有人，姓名聊寄东坡弟"[35]。惠州贬谪期间（1094—1097），表兄程之才曾向苏轼索要墨竹画，苏回信说多年不画，笔已抛荒，暂无以相赠，但保证"候有嘉者，当寄上也"[36]。1100 年，苏轼自海南遇赦北归，这也是他生命的最后一年，途中苏轼致信友人钱世雄，邀他来观赏自己收藏的一幅 10 世纪（五代西蜀）画家黄筌所绘的龙图。信中说："（旧所藏画）今正曝凉之，只近来闲看否？"他请钱世雄来看"龙"并非只为了赏其图写之妙：以前苏轼牧守他郡，遭遇天旱时曾在此画前燃烛祈雨。他知道钱也正面临缺雨的困境，因此叫他不妨来"燔一炷香"[37]。

　　尽管以上所引材料只是很小一部分，但亦足以说明苏轼终其一生都在积极地收集、珍藏、借出和获赠书画作品。无论是数百年前的古迹还是朋友熟人的新创，他都一视同仁，加以珍存。他一天都离不开书与画，这不但是生命之必需，也是快乐之源泉。当然，他自己也孜孜不倦地进行着创作，并且深知这些"东坡手迹"的风靡

173

---

[32]　苏轼《与宝月大师五首》其一、其二，《苏轼文集》卷六一，第 1887—1888 页。
[33]　苏轼《与鞠持正二首》其一，《苏轼文集》卷五九，第 1803 页。
[34]　苏轼《次韵李端叔谢送牛戬〈鸳鸯竹石图〉》，《苏轼诗集》卷三七，第 2018 页。
[35]　苏轼《子由新修汝州龙兴寺吴画壁》，《苏轼诗集》卷三七，第 2027 页。
[36]　苏轼《与程正辅七十一首》其十九，《苏轼文集》卷五四，第 1596 页。
[37]　苏轼《与钱济明十六首》其十五，《苏轼文集》卷五三，第 1555—1556 页。

程度。

收藏：矜炫之需

苏轼对于书画收藏的"纠结"心态有多个层面的原因。首先，在世俗层面上，一个显而易见的原因是，苏轼将此视为富人们一种 174 "纵欲"的方式，他们收藏书画往往动机不纯，比如为了炫富。在以下这首为答谢友人鲜于侁而作的诗中，苏轼专门谈到了这个问题，鲜于侁曾将一幅"碎烂以甚"的吴道子绘佛像装裱完好，作为礼物送给了苏轼：

> 贵人金多身复闲，争买书画不计钱。
> 已将铁石充逸少，更补朱繇为道玄。

苏轼在颔联中讽刺了富人染指书画收藏时常见的"张冠李戴"现象。因为对艺术缺乏基本素养，"贵人"们往往以"近"为"远"、以神品之价购中品之作。比如误把殷铁石的书法当作王羲之（逸少）的作品，或把朱繇的笔墨当作吴道子（道玄）的真迹。接下来苏轼谈到鲜于侁赠画之事，结尾处又将笔锋指向了此等愚陋却多金的藏家：

> 贵人一见定羞怍，锦囊千纸何足捐。
> 不须更用博麻缕，付与一炬随飞烟。㊳

东坡在尾联用夸张的笔法奉劝那些附庸风雅的富人：这些用天价买来的"中品"对他们来说毫无意义，他们甚至用不着拿它去换最不 175 值钱的"麻缕"。

㊳　苏轼《仆曩于长安陈汉卿家……》，《苏轼诗集》卷一六，第829—830页。

这一时期，黄庭坚对字画收藏的态度与苏轼非常相似。在《书摹拓东坡书后》一文中，黄由一件拙劣的东坡字画临摹品说开去，讨论了收藏书法作品时求"博"与求"精"的差别，并且提出，收藏的目的在于通过临摹古人法帖来提高自己的书法技艺：

书摹拓东坡书后[39]

此书摹拓出于拙手，似清狂不慧人也。藏书务多而不精别，此近世士大夫之所同病。唐彦猷得欧阳率更书数行，精思学之，彦猷遂以书名天下。近世荣咨道费千金聚天下奇书，家虽有国色之姝，然好色不如好书也，而荣君翰墨居世不能入中品。以此观之，在精而不在博也。

苏、黄所共斥的，其实都是所谓"新贵"，即毫无艺术鉴赏力的暴发户。令人吃惊的是，在黄庭坚的另一篇跋文中，我们见到了与上文几乎相同的论调，而这次的攻击对象不是别人，正是王诜。这篇跋作于 1094 年，黄在文中回忆了元祐年间他与苏轼、王诜共居京城时的情景：

往时在都下，驸马都尉王晋卿时时送书画来作题品，辄贬剥令一钱不直，晋卿以为过。某曰："书画以韵为主。足下囊中物无不以千金购取，所病者韵耳。"收书画者观予此语，三十年后当少识书画矣。[40]

在这篇颇具锋芒的跋文中，身为当日画坛名人的王诜被黄庭坚描述为一个只知以钱财聚敛艺术品的无识庸人。当然，众所周知，

---

[39] 黄庭坚《书摹拓东坡书后》，《山谷题跋》卷五，第 139 页。
[40] 黄庭坚《题北齐校书图后》，《山谷题跋》补编，第 291 页。

在黄庭坚看来，"韵"是艺术品的最高境界，因此，如果我们将上述话语理解为他想借机再次强调"韵"的特殊重要性，也未尝不可。

我们注意到，以上三组诗文都不约而同地将批评矛头指向了新贵收藏家们为扩充私藏而一掷千金的行径。在苏、黄看来，这种花费巨资收敛艺术品的行为并不体面，它取代了真正的艺术鉴赏力和眼光。而金钱与鉴赏力，这二者被相提并论时，似乎总是被视为对立而不相容的。在苏轼这个圈子的人看来，这些新贵收藏家都很"俗"，他们花钱附庸风雅，但结果反而更显出自己的粗鄙，他们收藏艺术品的方式并不"艺术"。顺带说一句，苏轼得知黄庭坚作了这篇跋，便在其后附录了自己的一封短笺㊶。其中，对于黄所批评的《北齐校书图》的画技问题，他觉得尚可商榷，该画作并非一无是处；至于黄庭坚对王诜的讥刺，则苏轼并未提出任何异议。

王诜并不是苏、黄等人惟一的非议对象，苏轼同样看不惯另一位奢豪的官僚藏家蒲宗孟。蒲以生活侈汰著称，"每旦刲羊十、豕十，然烛三百"，并有着极其讲究和精致的沐浴习惯㊷。在苏轼给蒲宗孟的一封信中，他特别批评了蒲作为艺术品收藏家的过分沉迷：

> 千乘侄屡言大舅全不作活计，多买书画奇物，常典钱使，欲老弟苦劝公。阜意亦深以为然。归老之计，不可不及今办治。退居之后，决不能食淡衣粗，杜门绝客，贫亲知相干，决不能不应副。此数事岂可无备，不可但言我有好儿子，不消与营产业也。书画奇物，老弟近年视之，不啻如粪土也。纵不以鄙言为然，且看公亡甥面，少留意也。㊸

如此语重心长的口吻在东坡尺牍中是相当罕见的，看起来蒲的

㊶ 苏轼《书黄鲁直画跋后三首》其二"北齐校书图"，《苏轼文集》卷七○，第2219页。
㊷ 见《宋史》卷三二八，第10571—10572页。
㊸ 苏轼《与蒲传正一首》，《苏轼文集》卷六○，第1819页。

这种收藏爱好着实让苏轼担心。这封信写于黄州贬谪期间，这一时期正是苏轼对绘画艺术逐渐产生浓厚兴趣的时期，此时苏轼已清楚地意识到诉诸文字的表达对仕途或是个人生活都可能是潜在的危害。但即便如此，苏轼也没有产生收藏、占有艺术品的欲望，特别是当它们会影响到持家度日的时候。苏轼这代人所有关于艺术品价值和收藏成本的观念都与欧阳修不同，欧阳修特别要强调的是，他所进行的是艺术品收藏，与别人聚敛宝石美玉的行为有着天壤之别——他急于要告诉人们：他的这些收藏并未花费多少银钱。

艺术品：身外之"物"

苏轼反对玩物败家，反对挥霍无度，也讨厌那些巨富藏家的愚陋粗鄙，但这并不是他反对艺术品收藏的全部理由。从另一个更深的层次上理解，苏轼拒绝沉溺于艺术品收藏实际上是他拒绝"役于外物"的整体世界观的反映，我们已经很清楚地看到，在苏轼眼里，艺术品是一种不折不扣的"外物"。对于一切外物，苏轼总是持这种既乐于其中又游于其外的双重态度，这是他的一个特别显著的思想特征，关于这点，已经有学者在别处做过充分讨论[44]。这种思想、态度，即便不能说全部、但至少有相当大一部分来源于佛教。

在苏轼看来，关键是人待"物"的方式而非"物"本身导致了问题的存在。只要在适度的范围内，他并不反对享受"物"所带来的乐趣。这与他在《宝绘堂记》中区分"寓意于物"和"留意于物"是同一旨趣，"寓"与"留"是判断态度、方式可取与否的标准。这里的重点在于：苏轼此论并非只对书画而发，而是适用于一切"物"。不过单就表达此论而言，这篇记文已算得淋漓尽致了。

---

[44] 参见包弼德（Peter K. Bol），《斯文：唐宋思想的转型》（*"This Culture of Ours"*: Intellectual Transitions in T'ang and Sung China），第276—279页。另可参见拙著《苏轼的言、象、行》（*Word, Image, and Deed in the Life of Su Shi*），第279—280、363—364、375页。

关于上述观点更为正式、严整的表达出现在《超然台记》中。尽管措辞上稍有差别，但二者的基本观点和所涉及的基本问题是一致的。此时苏轼刚刚从人间天堂杭州移守毫无特色的密州，料到"人固疑余之不乐也"。他将城墙上破旧的高台修葺一新，名之为"超然台"。在《超然台记》中，他解释了为什么身处这样贫乏无趣的地方还能如此乐观：

179
　　凡物皆有可观。苟有可观，皆有可乐，非必怪奇玮丽者也。铺糟啜漓皆可以醉，果蔬草木皆可以饱。推此类也，吾安往而不乐。夫所为求福而辞祸者，以福可喜而祸可悲也。人之所欲无穷，而物之可以足吾欲者有尽。美恶之辨战乎中，而去取之择交乎前，则可乐者常少，而可悲者常多。是谓求祸而辞福。夫求祸而辞福，岂人之情也哉。物有以盖之矣。彼游于物之内，而不游于物之外。物非有大小也，自其内而观之，未有不高且大者也。彼挟其高大以临我，则我常眩乱反覆，如隙中之观斗，又乌知胜负之所在。是以美恶横生，而忧乐出焉。可不大哀乎。⑤

接下来是苏轼登览高台后对周遭"可观之物"的描述。文章的最后，苏轼说他之所以以"超然"命名此台，意在表明"余之无所往而不乐者，盖游于物之外也"。

乐享外物的同时还要警惕为其所"盖"，也就是要"寓意于物"而非"留意于物"。两种说法的主旨是一致的，都是要人超然物外、忘怀得失。

苏轼的这一观点还大量散见于其诗作中，尽管诗里的陈述或许不那么系统。我将选取几个例子，从中可以看出，苏轼对于讨论此

⑤　苏轼《超然台记》，《苏轼文集》卷一一，第351页。

问题的兴致无所不在，并且有着多样的表达方式。首先是对自身难以抵抗物欲的自忧、自诫和自责："自从出求仕，役物恐见囿"[46]；"医治外物本无方"[47]；"吟诗莫作秋虫声，天公怪汝钩物情"[48]；"平生长物扰天真"[49]；"误落世网中，俗物愁我神"[50]；"俗物败人意"[51]。其次是对世外高人的钦羡及意欲"超拔绝尘"的决心："定心肯为微物起"[52]；"平生寓物不留物，在家学得忘家禅"[53]；"定心无一物"[54]；"念当扫长物"（写到要散去藏画时）[55]；"道人修道要底物，破铛煮饭茅三间"[56]。

　　尽管苏轼宣称要尽量不使俗物扰其天真，但仍然必须注意到他在某个层面上对世间诸物依然保持着亲近，并且乐在其中。这其实还是那个问题："物"本身如何不重要，关键是人对之抱以何种心态。"寓意"于物，毕竟还是要与物建立关联，就如同观象于外仍然还是观象一样。"及物"、"交于物"是苏轼生命和思想中的另一个核心概念。他在《苏氏易传》中说到："所贵于圣人者，非贵其静而不交于物。贵其与物皆入于吉凶之域而不乱也。"[57]。与物相交，又不因之移情动性，这一观点在苏轼的各类作品中都可看到，不仅只是他作为经学家的一种书写——他还在此描绘了自己心中的圣人之象。由此，我们可以理解他为什么反对王安石变法的思想改造，也可以明白他为何对佛教的玄冥奥义和灵修敬而远之。苏轼时刻警

180

181

[46]　苏轼《次韵答章传道见赠》，《苏轼诗集》卷九，第425页。
[47]　苏轼《留别金山宝觉圆通二长老》，《苏轼诗集》卷一一，第552页。
[48]　苏轼《次韵答刘泾》，《苏轼诗集》卷一六，第820页。
[49]　苏轼《送竹几与谢秀才》，《苏轼诗集》卷二五，第1354页。
[50]　苏轼《次韵王定国书丹元子宁极斋》，《苏轼诗集》卷三六，第1970页。
[51]　苏轼《和赵德麟送陈传道》，《苏轼诗集》卷三四，第1847页。
[52]　苏轼《次韵答舒教授观余藏墨》，《苏轼诗集》卷三六，第1948页。
[53]　苏轼《寄吴德仁兼简陈季常》，《苏轼诗集》卷二五，第1341页。
[54]　苏轼《轼欲以石易画晋卿难之……》，《苏轼诗集》卷三六，第1948页。
[55]　苏轼《次韵李端叔谢送牛戬〈鸳鸯竹石图〉》，《苏轼诗集》卷三七，第2018页。
[56]　苏轼《南华寺》，《苏轼诗集》卷三八，第2060页。
[57]　苏轼《苏氏易传》卷五，第124页。另可参见拙著《苏轼的言、象、行》（Word, Image, and Deed in the Life of Su Shi），第76—81页。

惕着坠入"空"无，他牢牢抓住笃实的知识学问，并拒绝倚仗那些抽象的、脱离世间常识或常态的所谓"更高的真理"⑧。

　　苏轼之所以对艺术感兴趣，在很大程度上是因为他相信，"怡情"只能通过"寓物"来实现，而"寓物"则势必与"物"相关。这种认识在苏轼笔下许多地方都若隐若现，比如给王诜的《宝绘堂记》中提到的刘备好结髦、嵇康好锻炼。而更加明确的表达可参见《跋秦少游书》中对秦观草书的议论：

182
　　　　少游近日草书，便有东晋气味，作诗增奇丽。乃知此人不可使闲，遂兼百技矣。技进而道不进，则不可，少游乃技道两进也。⑨

　　这里讨论的是艺术创作，但不必把"技"作为最高之艺（在书艺和诗艺中），"技"只是包括了鉴赏在内的较低层次的一种美学追求。下文引自苏轼一篇论品茶的文章，尽管此处语境中"物"之情理十分重要，我们依然可以看到对"寓意于物"的倡导：

书黄道辅品茶要录后⑩

　　物有畛而理无方，穷天下之辩，不足以尽一物之理。达者寓物以发其辩，则一物之变，可以尽南山之竹。学者观物之极，而游于物之表，则何求而不得。故轮扁行年七十而老于斫轮，庖丁自技而进乎道，由此其选也。黄君道辅讳儒，建安人。博学能文，淡然精深，有道之士也。作《品茶要录》十篇，委曲微妙，皆陆鸿渐以来论茶者所未及。非至静无求，虚中不留，

---

⑧　参见拙著《苏轼的言、象、行》（*Word, Image, and Deed in the Life of Su Shi*），第56—85、162—168 页。
⑨　苏轼《跋秦少游书》，《苏轼文集》卷六九，第2194 页。
⑩　苏轼《书黄道辅品茶要录后》，《苏轼文集》卷六六，第2067 页。

乌能察物之情如此其详哉？昔张机有精理而韵不能高，故卒为
名医，今道辅无所发其辩，而寓之于茶，为世外淡泊之好，此 183
以高韵辅精理者。予悲其不幸早亡，独此书传于世，故发其篇
末云。

凡人用以"自修"的方式同样也可作为佛家子弟的"了悟"之
径，苏轼在给一位钱塘僧人思聪的告别信中表达了与上文相似的观
念。思聪七岁善弹琴，十二舍琴而学书，十五舍书而学诗，继而学
画，再读《华严经》。苏轼预言："使聪日进不止，自闻思修以至于
道，则《华严》法界海慧，尽为蘧庐，而况书、诗与琴乎。"接下来，
苏轼说：

> 古之学道，无自虚空入者。轮扁斫轮，伛偻承蜩，苟可以
> 发其巧智，物无陋者。聪若得道，琴与书皆与有力，诗其尤也。
> 聪能如水镜以一含万，则书与诗当益奇。吾将观焉，以为聪得
> 道浅深之候。[61]

尽管苏轼总是提到《庄子》中的那些手工匠人——那些依靠技
能和直觉行事的道家楷模，也一直提到那些潜心诸"物"、逍遥自在
的著名人物——但是，所有这些他在作品中极力称许的友人，已经
没有一个还做着斫轮、解牛或是结毦这等微贱之事。在苏轼的世界
中，由"实践"而"开悟"的方式具有一种纯美学的特质，这种
"实践"可以是诗、书，也可以是音乐、茶艺，它们都是"得道" 184
之径，亦是可以"得"入此径的法门。尽管有时他说万法（不管多
么微贱）皆可"得道"，但下次又会强调以高雅之法追求高雅之物
的重要性。一切都是为了得道，但没有一种"得道"是仅靠内省就

61　苏轼《送钱塘僧思聪归孤山叙》，《苏轼文集》卷一〇，第326页。

可达成的。"道"不会凭"空"而生——即便是在一封写给僧人的、且是有关这个僧人的信中，他也不惮这样说，可见这种"异见"在他是怎样的根深蒂固。

　　如果说苏轼在对"物"的认识上存在两种态度，那么我们可以发现，他对"占有"它们也有着两种并行的态度，这就又回到了艺术品收藏的话题上来。正如我们已经讨论过的，包括收藏在内的各种形式的"占有"都存在诸多问题。但是如果推向另一个极端：即对拥有财物持完全否定的态度，恐怕也有问题。毕竟，士大夫们须要"寓心"于某种实际之物中，而这些"物"又确实能够释放或激发出他们的洞察力。除此之外，没有任何其他方式可以通向终极之"道"，一颗开悟了的心既不会执于"物"，也同样不会执于"无物"。苏轼在谈论欧阳修及其五个"一"时曾涉及到这个问题——我们知道，欧阳修的"六一居士"之号正是从这五个"一"、再加他这个老翁一共六个"一"之上得来的：

书六一居士传后[62]

　　苏子曰：居士可谓有道者也。或曰：居士非有道者也。有道者，无所挟而安，居士之于五物，捐世俗之所争，而拾其所弃者也。乌得为有道乎？苏子曰：不然。挟五物而后安者，惑也。释五物而后安者，又惑也。且物未始能累人也，轩裳圭组，且不能为累，而况此五物乎？物之所以能累人者，以吾有之也。吾与物俱不得已而受形于天地之间，其孰能有之？而或者以为己有，得之则喜，丧之则悲。今居士自谓六一，是其身均与五物为一也。不知其有物耶，物有之也？居士与物均为不能有，其孰能置得丧于其间？故曰：居士可谓有道者也。

<hr>

185

[62]　苏轼《书六一居士传后》，《苏轼文集》卷六六，第2048—2049页。

　　苏轼所提出的"寓物怡情"说究竟能否在欧阳修身上找到证据，其实很难讲，欧阳修说不定还是个反例：他在《六一居士传》中所谈及的"六个一"，不管多么风雅，终归还只是六个彼此独立的"一"，欧阳居士仍站在物外。除了"寓物"，我们似乎看不到"怡情"。但欧阳修对这一点并不十分介意[63]。然而苏轼一定要坚守这一论断。从他的思路中，我们不难发现佛家"不二"等观念的痕迹：这一义理既反对堕入红尘，又拒绝出世，或者说，基于这种双向的否定，它对物之有无不予分辨。考虑到欧阳修终生都排斥佛教，苏轼在此处流露其思想中的释家色彩就显得有点不太合适。而在下面这篇写给僧人应符的记文中，就不必顾虑这些了。苏轼将欧阳修引出的如何"有物"这一问题归结为："占有"艺术品的正当与否，其实完全取决于各个藏家对待"占有物"或"占有"本身的心态。但在一般人看来，了悟之后"超然地占有"与低层次的"物欲占有"并无二致。苏轼对此也不讳言，下面这篇记文中即有表述。不过，尽管占有方式的高雅与否只在主观上有差别，不具有客观实证性，苏轼还是不愿轻易放弃这种理想。给应符的这篇记文笔调诙谐，但 186 基于上文的论述，我们应该明白这种诙谐并非戏言，他是寄意遥深的。

清风阁记[64]

　　文慧大师应符，居成都玉溪上，为阁曰清风，以书来求文为记。五返而益勤，余不能已，戏为浮屠语以问之。曰："符，而所谓身者，汝之所寄也。而所谓阁者，汝之所以寄所寄也。身与阁，汝不得有，而名乌乎施？名将无所施，而安用记乎？虽然，吾为汝放心遗形而强言之，汝亦放心遗形而强听之。木

---

[63]　欧阳修《六一居士传》，参见本章注②。
[64]　苏轼《清风阁记》，《苏轼文集》卷一二，第383页。

生于山，水流于渊，山与渊且不得有，而人以为己有，不亦惑
欤？天地之相磨，虚空与有物之相推，而风于是焉生。执之而
不可得也，逐之而不可及也，汝为居室而以名之，吾又为汝记
之，不亦大惑欤？虽然，世之所谓己有而不惑者，其与是奚辨？
若是而可以为有邪？则虽汝之有是风可也，虽为居室而以名之，
吾又为汝记之可也，非惑也。风起于苍茫之间，彷徨乎山泽，
激越乎城郭道路，虚徐演漾，以泛汝之轩窗栏楯幔帷而不去也。
187 汝隐几而观之，其亦有得乎？力生于所激，而不自为力，故不
劳。形生于所遇，而不自为形，故不穷。尝试以是观之。"

在最后一段中，苏轼没有继续先前的追问。他不再讨论应该以何
种适当的方式占有清风或是以之命名此阁。他将清风描述为一种存在
和运行于世间的"形"。这使我们想起他常常提到的"流水"，他对流
水的随遇而安相当称赏。清风勃勃然行于天地而无定所，活泼泼奔驰
四方而无所骛，以当遇之法遇所遇之物，遇过之后便不留驻。正所谓
风与物相接，然而并不试图占有物。这种游于物外的遇物之法，恰是
苏轼在给王诜的《宝绘堂记》中所提倡的心态："（书画之于我）譬之
烟云之过眼，百鸟之感耳，岂不欣然接之，然去而不复念也。"

风不"泛"物，可谓之为风耶？心不"交"物，可谓之为凡心
耶？与物相交、寄情于斯，同时却不抱占有或永远拥有的企图——
这就是苏轼期望的理想精神境界。他对世间万物皆是如此，而对那
些特别容易引起我们占有欲的美好事物，则尤其如此。

苏轼"阅"画

了解苏轼对包括艺术品在内的"物"的复杂态度只是第一步，
但却是至关重要的一步，它可以帮助我们理解艺术对于苏轼的意义。
188 这是他思想中一个很特别的层面，是他世界观的一部分，是他处世
和求"道"之法中不可或缺的组成部分，是我们理解苏轼观察外部

世界和人在其间的位置角色的重要前提。

　　而当他作为诗人，以诗人之眼看那些画作时，就呈现出不一样的景观，也反映出他艺术观中另外的维度。这个话题"形而上"的意味也许不那么浓，也不太容易纳入他作为北宋思想家的理论体系当中，但对于我们理解书画之于他的意义却很关键。鉴于此，我将略举几例，以说明他处理艺术品的方式。

　　对待与他有缘相遇的画作，苏轼的态度既不是"一刀切"，也不会先入为主。在那些"题画诗"和因画而作的跋文中，他展示了一系列不同的观点和策略，其中也不乏一些极为重要的、反复出现的概念，我在此稍加概括：

　　苏轼以诗"阅"画的方式最突出的特点，是将绘画作为他最珍视和向往的"本真自然"的一种景象或元素。特别是在中年以后，党争、流放、政治迫害笼罩了他整个仕途，这个特点便更加明显地体现在其山水画的题画诗中。而南方山水，因它们的温柔亲切和诗意的美，也更多地为苏轼所关注。他希望自己在退休之后可以远离世事的烦扰、终老于这样的山水之间。因此，在给王诜的名画《烟江叠嶂图》的题诗中，他写到：

> 江上愁心千叠山，浮空积翠如云烟。
>
> ……
>
> 不知人间何处有此境，径欲往买二顷田。
>
> ……
>
> 江山清空我尘土，虽有去路寻无缘。
>
> 还君此画三叹息，山中故人应有招我归来篇。[65]

189

　　中间省略的几联是写此画让苏轼想起了贬谪黄州时看到的景色。

---

[65]　苏轼《书王定国所藏烟江叠嶂图》，《苏轼诗集》卷三○，第 1608 页。

他热切地描绘着画中风景，这是他想象中的桃源，他打算在这里买田置地，以便退休后能长久栖身于此。苏轼题诗最多的当然是风景画，但除此之外，他也会给其他画作题诗。比如，他会为一幅牧牛图赋长诗一首，仿佛是在回忆他年少时作小牧童的时光，无忧无虑地骑着牛在山谷间徜徉，并在尾联中写道："悔不长作多牛翁。"⑯每当看到画中的自然景色，苏轼总会联想到他所渴望的退休后安闲的生活。苏轼的这个反应让我们想起了欧阳修。欧阳修总是将书画作品视为他理想中的"历史"的遗迹，苏轼则缺乏这种历史诉求。毕竟苏轼题诗其上的那些画都算不得古董，但有一点他和欧阳修一样，都倾向于从眼前的艺术品中发现特别的意蕴，这种意蕴隐含着他们的个人追求。

如果不是为了对这些画进行诗意的解读、将之想象为日后退隐其间的居所，那苏轼就是想"借题发挥"，通过题画诗来建构绘画艺术的理论批评。而也恰是那些他在题诗或跋文中反复表达的观念，

190　构成了后来"文人画"的基本原则。"文人画"最突出的特点在于它处理画作的方式不同于、且优于一般的"画工"之作。苏轼将这类区别于画工之画的作品命名为"士人画"；而将"士人画"的作者称为"画师"⑰。在早年的《凤翔八观》诗中，苏轼曾经对比了吴道子和王维的佛教壁画作品，带有明显的褒贬之意，即是这种区别的体现。吴道子的菩萨像虽逼真且精致，但在本质上仍是"画工"之作，而作为"诗老"的王维，所绘皆"得于象外"⑱。关于这两种绘画的差别，苏轼在诗文中还有大量相互呼应的论述，尽管不同情况下他的侧重点时有不同，但散见各处的论述都可以归结为一个一以贯之的大观念。论及摹绘"无常形"的自然之物，他会强调要抓

---

⑯　苏轼《书晁说之考牧图后》，《苏轼诗集》卷三六，第 1967 页。

⑰　苏轼《又跋汉杰画山二首》其二，《苏轼文集》卷七〇，第 2216 页；《次韵吴传正枯木歌》，《苏轼诗集》卷三六，第 1962 页。

⑱　苏轼《凤翔八观》其三"王维吴道子画"，《苏轼诗集》卷三，第 108—110 页。

住其中不变的"常理"[69]；说到其他对象，他又会申明"传神"的重
要，或是讨论人的面相中哪里最可传"神"[70]。他认为绘画是讲求天
分、后天难以习得的一种技艺，本身亦无章法可循，绘画者必须在
其自身之中体认和发现对象的精髓，将自身"化"入所绘对象之中，　191
"形于心"才能"形于手"[71]。又或者，他会关注诗与画的共通性，
讨论它们在义理与价值上的一致，所谓"诗画同源"，他觉得他自己
的诗之于宋画，恰如杜诗之于唐画（尽管二者其实有显著不同）[72]。

　　苏轼诗文中第三种，也是最后一种主要的"阅"画方式是将所
绘之物拟人化，尤其是面对竹、石、枯木、马和自然风景时。他还
常常把画者与其所绘之物联系起来。人如其画，画师高洁的品格往
往会映现于笔端之下。因为必须类比于作者的品格，因此这一方式
涉的绘画作品常是当代作品，出自苏轼所熟识或曾经熟识的人之
手。其中最突出的例子，莫过于文同及其竹画，苏集中的相关描述
多达整整一卷。通过大量的诗、跋和各种小品文，文同的"墨君"
被苏轼看成文同本人的人格象征：既柔且韧，不慕浮华，摒除色味，
穷且益坚。而李公麟笔下的马则寄寓了另外一种画师形象：风神俊
爽，奋迅不羁，胸怀万里之志，不屑与那些缰绳下的庸常坐骑为
伍[73]。同样，王诜和宋迪的风景画中也映射出他们各自的特色。潇湘
山水已"屈蟠"于宋迪的胸怀之中，因此描绘它们并非难事。在对
画里山林的细细"寻看"中，苏轼发现了作者隐退的"幽意"[74]。　　192

⑥⑨　苏轼《净因院画记》，《苏轼文集》卷一一，第367页。此观点参见衣若芬《苏轼题画
　　文学研究》，第106—130页。
⑦⑩　苏轼《书鄢陵王主簿所画折枝二首》其一，《苏轼诗集》卷二九，第1525—1526页；
　　《传神记》，《苏轼文集》卷一二，第400—401页。另参见衣若芬《苏轼题画文学研
　　究》，第231—254页。
⑦①　苏轼《次韵水官诗》，《苏轼诗集》卷二，第86页；《书李伯时山庄图后》，《苏轼文
　　集》卷七〇，第2211页；《书晁补之所藏与可画竹三首》其一，《苏轼诗集》卷二九，
　　第1522页。
⑦②　参见拙著《苏轼的言、象、行》（Word, Image, and Deed in the Life of Su Shi），第296—
　　299页；另参见衣若芬《苏轼题画文学研究》，第255—287页。
⑦③　如苏轼《次韵子由书李伯时所藏韩幹马》，《苏轼诗集》卷二八，第1500—1525页。
⑦④　苏轼《宋复古画潇湘晚景图三首》其二，《苏轼诗集》第一七卷，第900—901页。

"托物喻人"并非苏轼的首创，杜诗中已有过将画中猛禽或骏马赋予社会、政治寓意的先例，但杜甫却很少像苏轼那样在人化的自然画和其创作者之间建立关联。苏轼想要做的其实是将画艺的境界提升到与诗艺同等的水平。他是在告诉我们，画师不应是仅仅有"摹仿"技巧的匠人，他们可以和诗人一样，通过手中的媒介，来传达和展现自己的生命特质。

尽管这三种"阅"画方式在苏诗中面貌迥异，但其理同一：都是试图越过，或通过某些具体的画作，抽象出那种蕴于其中又独立其外的"意"。苏轼很少流连于画作本身，他从没有一首诗或一篇跋文会以此结尾。他总是要绕过这些"形象"，去提炼某种"意义"，或是政治理想，或是艺术史的立场，或是对画家的品评。这是文学家苏轼讨论具体画作时的典型方式。它本身无所谓好坏，但有利于提升绘画艺术的境界，而这正是苏轼所追求的。以上这些"越过"、"通过"或是"绕过"，其实都是苏轼与艺术品之间张力的某种体现。同样，这也使得我们想起他反复陈述的那些观点：物是身外物，物也是修身求道的介质。重要的不是物本身，而是它作为介质的功能：寓意其间，可以充分开掘人的洞鉴力，从而能够渐渐窥得那潜
193 隐于万象之中的天道。

米芾的艺术创作与收藏

苏轼是他那个时代文学艺术界的领袖和代表，无论在生前还是身后，其所宣扬的观点都影响深远。但即便是在他的追随者中，对于这些问题，也仍然存有不同的看法。比如米芾，可以很容易看出，在我们上面讨论的这些话题中，他的每一个观点几乎都与苏轼针锋相对。这种比较可以达成以下两个效果：一、通过其对立面的比照，我们对苏轼那些与众不同的观点的描绘、界定会更清晰。二、我们对北宋晚期艺术思想的认识也将因此更加丰满、全面。作为苏轼的比较对象，没人比米芾更重要，也没人比他更有趣。

　　提起米芾，今天的人首先会把他想象为一个锐意创新的杰出书法家，一个一生都在不断改变其作品风格的画家——如石慢（Peter Sturman）所说的那样⑦。但在这里，我们要讨论的不是作为艺术家的米芾，而是要关注他的艺术观，以及艺术史传统在他身上的承袭。米芾非常热心于，甚至可以说是迷恋于收藏艺术品，关于这一点，雷德侯（Lothar Ledderose）已做过有力的论证⑯。米芾对此所持的看法及对整个艺术史的认识都反映在他各种体式的文学创作中，尤其是他别集中的诗歌部分及两部论著《书史》、《画史》。

　　《画史》开宗明义的一段文字语出惊人，注定会在当时掀起轩然大波：

　　　杜甫诗谓薛少保："惜哉功名忤，但见书画传。"⑦甫老儒 **194**
汲汲于功名，岂不知固有时命，殆是平生寂寥所慕。嗟乎！五
王之功业，寻为女子笑；而少保之笔精墨妙，摹印亦广，石泐
则重刻，绢破则重补，又假以行者，何可数也？然则才子鉴士，
宝钿瑞锦，缫袭数十以为珍玩，回视五王之炜炜，皆糠粃埃壒，
奚足道哉！虽孺子知其不逮少保远甚明白。

　　　余故题所得苏氏薛稷二鹤云："辽海归来顾蝼蚁，仰霄孤唳
留清耳。从容雅步在庭除，浩荡闲心存万里。乘轩未失入佳谈，
写真不妄传诗史。好事心灵自不凡⑱，臭秽功名皆一戏。武功中 **195**
令应天人，束发辽阳侍帝晨。连城照乘不保宝，黄图孔谄悉珍
真。百龄生我欲公起，九原萧萧松蘒蘒。得公遗物非不多，赏

⑦　石慢（Peter Sturman），《米芾：北宋的书法风格与艺术》（*Mi Fu: Style and the Art of Calligraphy in Northern Song China*）。

⑯　雷德侯（Lothar Ledderose），《米芾与中国书法的古典传统》（*Mi Fu and the Classical Tradition of Chinese Calligraphy*）。

⑦　杜甫《观薛稷少保书画壁》，《杜诗详注》卷一一，第960页。

⑱　"好事"一作"好艺"，见米芾《题苏中令家故物薛稷鹤》。《全宋诗》第18册，卷一〇七五，第12242页。

物怀贤心不已。"其后以帖易与蒋长源，字仲永，吾书画友也。

余平生嗜此，老矣，此外无足为者。尝作诗云："棐几延毛子，明窗馆墨卿。功名皆一戏，未觉负平生。"九原不可作，漫呼杜老曰："杜二酹汝一卮酒，愧汝在不能从我游也。"故叙平生所睹，以示子孙，题曰《画史》，识者为予增广耳目也。[79]

196

我们先来做些说明。开头提到的"五王"是 7 世纪末、8 世纪初的五位"功业炜炜"的人物，与画家薛稷是同时代人。正是因为他们同处一个时代，米芾关于他们之间的比较才有意义。这五位后来被封为"郡王"的功臣策划了 705 年的宫廷政变，杀了武后的两位宠臣张昌宗、张易之，并拥立唐中宗即位，迫使武则天还政李氏，结束了她的篡位统治。以这样的方式拯救一个王朝，维持其血统纯正和宗庙的正统谱系，不可不谓"功业炜炜"。上面所引的诗中，五到八句是写画家薛稷，九到十六句是写米芾的同代人苏之孟。苏家是当时首屈一指的艺术品收藏家族，米芾这幅画正是从苏氏手中得到的[80]。第十句提到的辽阳是辽国的东都，苏之孟显然是在辽朝供过职，而且米芾在第一句中写到的画中之鹤是自"辽海"归来，也说明了苏之孟居于北地的辽国。就是说，画中的两只鹤与南行的苏之孟一道来到宋国，并在此地归于米芾。

197

米芾此文在前面花了一半篇幅批驳为国效力、名垂千古的传统功名观，也就是所谓立德、立功、立言"三不朽"中的"立功"一项。并且，他在这篇总序中宣称，书画是比"立功"更能令人青史留名的事业。随着时间的推移，"五王"的功业已变为笑谈，但薛稷的书画却依然被世人追捧。书画作品可以历久不衰，"石泐则重刻，

---

[79] 米芾《画史》，第 187 页。

[80] 《画史》中并没有讲明苏之孟的身份，只在诗中说是"中令"。确定是苏之孟的证据在《宝晋英光集》卷三，第 14 页。关于米芾与苏家关系的重要性以及他们艺术品收藏情况的研究，参见雷德侯（Lothar Ledderose）：《米芾与中国书法的古典传统》（*Mi Fu and the Classical Tradition of Chinese Calligraphy*），第 47—48 页，注 31。

绢破则重补",而那些历史事件则不能。他先是援引了杜甫评论薛稷的诗句,继而便对诗圣的言论进行反驳。这样一来,他不仅是对杜甫语出不敬,也是对整个儒家价值体系的颠覆——在传统观念中,为国立功几乎是个人追求的最高目标,而书画则是与手艺、俳谐、滑稽等杂务为伍的下九流。他根据事实,揭示出一个完全不同于儒家观念的俗世法则:后世收藏家们珍视前代的墨宝,倾其心力予以保护、珍藏,而前代的历史功业却湮没在时间的烟尘中。米芾其实是要将文化意义上的价值与市场价值等同起来。这使我们想起欧阳修,他收集碑帖的最主要动机,就是不满于当下对历史遗存的淡忘、今人对古人"手迹"的漠然,所以他才会想去拯救和保存它们,多多益善。而米芾恰恰是从反方向来理解:一边是世人(至少是那些"才子鉴士"们)对古代艺术品一掷千金的追求,一边是前朝人物的煌煌伟业随着时间的推移沦为"糠粃埃壒"。两者相较,高下立判。即便是"孺子"也知道后者"不逮"前者远甚。

接下来,在关于薛稷二鹤图的诗中米芾进一步阐明了以上观点。画中二鹤从容闲雅,望之心清,而薛稷也同样"不凡",不肯在仕途 198 中沉浮。当米芾称"功名"为"一戏"时,便又一次颠覆了传统的价值体系:传统观念中,书画才是不务正业的戏作(正如人们经常以"墨戏"代称绘画)。

在序末,米芾大谈自己对这项艺术的迷恋,一点都没把这当作是"病"或"缺",也毫不讳言。这确实令人惊讶。他将自己定义、描绘为一个嗜于笔墨之人(他就是"墨卿"),并再次重申"功名皆一戏",他就是要做薛稷那样的人。然后,他又嘲弄地"漫呼"杜甫,声称如果"杜二"可以"从我游",必定要指出他的乖谬之处。结尾处,米芾自夸他的《画史》必能使人"增广耳目"。

为薛画所题诗,其尾联中有"赏物怀贤"之语,甚可玩味。米芾赏画,无疑是完全将其作为"物"来欣赏,并且指出该可赏之物与其作者之"贤"两者之间存在着显而易见的直接关联。在苏轼的诗中，这种言论简直不可想象。确实，在十多倍于米诗的苏诗中，找不到一处"赏物"的表达，无论是赏画还是赏其他任何东西[81]。显然，苏轼质疑"物"的地位和价值，当它指艺术品时尤其警惕。

199　说到赏画，他绝不可能这样"大言不惭"。

在这篇《画史》序中，米芾以迥异于苏轼的、有意为之的颠覆姿态抛出了自己的观点，而且他表达类似观点的地方不止这一处。通观米芾的全部诗文，在获得、占有艺术品的问题上，他始终都表现得非常坦然，从没像苏轼那样纠结。有时他会直陈渴望得到新作的热切心情，甚至坦言自己想要在这上面花大钱，或者希望可以有大钱花在这上面。在给一位收藏家朋友薛绍彭的长诗的结尾，他恳请对方散金购买"二王"之前的书法作品：

> 二王之前有高古，有志欲购无高赀。
> 殷勤吩咐薛绍彭，散金购取重跋题。[82]

米芾似乎特别希望能在薛绍彭的藏品上面写个跋。他像是在暗示薛：如果你能为我散金购取这件珍品就太好了。苏轼无论如何都不会在诗里写这种话。即便在那些数量庞大的、非正式的随笔中，有关获取或试图获取古代艺术品的言论都被他有意剔除，更何况诗那样的雅正之作，他更不会在其中表露出对这些"物"的渴求。

除了购买，米芾还常和朋友们交换收藏（薛稷的鹤图其实就是从别人那里换来的），这种记录在《画史》中随处可见。可以以画易画，也可以以画易"书"（他经常乐于以数幅画换取一件书法作品，而且很是为此得意）[83]，甚至可以用画换取良砚或其他东西[84]。

200

---

[81] 此处关于苏轼与米芾诗作数量的比对是基于《全宋诗》中他们作品的页数。苏诗占了555页（第14册），米诗占了46页（第18册）。

[82] 米芾《寄薛绍彭》，《全宋诗》第18册，卷一〇七五，第12241页。

[83] 米芾《画史》，第203页。

[84] 同上，第204页。

有时候对方拿不出与他的某幅画价值相当的单件藏品，还可以以多易一⑧。同道间的这种交换，令他们各自的收藏时时更新，其兴味也随之保持不减。而且以物易物的方式还避免了为"无价"的艺术品估价的麻烦。米芾喜欢这种交换，但并不是任何藏品他都肯用来交换。《画史》中的一条材料清楚地表明，他将自己收藏的艺术品分为两大类：可以拿去换的和绝不拿去换或卖的。此条如下：

> 书画不可论价，士人难以货取，所以通书画博易，自是雅致。今人收一物与性命俱，大可笑。人生适目之事，看久即厌，时易新玩，两适其欲，乃是达者。⑧

尽管米芾是个懂得灵活变通的收藏家，但有时面对高价依然会无计可施，而且在这种时候也并不羞于表现自己的懊丧挫败。《画史》最后一条记载了他与唐代画家毕宏的两幅画失之交臂的事。他凭着回忆细细描述了它们的样子：

> 沈括收毕宏画两幅一轴，上以大青和墨，大笔直抹不皴，作柱天高半峰，满八分。一幅至向下作斜凿，开曲栏，约峻崖，一瀑落下，两大石塞路头。一幅作一圆平生，半腰云遮，下碛石数块，一童抱琴，由曲栏转山去，一古木卧奇石，奇古。沈谪秀日见之，及居润问之，云已易与人。竟不再出，至今常在梦寐。⑧ 201

以这段作为结尾，也许只是个巧合，但还是让人忍不住想要探寻米芾曲终奏雅的深意。我们已经看过了这部书的开篇和结语：始于两幅唐画，终于两幅唐画；通过前者——其所藏的薛稷鹤图，米

---

⑧ 米芾《画史》，第208页。
⑧ 同上，第203页。
⑧ 同上，第218页。

芾颠覆了儒家的至理名言，而对那没能到手的后者，他始终念念不忘，以至于"常在梦寐"。事实上，这部书的名字有些不准确，它根本没有对"画的历史"进行系统梳理。它更像是作者一生"遇画"经历的随意记载，包括对各个具体画作的品评、估价、鉴赏，围绕它们的买卖、交换以及伴随而来的失却。而在作者给我们讲述的这个"画史"中，自始至终，都看不到他在寻书问画过程中有半点扭捏。

同样作为艺术收藏家，苏轼曾多次对米芾追索书画之事发表看法。当然，我们可以想见他必然持反对态度。以下是苏轼书于米芾所藏珍贵书法作品之后的一篇跋文（没有说明具体针对哪件）：

202

> 吾尝疑米元章用笔妙一时，而所藏书真伪相半。元祐四年六月十二日与章致平同过元章，致平谓："吾公尝见亲发锁，两手捉书，去人丈余，近辄掣去者乎？"元章笑，遂出二王、长史、怀素辈十许帖子，然后知平时所出，皆苟以适众目而已。[88]

在米芾本人的藏品——或许还是价值连城的藏品——之后放上这么一段褒贬各半的文字，苏轼此举正如同他在《宝绘堂记》中警告王诜，艺术品收藏可能带来祸端一样。

苏轼在另一首《次韵米芾二王书跋尾二首》（其一）中也表达了这种反对态度。米芾原诗是针对友人刘季孙所藏王羲之《思言帖》发表看法，自认为更正了前人张冠李戴的错误。米诗称赞王氏父子的书法，嘲弄那个看走了眼的"小儿"，并且期望这件作品能够属于自己（终未能如愿）[89]。苏轼的论调则显然不同，米芾对此应会相当

---

[88] 苏轼《书米元章藏帖》，《苏轼文集》（佚文汇编）卷六，第 2570 页。

[89] 石慢（Peter Sturman）对整个事件做过仔细分析，也翻译了米芾的三首诗。见石慢《米芾：北宋的书法风格与艺术》（*Mi Fu: Style and the Art of Calligraphy in Northern Song China*，以下简称《米芾》〈*Mi Fu*〉），第 68—73 页。亦可参见雷德侯（Lothar Ledderose）《米芾与中国书法的古典传统》（*Mi Fu and the Classical Tradition of Chinese Calligraphy*）。

不满。苏诗结尾再次指斥了对法书名画"巧偷豪夺"的行为：

> 巧偷豪夺古来有，一笑谁似痴虎头。
>
> 君不见长安永宁里，王家破垣谁复修。⑨⁰

203

"虎头"是指著名画家顾恺之（4世纪），他以不食人间烟火的"痴绝"著称。顾虎头曾把一橱画"封题其前"，寄给了无赖的桓玄。桓玄归还时只给了顾恺之一个空橱。但顾恺之"了无怪色"，笑着展开了奇思妙想：这必是"妙画通灵，变化而去，亦犹人之登仙"。在苏轼看来，顾虎头对自己的画作一点不迷恋，这才是正确的态度，也是米芾需要借鉴的。苏诗末两句中提到的王涯是位唐代收藏家（前面《宝绘堂记》中也提到过这个人），他将搜集来的书画珍品藏在长安永宁里的府邸中，"凿垣纳之，重复秘固"。但当他失势被杀后，王家宅第被洗劫，他的"复壁"也被捣毁。那些乱兵们只"剔取奁轴金玉，而弃其书画于道"。苏轼提及王涯，是要提醒米芾：任何想要收集、保有那些法书名画的企图——无论多么机巧——都是无谓的。

上文的"巧偷豪夺"大概是另有所指。有些较早的材料表明，米芾收藏艺术品有种习惯："从人借古本，自临拓"，所临之作足可乱真，然后把仿品还给主人，自己留下真迹。或者"并与临本真本还其家，令自择其一，而其家不能辨也"，并且"以此，得人古书画甚多"⑨¹。据说苏轼看穿了米芾的小把戏，以其一贯的方式表现出不以为然。如果说本诗中的"偷"可能是影射米芾的不端，或者仅仅 204 是在评论顾恺之和桓玄的典故，那么这组次韵诗第二首中的一联就

---

⑨⁰ 苏轼《次韵米黻二王书跋尾二首》其一，《苏轼诗集》卷二九，第1538页。

⑨¹ 葛立方《韵语阳秋》卷一四，第11页a。引自苏诗王文诰注，见《苏轼诗集》卷二九，第1538页。相似的记载还见于周煇《清波杂志》卷五，第5070页，以及庄绰《鸡肋编》卷一，第7页。

是确指米芾了："锦囊玉轴来无趾，粲然夺真疑圣智。"㉒苏轼觉得米芾是靠着诡诈从别人那里获取"锦囊玉轴"装帧的珍品来丰富自家收藏，并且还为自己这种本事颇感自得。平心而论，我们并不能肯定米芾就真的做过这事，或者说我们不能肯定他曾经多少次屈节行此诡诈㉓。假使他真的做过，他是否就是"惯犯"呢（如材料中暗示的那样）？会不会只是因为某一次的轻举妄动而不幸坏了名声呢（我们下面还会讨论这个问题）？但很显然，苏轼相信这些关于米芾的不怎么上得了台面的传言。

　　撇开这种把戏不谈，米芾长久以来对藏品艺术价值与其真伪的关注在他自己谈书论画的文字里已表达得相当充分。他对他作为收藏家的鉴赏力感到自豪，特别是在分辨真迹与仿品方面。在米芾看来，仿品（即便是那些做工低劣的）的流传没什么大不了。举个例子，他曾说这辈子只见过两件李成真迹，而经眼的仿品竟有三百件之多㉔。

205

　　米芾经常会对同代其他收藏家们的无知评头论足。据他自己说，每当那些得意洋洋的藏家们在他面前炫示自己手中的"珍秘"时，他总会因其质量之拙劣、托名之荒谬而"笑倒"。于是米芾将"收藏家"与纯粹的"好事者"做了区分：

　　　　大抵画今时人眼生者，即以古人向上名差配之，似者即以正名差配之。好事者与赏鉴之家为二等。赏鉴家谓其笃好，遍阅记录，又复心得，或自能画，故所收皆精品。近世人或有赏

㉒　苏轼《次韵米黻二王书跋尾二首》其二，《苏轼诗集》卷二九，第1538页。

㉓　米芾《题子敬范新妇唐摹帖三首》其二中的一句诗"以假易真信用智"（《全宋诗》第18册，卷一〇七五，第12243页）有时候被看作是米芾对自己鬼把戏的承认。这句诗被这样解读："用赝品来替代原作的确是需要智慧的。"石慢（Peter Sturman）就是这样理解这句诗的，见其所著《米芾》第70页。但看起来米芾不至于这么厚颜无耻地吹嘘自己的行骗伎俩。我更倾向于将这句理解为米芾对柳公权拙劣鉴赏能力的讽刺：他将王羲之儿子的作品归到了王羲之本人名下。

㉔　米芾《画史》，第195页。

力，元非酷好，意作标韵，至假耳目于人，此谓之好事者。置锦囊玉轴以为珍秘，开之或笑倒。余辄抚案大叫曰："惭惶杀人。"王诜每见余作此语，亦常常道，后学与曹贯道，贯道亦尝道之，每见一可笑，必曰："米元章道惭惶杀人。"至书启间语事每用之。大抵近世人所收，多可赠此语也。⑨⑤

苏轼很清楚这种普遍存在于书画收藏界的仿造与"差配"现象，他自己也严斥那些有赀无识的藏家们将粗制滥造的假古董堆砌在家中的行径（正如我们在他给鲜于侁的诗中看到的那样）。但在鉴赏和"正名"的问题上，苏轼的姿态与米芾终究不同，他始终都带着那种在谈艺时通常都有的超然。苏轼相信，任何"理性的确认"都不能作为正名的依据。就是说，他承认确定某件作品的署名是个充满了矛盾和不确定性的难题，而且托名的临摹之作他也能接受。他不像米芾那样，执拗地想要得到一个最终的答案，他也没有米芾那样的自信：苏轼不认为自己或是任何人有那种正名的本事。再者，没有这种能力在他看来也算不得什么，他承认自己这方面"眼拙"，且毫无憾意。毕竟，欣赏一件作品并不一定要知道它的作者是谁。如果说苏轼与米芾在此问题上存在分歧，那么前辈欧阳修的观点则离米芾更远：米芾在收藏家与好事者之间所作的细细比较，在欧阳修看来很可能是毫无价值的。

这就是苏轼《辨法帖》开头所讲的："辨书之难，正如听响切脉，知其美恶则可，自谓必能正名之者，皆过也。"⑨⑥《辨法帖》是苏轼关于官本《淳化阁帖》所写的跋文。一般认为这批法帖"真伪相杂"，颇多"疏谬"（正由于这个原因受到米芾的批评）。

由此我们可以推断，米芾解决了刘季孙藏《思言帖》的作者问

⑨⑤　米芾《画史》，第201页。
⑨⑥　苏轼《辨法帖》，《苏轼文集》卷六九，第2172页。

题，但苏轼却并不佩服他。如前所述，米芾为此写了三首诗，津津
乐道于自己最终纠正了自唐以来人们对此帖的"差配"，从而使它真
正的作者王羲之的名声得以保全。苏轼给米芾的次韵诗是这样开
头的：

207

三馆曝书防蠹毁，得见来禽与青李。

秋蛇春蚓久相杂，野鹜家鸡定谁美。

玉函金籯天上来，紫衣敕使亲临启。

纷纶过眼未易识，磊落挂壁空云委。

归来妙意独追求，坐想蓬山二十秋。⑨⑦

绕了这么一大圈——在下面几联中，苏轼才终于入题转到了
"二王书"上来，而且口吻还不怎么温文恭敬（"怪君何处得此
本"）。诗的结尾谈及了顾恺之的超然和王涯藏品所遭受的劫运，这
个我们前面已做过交代。苏轼这首诗起得相当出奇，他回忆了二十
年前在京城直史馆时的一次经历。为"防蠹毁"，崇文院三馆在某天
"曝书"，苏轼恰巧在场，因此得见了平日重门深锁的一些珍秘之作，
其中就包括第二句中提到的王羲之的《来禽青李》。苏轼一方面感叹
自己能够亲见这些作品是多么难得和幸运，但同时又提醒我们这其

208 间存在的"不确定"：良莠莫辨、真伪相杂（第三句）⑨⑧；而且有谁
能在它们中判定孰美孰恶（第四句）？苏轼借用了一个前代典故来说
明这个问题，他觉得美与恶都是主观判断⑨⑨。苏轼自己鉴赏书法作品

---

⑨⑦ 苏轼《次韵米黻二王书跋尾二首》其一，《苏轼诗集》卷二九，第 1537 页。

⑨⑧ "秋蛇春蚓"化用唐太宗对王献之书法的评论，见《晋书》卷八〇，第 2107—2108 页。
但我认为苏轼在这里改变了唐太宗比喻的原意，他只是想说明，在他所见的皇家藏品
中，既有好的，又有差的，无论良莠，都同样进入了皇宫的收藏。

⑨⑨ 苏轼引用的是庾翼评价王羲之的典故，庾翼以王羲之书法为下，自己为高。见《苏轼
诗集》卷二九，第 1537 页，本句赵次公注。另见后世倪涛《六艺之一录》卷二九一，
第 14 页 a—b。

时总倾向于一种折衷的态度（就像欧阳修那样），他不认为"美"的标准是一元的，正如他在另一首诗里所宣称的"短长肥瘦各有态"⑩。接下来苏轼又回到"不确定"的主题上来：曝书那日"纷纶过眼"的许多作品他都"未易识"（第七句），眼前所见皆如谜一般难以参透（第八句）。如果说连内府藏品都存在这么多的"不确定"，那么米芾关于刘季孙私家藏品的判断又怎么可能一锤定音？

　　苏轼并不是要贬低这些艺术品的价值。相反，他觉得那日所见的书帖画作"妙意"绝伦，以至他在其后"坐想"了二十年。就在写这首诗时，他还回忆了当时的情景。苏轼要质疑的是米芾在鉴赏当中的那种"断然"：包括他宣称自己可以判定某件作品的作者，可以对某件作品的品质作绝对的论断，可以将真品从仿品和赝品中分辨出来等等（可以想想我们前面谈到过的，苏轼说米芾自己的收藏都是"真伪相半"）。所有这些都可以很自然地导向苏轼关于归属与占有问题的讨论，而他那首次韵诗也就是这么结尾的。如果这位收藏家兼鉴赏家的言论不可信，如果对于艺术不存在通行的雅正标准（也就是说，可能在有些人看来，王羲之的作品还不如某甲某乙的好），那么比起米芾的雄心勃勃，顾恺之的超然，也就是苏轼的超然，就显得明智多了。苏诗的论据和逻辑是一以贯之的。对此米芾要么会视为对自己的批评，要么视为对自己的冒犯。除苏轼以外，还有另外六个人也"次韵"和写了米芾的诗，米芾将它们辑为一轴，209收入了他的《书史》之中⑩。而苏轼那两首则被直接删掉了，其他关于米芾的文字亦是如此。

　　作为那个时代最精明、无疑也是最骄傲的鉴赏家，米芾的探察能力并不仅仅表现在判定作品的作者方面。他可以长久地对画作进行赏析，并且在品鉴上独具慧眼。更令人称奇的是，他能将这种品

---

⑩　苏轼《孙莘老求墨妙亭诗》，《苏轼诗集》卷八，第372页。拙著《苏轼的言、象、行》（*Word, Image, and Deed in the Life of Su Shi*）中已有讨论，第269—270页。
⑩　米芾《书史》，第17—18页。

鉴融会于笔端，在文辞中毕肖地摹状出眼前之物。从毕宏那条材料中，我们已多少见识过了他这种思维能力。下面将给出《画史》中的另外两个例子，其一是关于李成的画作，其二是关于唐代画家李昇的两幅画。

> 及得盛文肃家（李成所绘）松石，片幅如纸，干挺可为隆栋，枝茂凄然生阴，作节处不用墨圈，下一大点，以通身淡笔空过，乃如天成。对面皴石，圆润突起，至坡峰落笔，与石脚及水中一石相平。下用淡墨，作水相准，乃是一碛，直入水中；不若世俗所效，直斜落笔。下更无地，又无水势，如飞空中。使妄评之人，以李成无脚，盖未见真耳。[102]

210

> 李文定孙奉世子孝端字师端，收薛稷二鹤，唐李昇着色画二轴三幅山水，舟舫小人物精细。两幅画林石岸，茅亭溪水，数道士闲适，人物差大，反不工于小者，石岸天成，都无笔踪。其三幅峰峦秀拔，山顶蒙茸作远林，岩峦洞穴，松林层际，木身圆挺，都无笔踪；其二度非岁月不可了一画，人间未见其如此之细且工。虽太密茂，林中不虚，而种种木叶，古未有伦，今固无有，与余得于丁氏者，无以异也。[103]

在苏轼数量惊人的论画诗文中，找不到一处与上述两段类似的表述。苏轼好像做不到如此细密地观察一幅画，或者如此长时间地关注它的结构、笔法以及意境。正如我们前面论述过的，苏轼很快会把注意力从画面转向他的绘画理论上，而且二者之间往往存在着思维上的跳跃。作为绘画批评而言，苏轼是思想家论画，思辨之中甚至还有激烈的冲突，而米芾则是画家论画。

---

[102] 米芾《画史》，第 194 页。
[103] 同上，第 215 页。

"米颠"

米芾关于艺术品、鉴赏、收藏以及视觉艺术在文化价值体系中所处地位的态度清楚地表明：他对绘画艺术的投入及对其正当性的认可，在任何方面都超过了苏轼。这一点之所以值得注意，是因为尽管苏轼的艺术观产生了巨大的影响，但却没有得到所有人的认可。在我们之前提到过的那些急切的收藏家中，大概就有不少这种人，比如王诜、薛绍彭和刘季孙。很难相信那些藏家们会信奉苏轼所鼓吹的"不掺杂占有欲的占有"。此外，米芾一个特别之处在于，他把与苏轼不同的观点诉诸文字，并且表达得相当坦率、详尽。若论对艺术品的投入和追逐它们时的不羞不惧，米芾可谓并世无双。在米芾的观念中，艺术，包括艺术品和艺术鉴赏，不再只是一种游戏或消遣。只有艺术才是这世上唯一重要的东西，其他任何东西都只是"一戏"。在给一位收藏家朋友刘泾的诗中，米芾写到："刘郎无物可萦心，沉迷蠹缣与断简。"[104] 书法和绘画作品，即便是蛀蚀残破了的，在米芾眼里也不再是简单的"物"。它们超越了"物"的范畴，连残破都不再是障碍。在"物"的问题上，米芾这种方式与苏轼有着本质的不同（也不同于前文所述米芾将薛稷鹤图作为物来欣赏的方式）。因为苏轼依然是把艺术作品当作尘世之"物"，所以他必须找到某种特别的办法，使自己既能欣赏它们又不至为其所缚役。而这个问题在米芾那里就不成为一个问题：在他眼里书画根本不在俗世诸物之列。

米芾这一反例似乎让苏轼关于艺术价值的论断变得不那么有力。可果真如此吗？米芾在当时被普遍认为是个疯子。他被叫作"米颠（癫）"，其精神是否正常是人们常常谈论或争辩的一个话题。士大夫文化中确实会常常涉及各种奇异的"怪癖"现象，但米芾的疯癫

---

[104]　米芾《刘泾新收唐绢本兰亭作诗询之》，《全宋诗》第18册，卷一〇七五，第12242页。

已经超出了这个范围。他的"癫"不是通常士人们为标榜自己有别于庸官俗吏而秉持的那种"特立独行"，米芾的"癫"是公认的，不光是高标自诩而已，并且他还不止一次地因此陷入麻烦。1105 年，也就是在他去世前几年，米芾被徽宗召为"书画学博士"。徽宗钦佩他的书法造诣，也景慕他作为鉴赏家的大名，赐其"便殿入对"。没过几个月，他又被升任为礼部员外郎，米芾一生仕途从未如此显达。但这亨通的官运并未持续多久，朝中有人不能忍受他的怪诞行径，他很快就遭到了弹劾。而且看起来，他遭受弹劾的原因大概就只是因为行事风格太放诞，有违宫廷礼仪。吴曾《能改斋漫录》中记录了米南宫的这次贬谪，题为"目米元章以颠"：

> 崇宁四年，米元章为礼部员外郎，言章云："倾邪险怪，诡诈不情。敢为奇言异行，以欺惑愚众。怪诞之事，天下传以为笑，人皆目之以颠。仪曹春官之属，士人观望则效之地。今芾出身冗浊，冒玷兹选，无以训示四方。"有旨罢，差知淮阳军。[105]

还有一些其他的材料给出了米芾怪诞作风的某些细节。据说，米芾特别喜欢唐朝服装，他有时会穿上那种在别人看来非常古怪和滑稽的、广袖博带的唐代礼服[106]。他还有洁癖，不断地洗手。有一次他竟然把自己官服上的纹饰都洗掉了，并且"坐是被黜"[107]。别人偶尔"持"了一下他的朝靴，米芾"心甚恶之"，便不断刷洗，终于把鞋子洗到"损不可穿"[108]。

而更多关于米芾怪癖的故事是围绕他对书画作品及相关物事（包括砚台和石头）的过分迷恋。这里有两个例子：

---

[105] 吴曾《能改斋漫录》卷一二，第 374 页。另可参见石慢（Sturman）《米芾》（*Mi Fu*）中的译文，第 193—194 页。

[106] 曾敏行《独醒杂志》卷六，第 1 页 b。

[107] 庄绰《鸡肋编》卷一，第 7 页。

[108] 陈鹄《耆旧续闻》卷三，第 6 页 a。

米芾诙谲好奇。在真州，尝谒蔡太保攸于舟中，攸出所藏右军《王略帖》示之。芾惊叹，求以他画换易，攸意以为难。芾曰："公若不见从，某不复生，即投此江死矣。"因大呼，据船舷欲坠。攸遽与之。知无为军，初入州廨，见立石颇奇，喜曰："此足以当吾拜。"遂命左右取袍笏拜之，每呼曰"石丈"。言事者闻而论之，朝廷亦传以为笑。[109]

又一日，上与蔡京论书艮岳，复召芾至，令书一大屏，顾左右宣取笔研，而上指御案间端研，使就用之。芾书成，即捧研跪请曰："此研经赐臣芾濡染，不堪复以进御，取进止。"上大笑，因以赐之。芾蹈舞以谢，即抱负趋出，余墨沾渍袍袖，而喜见颜色。上顾蔡京曰："颠名不虚得也。"京奏曰："芾人品诚高，所谓不可无一，不可有二者也。"[110] 214

我此处所集两条轶闻，都是关于米芾从他人手中"骗取"珍贵艺术藏品的。

许多故事听起来根本不可信，或者像是基于一些核心事实或部分事实所做的夸张的虚构。那个关于米芾如何得到著名的《王略帖》的故事的确是编造出来的。事实上，米芾对于自己如何得到这件堪称他整个收藏压卷之作的帖子曾有过非常详尽的描述。他是花了"十五万"的高价从一位宗室赵仲爰（一作"爰"）手中买来的[111]。（他倒是希望能像传闻中那样得到!）米芾的确从蔡家得到过一件谢安的书帖，不过不是通过蔡攸，而是通过其父蔡京。且在他自己的叙述中，并未提及真州或舟中之谒，也远非传闻中所说，是

---

[109] 叶梦得《石林燕语》卷一〇，第155页。

[110] 何薳《春渚纪闻》卷七，第108—109页。

[111] 《王略帖》又名《桓公破羌帖》，见米芾《书史》第5页；或《跋王右军帖》，《宝晋英光集》卷七，第60页。另可参见雷德侯（Ledderose）《米芾与中国书法的古典传统》（*Mi Fu and the Classical Tradition of Chinese Calligraphy*），第106（译文第25条）、118页。

靠以自杀相威胁、勒索得到的[112]。

有关他奇装异服的那条记录，可能是基于他的"好古"，而米芾好古这一点是确凿无疑的。洁癖的故事大概源于他作为收藏家的那种可以理解的"强迫症"：他只有在把手洗得极其干净时才会去碰那些珍贵的画作或书法作品。许多关于他疯癫行径的特写想必都经过了蹩脚的夸张。

215　然而即便是抛开这些怪异不谈，单是他那种对艺术一根筋的执着也注定会为他博来一个"颠"的名声。那么多关于他的奇闻轶事都集中在他所表现出的那种对占有艺术品的执着上，这是他之所以被目为"颠"的根本原因。米芾对艺术如此情有独钟，对收集和保存它们充满激情，当时的士大夫文化还不能完全接受这种状态。他被看作缺乏理智，几近疯魔。想想米芾在《画史》序中所说的话吧——将一个王朝从篡位者手中拯救下来的功臣，其功业还不及同时代的一幅鹤图更有价值。以儒家精英文化标准来衡量，这肯定是"疯"了。要不是因为这，他穿穿古衣冠、洗洗手其实也没什么大不了。米芾真心信奉自己说的那些话，这已足以令人怀疑他精神是否正常。社会舆论努力地想要传播米芾在精神、艺术观、人生观中的"疯癫"行为，正是因为这样，那些关于他怪癖的故事尽管存在着许多明显的虚构迹象，也还是被广泛地接受了。苏轼的确认为艺术对士大夫文化来说很正当、很重要，但他同时也反对将之推向极端。因此在表述观点时他便不得不作出让步，闪烁其辞，态度暧昧。米芾走得比苏轼远，但又太远了，他为之付出的代价是：在许多（如果不说全部）士大夫眼中，他成了疯子、笑柄，还有不择手段的收藏家。

这部分的最后，我们来看一首黄庭坚写米芾的小诗。这首诗之所以引人注目，不光因为它塑造了一个沉醉于艺术与鉴赏中的米元

---

[112]　米芾《跋谢安石帖》，《宝晋英光集》卷七，第59—60页。另参上注雷德侯（Ledderose）书第111—112页（译文第37条）。

章形象，更因为它在描绘这种"沉醉"时是用了一种完全褒扬的笔调，没有半点微词。此诗中的米芾不再是疯子，而是一个值得称赏的献身艺术的人。在那个对米芾抱有偏见的时代，这种笔调是非常罕见的。而黄庭坚能写此诗，这本身似乎就意味着，这位苏轼的同道中人，已经默认：所有那些加之于米芾身上的、有关他醉心于艺术、专长于艺术的刻毒指责，其实都包含着不公平的因素。事实上，苏轼自己在晚年也表现出了对米芾看法的转变。苏轼自海南遇赦北归后，于 1101 年七月末卒于中道。就在此前一个月，他在真州见到了米芾。那时苏已染病，并且每次发病后都会数日卧床不起。即便如此，他们还在互换诗作和书作⑬。此间，苏轼曾在一封给米芾的书简中对他坦言："恨二十年相从，知元章不尽。"⑭ 这是一个惊人的表述，不是一般的客套话。是不是在大限将至之际，苏轼开始对米芾的艺术、人生观产生了好感？以下是黄庭坚写给米芾的诗，他共写了两首，这是第一首：

戏赠米元章（其一）⑮

> 万里风帆水着天，麝煤鼠尾过年年。
> 沧江静夜虹贯月，定是米家书画船。

　　这首诗作于 1100 或 1101 年，当时米芾正再次任职于真州（江淮发运司管勾文字）。真州紧邻长江边，与他在润州的家只相隔十五里。他乘船往来于居所和府司之间，任意地在船中消磨时光⑯。他有

216

---

⑬　见苏轼此时写给米芾的书信《与米元章二十八首》第 20—28 首，《苏轼文集》卷五八，第 1781—1783 页。另见王文诰《苏文忠公诗编注集成总案》卷四五，第 15 页 a—17 页 a。

⑭　苏轼《与米元章二十八首》其二十一，《苏轼文集》卷五八，第 1781 页。

⑮　黄庭坚《戏赠米元章二首》其一，《山谷诗集注》卷一五，第 563 页。

⑯　参见石慢（Sturman）《米芾》（*Mi Fu*），第 177 页。

条自己的船，上书"米家书画船"（正是黄庭坚诗里提到的），里面
放着他自己的画作和收集来的书帖。黄诗首句写了米芾泛舟于江湖
217　之上无尽流连的惬意，次句写他沉醉于艺术创作。第三句并非仅是
字面上对夜景的描绘，"虹贯月"其实是传说中黑帝颛顼降世前的天
象预兆（当晚北斗七星之一的"瑶光"星"贯月如虹"）[117]。黄庭坚
的言下之意是，当米芾坐在船中端详那些书画作品时，一个类似于
颛顼降世时的祥瑞吉兆出现了[118]。而且没准那贯月的绚烂彩虹正是米
芾手绘的呢。

　　这大概是对米芾"献身书画艺术"的形象所作过的最怀善意的
描绘，也是最清楚地认识到书画是米芾生命核心的表述。但是黄庭
坚似乎无法总是表现得这么有善意，在《戏赠米元章》其二的开篇，
他便描绘了一个贪婪占有那些藏品、不肯将其示人的形象[119]。即便标
明了是"戏"作，这种描写也有点过分。我们再回到苏轼，看看他
的困扰。

王诜对苏轼的考验

　　除了书画，苏轼更迷恋的是砚和石。但是，正如他称不上是书
画收藏家一样，他也称不上是砚、石的收藏家。不过他又确实收了
些砚台和石头，并且非常珍视它们。他公开宣称要超然"物"外，
超然于艺术品之外，但为了得到或保有某些砚台或石头，他会放任
自己越界，违背自己设立的这些原则。

　　首先，苏轼容许自己对砚、石表现出比对书画更大的占有欲，
218　可能是因为在世人眼里，这些石头相对来说没那么值钱——当然，
仅仅是从金钱角度衡量——因此也不大容易招来非议，使人觉得他

---

[117] 《太平御览》卷七九，第15页b，引自《河图》。
[118] 此处依任渊注。
[119] 黄庭坚《戏赠米元章二首》其二，《山谷诗集注》卷一五，第564页。黄庭坚此处是以
　　项羽的贪婪暗喻米芾：项羽不舍得将印章授予部下。

贪婪或是摆阔。这并不是说诸如砚、石等在艺术品市场上的售价不高，也不是说它们不可以偶尔交换一些书画，对艺术品估价确实要因物而异、因人而异。但很明显的是，在收藏家眼中，艺术品之间大致是存在一个等级的：最珍贵的是古代书法，其次是唐五代画，再次是当代书画，最后才是砚、石以及其他艺术相关物事。比起别的东西，砚台还有很特别的一点使它更容易远离是非：它首先是文具，其次才是书具、画具。鉴于文学创作优先于视觉艺术的崇高地位，对砚台的追求便不大会被看作是玩物丧志。

　　苏轼收集石头的想法也并非凭空而生。"赏石"的历史由来已久，早在宋以前，人们就被那些怪石吸引，为之入迷（有时这些人被称作"石痴"）。在唐代，兴造私家园林非常流行，对布满各种纹理且精雕细琢的巨石的需求刺激了采石业，大量石头被采石者从远方的河床、湖底开采出来。富有的园林主人会斥巨资把那些巨石（有的每块重达数吨）从数百里之外运到他的园子里。产石的地方有很多，但江苏的太湖是其中最著名的一个。太湖石被运往北方的各处园林中：唐代集中于长安、洛阳，宋代则是开封。晚唐时期，高级官吏们收集石头的热情和奢侈开始受到关注和批评，他们当中不少人是通过滥用职权来支付运送和安置那些石头的巨大花销的。在北宋，对挥霍无度的"石痴"的批评成为一种广泛的舆论，士人们常常嘲笑牛僧孺和李德裕——两个唐代恶名最甚的园主和集石者，将他们作为反面典型来告诫那些当世的收藏家：不要走得太远，痴迷太甚。关于太湖石被追捧为时尚的历史、采石业的简史以及唐宋两代针对同一主题的批评，杨晓山（Xiaoshan Yang）在其新著中给予了非常细致的讨论[120]。

　　我们知道，苏轼对于石头有特别的爱好。作为画家，他最喜欢

[219]

---

[120] 参见杨晓山（Xiaoshan Yang）《私人领域的变形：唐宋诗歌中的园林与玩好》（*The Metamorphosis of the Private Sphere: Gardens and Objects in Tang – Song Poetry*），第106—129页。

画的就是石头，甚至比喜欢竹子和枯木更甚。东坡居士于万物中
"尤得意于怪石"在当时已成为共识，这一点从孔武仲的《东坡居
士画怪石赋》即可知道[121]。但是苏轼绝没有晚唐和宋代那些典型的
"石痴"们的奢侈。他不是那种花大价钱买巨石摆在自己院子里的
人，他没有长期的定居之地，也就没有可以放置这些石头的私家园
林。他只有一些小石头，而且也只对小石头感兴趣。他把这些石头
按大小排列起来，从小鹅卵石到大至寸许的都有。日子久了，石头
越积越多，他把它们盛在一个盆中，并且"挹水注之"。他将这些小
玩意视为可以随身携带的艺术品，有时出门就会带上几颗。它们并
不值钱，却得到了苏轼由衷的喜爱。在黄州时，他见有小孩子在江
里游泳摸石头，就拿饼饵跟他们交换，其中有些小石子的颜色和纹
理他实在是太喜欢，竟然把它们当作供奉捐给了他的僧人朋友佛
印[122]。说到这里，我们想起他那双仇池石：他所有藏石中最钟爱、最
重要的两块石头，也会想起因这石头引发的那段有趣的争夺公案：
前面提及的一位收藏家（指王诜）想从苏轼那里"借"走它们。

220　　　这两块仇池石是1092年苏轼知扬州时表弟程之元从遥远的"珠
浦"带来送给他的，当时他已近暮年[123]。它们是什么样子的呢？其
一"正白可鉴"，另一"绿色，冈峦迤逦，有穴达于背"[124]。苏轼在
描述这两块石头时，表达上常会有一点混淆，这大概是和汉语名词
词汇看不出单复数有关。有时候，他明确地把它们当作"一双"，有
时候他又只会谈论绿色有花纹的那块，而且显然他更偏爱这块，这
时就无法肯定他是不是同时也指白色的那块。

　　这双石头很小，可能还不到一英寸高。苏轼把它们盛在一个高
丽铜盆中，盆中注满水。他还在石底铺了些登州海边捡来的小鹅卵

---

[121]　孔武仲《东坡居士画怪石赋》，《清江三孔集》卷三，第7页b—9页b。
[122]　苏轼《怪石供》，《苏轼文集》卷六四，第1986页。
[123]　见苏轼《仆所藏仇池石……》诗自注，《苏轼诗集》卷三六，第1941页。
[124]　见苏轼《双石》诗自序，《苏轼诗集》卷三五，第1880页。

石，这些小石头看起来如同碎玉一般。他把这铜盆置于案头，时时赏玩⑫。

　　苏轼为这双石头取名"仇池"是有特殊意义的，这里还有个有趣的典故。据说他得到这双石头后不久，一日忽忆起去年在颍州时做过的一个梦，"梦中请住一官府，榜曰仇池"，醒来后想起杜甫的一联诗："万古仇池穴，潜通小有天。"仇池是道藏中所讲三十六洞天之首，他便以"仇池石"给手中新得之物命名⑬。关于苏轼"名石"，曾有两个说法，我上面概括的是第一种，也是比较简单的一种。

221

　　如果考察一下杜甫的原诗就会发现，其实苏轼从手中两块小石头联想到仇池，并不只是因为它们在形貌上和仇池及仇池与众不同的石洞相似。杜甫提及仇池的这联诗出自《秦州杂诗二十首》，作此诗时，他正为躲避安史之乱而举家逃亡⑭。这组诗的主题之一即是寻求安宁的极乐世界，在"仇池"诗的前一首中，他还提及了"桃花源"。和文学世界中这个著名的乌托邦不同，仇池是个真实存在的地方，就在离杜甫所在地不远的一座山顶上⑮。佛典和道藏中都把仇池视为一个有着奇幻地貌、蕴藏无尽珍宝的"福地"。杜甫在诗的结尾也感叹道，不知自己有没有福分可以终老于仇池的"白云边"。

　　杜甫期待着能住在仇池仙境里，在远离尘世的"九十九泉"中觅得安宁适意的生活。苏轼则端坐房中，端详着这双可谓"小仇池"的仇池石，就在这端坐与端详间，他得到了杜甫求之而不得的安宁。至少他觉得这就是仇池石之于他的意义：它们是想象中的避难所。

　　关于仇池石得名的另一种较复杂的说法见于《和陶桃花源》的

---

⑫　见苏轼《双石》诗自序，同上。又见《仆所藏仇池石……》诗自注，《苏轼诗集》卷三六，第 1941 页。

⑬　苏轼《双石》诗自序，同上。

⑭　杜甫《秦州杂诗二十首》其十四，《杜诗详注》卷七，第 584 页。

⑮　关于仇池的具体位置，有几种不同甚至相反的说法。依笔者所见，杜甫所说的这个仇池应该位于今甘肃省西和县仇池山上。

前序。在序的开篇，苏轼说"世传桃源事，多过其实"，认为陶潜笔下的桃花源并不是一个处于其间便长生不死的真实地方，而只是陶渊明为那些从浊世中遁逃出来的普通人描绘的一个避难所。仅仅这些想法，在当时已算得是对陶氏乌托邦具有相当独创性的阐释了。但是接下来苏轼更进一步宣称，类似桃花源的地方，在这世上其实有不少。再往下，他这样写到：

> 予在颍州，梦至一官府。人物与俗间无异，而山川清远，有足乐者。顾视堂上，榜曰仇池。觉而念之，仇池武都氏故地，杨难当所保⑫，余何为居之。明日，以问客。客有赵令畤德麟者，曰："公何问此，此乃福地，小有洞天之附庸也。杜子美盖云：万古仇池穴，潜通小有天。"他日工部侍郎王钦臣仲至谓余曰："吾尝奉使过仇池，有九十九泉，万山环之，可以避世，如桃源也。"⑬

苏轼经常会写到他的仇池石。自从拥有了它们，他便一直珍藏着，这双石头也成了他余生的精神伴侣。他在诗文中描绘着仇池石带给他的种种愉悦，有时候是由于石头本身的美，比如它们的秀色，它们渗出的"冷气"；有时候，那块绿石让他想起峨眉山：他心心念念想要归去但终究没能归去的家乡。但是，仇池石对于东坡最首要的意义在于：在他生命的最后十年，在他面对政治迫害和艰险流放的时候，这是他精神避难的寄托。"小仇池"和"小洞天"总在提醒他，只要依凭精神上的自律，只要对当下生活保持审慎而从容的疏离感，摆脱苦难就是可能的。他或许没有办法真的到仇池洞天去，但是通过自我调适，仇池石可以被想象成一个保护他免受迫害和侵

---

⑫ 杨难当是 5 世纪氐人的领袖，见《宋书》卷九八，第 2406 页。
⑬ 苏轼《和陶桃花源》，《苏轼诗集》卷四〇，第 2197 页。

凌的福地。在这样的想象中，他获得了一种超越而自由的境界。而且随着这种想象的不断强化，到了最后，东坡根本用不着再到真的洞天福地去，只需两块石头，便可圆融无碍。因此，即便是身处流放惠州的困厄之中，在这首和陶诗的结尾，他却没有对陶诗中迷失桃源、后人寻而未果的怅惘表示应和，反而这样写到：

> 桃花满庭下，流水在户外。
> 却笑逃秦人，有畏非真契。[131]

以上这些都表明，仇池石对苏轼来说非常重要，而且越来越重要。他喜爱它们，不只是因为它们颜色光鲜、形状可爱。在他的晚年，永无定论的政争和迫害主宰了他的生活，他必须在这样的无定之中寻求一点稳定，而这正是仇池石的巨大意义，也正是他之所以如此命名它们的原因。

得到仇池石后不久，苏轼被召回朝廷，升任翰林学士。尽管位高名重，却仍难逃政敌们的毁谤[132]。不到一年，他就又一次在政治上受挫，离开京城。从此以后，他的余生便只剩下流徙南荒，并最终因为长期流放的艰辛加速了生命的终结。就在这最后一次的短暂回朝中，他和昔日旧友王诜又有了几次交往。这一回，王诜给不主张染指艺术品收藏的苏轼出了个难题。王诜得知苏轼得了两块仇池石，便寄诗一首（已佚），想要借来一观。作为回应，苏轼亦作诗一首，诗题云："仆所藏仇池石，希代之宝也。工晋卿以小诗借观，意在于夺。仆不敢不借，以此诗先之。"[133] 当然，苏轼说王诜"意在于夺"是开玩笑，但又不完全是开玩笑，王诜对艺术品"借"而不还已是名声在外了[134]。

224

---

[131]　苏轼《和陶桃花源》，《苏轼诗集》卷四〇，第 2198 页。
[132]　关于苏轼这一时期的从政情况，参见拙著《苏轼的言、象、行》（*Word, Image, and Deed in the Life of Su Shi*），第 98—104 页。
[133]　苏轼《仆所藏仇池石……》，《苏轼诗集》卷三六，第 1940 页。
[134]　米芾《画史》，第 200、211 页。

苏轼大概非常担心他两块心爱的石头会从此一去不返。

当然，苏轼在诗中描绘了仇池石的美妙以及自己对它们由衷的喜爱（"得之喜无寐"）[133]，但除了这些，他还道出了为什么在诗题中说"不敢不借"的原因："欲留嗟赵弱，宁许负秦曲。"这是在用强秦逼迫弱赵将和氏璧献给秦王的典故来暗喻当下的情形[134]。作为皇亲，王诜的社会地位比苏轼高，而且也比他富有，王诜就好比是强秦，而苏轼则是弱赵。在诗的结尾，苏轼应许把石头借给王诜，他几乎是用可怜的语气说，希望王诜可以速速归还。

225　　但是苏轼最终没有借出他的仇池石。他的确寄诗说可以借，只是没有兑现。不久后，苏轼又写了首次韵诗谈及此事，这首诗的题目比上一首更长（可视为一个序），在题中，他讲述了这段时间以来发生的事情：

> 王晋卿示诗，欲夺海石，钱穆父、王仲至、蒋颖叔皆次韵。穆、至二公以为不可许，独颖叔不然。今日颖叔见访，亲睹此石之妙，遂悔前语。仆以为晋卿岂可终闭不予者，若能以韩幹二散马易之者，盖可许也。复次前韵。[135]

苏轼反将了王诜一军。这是一个看上去注定会被拒绝的建议。让王诜那么骄傲的一个名画藏家拿韩幹所画的马和苏轼的两块石头交换，这简直可以说是妄想。苏轼的石头固然算得妙品，但还远不足以跟这幅出自四百年前名家之手的古画相比。或许一方稀世的珍

---

[133] 杨晓山（Xiaoshan Yang）《私人领域的变形》（*Metamorphosis of the Private Sphere*）第四章对该诗进行了讨论（另外也翻译并讨论了苏轼与王诜就此事所写的全部三首诗），见该书第180—196页。尽管我与杨晓山讨论的语境不同，但他对该诗的分析方法确实在某些方面与我相似。

[134] 司马迁《史记》卷八一，第2440页。

[135] 苏轼《王晋卿示诗欲夺海石……》，《苏轼诗集》卷三六，第1945页。

砚还可以试着拿去换幅韩幹的画（如米芾曾经提及的[138]），但是就凭这两块浸在水盆中的、下面铺了点鹅卵石的海石？估计不大可能。或许苏轼并不是真的想让王诜接受他这个建议，而只是想借此让他明白：韩幹的马之于你的意义正如仇池石之于我。苏轼在诗中说，这两块石头总是会唤起他对致仕后简朴的"樵牧"生活的期待和幻想。而最有趣的是下面这一联："守子不贪宝，完我无瑕玉。"苏轼一边想方设法不把仇池石给王诜，一边还为自己这种行为辩护。他宣称他并不是舍不得这件"物"而为难，"无瑕玉"也并不是指这两块石头本身。从"无瑕玉"的出典来看（典出"子罕辞玉"：有人献玉于子罕，子罕弗受，并说自己是"以不贪为宝"，而非以玉为宝）[139]，在某种层面上，苏轼是想表达：他感兴趣的只是仇池石，而不是其他珍物。在另一个层面上，"无瑕玉"应该是指仇池石在苏轼心中唤起的那种特别的超越感，以及寄身仕途而心向退隐的疏离感：苏轼在诗里称仇池石为"小峨嵋"。

　　苏轼还有一首关于这件事的诗。这最后一首的诗题讲述了自第二首以来事情的进展："轼欲以石易画，晋卿难之，穆父欲兼取二物，颖叔欲焚画碎石，乃复次前韵，并解三诗之意。"[140]

　　事情进行到这个地步已近乎滑稽，幸而苏轼在这第三首次韵诗中表现得不偏不倚、态度端方，才使此事最终没沦为一场闹剧。讨论这首诗之前，有个问题值得我们先来思考一下：苏轼宣称要超然物外、特别是要超然于艺术玩好之外，但在整个交易过程中，他有没有违背自己这一立场？他真能大大方方地放弃他的仇池石吗？他曾说这些东西好比"烟云之过眼，百鸟之感耳"，可如果有人把它们从他手中夺走，他能做到不耿耿于怀吗？而另一方面，他又的确答应过要把石头给王诜。这就带来了一个复杂的问题，他同意交换是

226

227

[138]　据米芾说，刘泾曾以砚换得韩幹画。见《画史》，第 204 页。
[139]　《左传》襄公十五年/ 283 / 8 附 iii。
[140]　苏轼《轼欲以石易画……》，《苏轼诗集》卷三六，第 1947 页。

不是出于真心？他提出的交易方案算不算合理？

以下是苏轼的第三首，也是最后一首关于这场石画交易的诗：

> 春冰无真坚，霜叶失故绿。鶗疑鹏万里，蚿笑夔一足。(4)
> 二豪争攘袂，先生一捧腹。明镜既无台，净瓶何用覆。(8)
> 盆山不可隐，画马无由牧。聊将置庭宇，何必弃沟渎。(12)
> 焚宝真爱宝，碎玉未忘玉。久知公子贤，出语耆年伏。(16)
> 欲观转物妙，故以求马卜。维摩既复舍，天女还相逐。(20)
> 授之无尽灯，照此久幽谷。定心无一物，法乐胜五欲。(24)
> 三峨吾乡里，万马君部曲。卧云行归休，破贼见神速。(28)

228　　　最后四句需要作一点注解。这几句概括了本诗的主旨：假山不如真山，画马不如真马——正如苏轼自己在一条注里所说，王诜祖上是武将出身，而且王诜也有个驸马都尉的官衔，苏轼完全可以借此想象王诜统帅千军万马在西北沙场上抵御外族的情景。

这首诗之所以比较复杂，某种程度上是因为它的言说对象和言说主题都是双重的，而且在叙述中不断穿梭于两个层面之间。当言说对象是王诜时，他谈论的是摹状之物（指王诜的马画和自己的仇池石）的不济、小物之于大物的卑琐（《庄子》中的典故），以及那些不太真实或不完全现实的事物的局限（比如第 1－4 句，第 9－10 句，第 25－28 句）。如此贬损艺术品的价值、将其视作一种对伟大的自然天成之物的仿造，这在苏轼——这一文人画理论的先驱与护法、奇石鉴赏家——简直是难以置信的。但是随着他和王诜之间谈判和拉锯战的升级，他不得不多少否定一下那些珍物的价值，就是因为它们才引来了这场争端。而对钱穆父和蒋颖叔，他解释了为什么不必非要损毁或舍弃某件东西才能避免自己为其所役（比如第7—8句，第11—14句，第19—24句）。

7、8 二句用了两个禅宗公案的典故。第 7 句所用的是六祖改神秀"心如明镜台"之偈的著名故事，苏轼化用了这一句，并且更进一步说，对于一颗了悟之心而言，任何外在的实际依凭都不再需要，甚至都不用知道这些依凭的存在⑭。在本诗中，这句话的意思是，不管石头或马再怎么"逼真"，它们和实物相比都是微不足道的。但苏轼刚刚阐明这个观点，却又在下一句中用了另一个禅宗公案来质疑前句。在这个公案中，百丈、沩山和华林围绕净瓶进行机锋对答，故事的高潮是净瓶被踢倒⑫。苏轼想说的是，蒋颖叔为了标榜超然物外而采取"焚画碎石"的方式，和公案中"踢倒净瓶"一样，都是非常幼稚的，正是所谓的"焚宝真爱宝，碎玉未忘玉"。苏轼下面写到以石换画、"求马卜"时所说的"转物"，亦是出自佛典：一切失却本心的众生都"为物所转"，只有不恋物、不役于物的开悟之心才"能转物"，"若能转物，则同如来"⑭。 229

对我们关心的话题而言，第19－24句是最值得玩味的。这几句里引用了《维摩诘所说经》中魔波旬试探维摩诘的典故。魔波旬将万二千天女交与维摩诘，维摩大士教授了她们佛法，魔波旬返回天宫时想要从维摩诘这里把万二千天女要回：

魔言："居士可舍此女？一切所有施于彼者，是为菩萨。"
维摩诘言："我已舍矣！汝便将去，令一切众生得法愿具足。"⑭

在被维摩诘传授了"无尽灯"后，天女们最终跟随魔波旬回魔宫去了。她们将身居无限幽冥之中，但心灵却保持"无上正等菩提"（anuttara-samyak-sambodhi）。

当苏轼写"维摩既复舍，天女还相逐"时，他其实有意强调天

⑭ 《六祖大师法宝坛经》卷一，第349页a。
⑫ 《景德传灯录》卷九，第264页c。
⑭ 《楞严经》卷二，第111页c。
⑭ 《维摩诘所说经》卷四，第543页b。

230

女们此时仍归维摩诘所有，并未还给魔波旬。魔波旬向维摩讨要时，维摩说"我已舍矣"。他所说的"舍"并非实际已发生的"舍"，而是意念上一种"不掺杂占有欲的占有"状态。苏轼想借此说明，他之于那双引发了争夺的仇池石，正如维摩大士之于这万二千天女：他在将其送给（或没有送给）王诜之前，已经在意念上舍掉了它们。正是因为自己"定心无一物"，所以才可以在仍占有它们的情况下说已经舍掉了。而所谓"定心无一物"，也是苏轼宣称他已经达到的一种理想境界。

在前面的讨论中，我们曾经谈及这个"舍"字。释惟简告诉苏轼，如果他能"舍"掉他父亲"所甚爱与所不忍舍者"（捐给寺院），那他将会修得最大的功德。苏轼当时捐出了吴道子的四幅菩萨像。按着这种思路，我们不妨来做如下的假设：如果一个人拥有一件极其珍爱的物品，但他拥有此物的目的仅仅是为了在需要表现出超然的时候舍弃它，并因此证明，即便是珍爱到这样的程度，也不至于迷于斯、役于斯，那么，他对这件物品的拥有本身便变得非常重要。该证明如能成立，"拥有"是一个层面的必需，"舍弃"则是另一个层面的必需。即使不承认以上的假设，那至少可以说苏轼在诗中对这种假设的反面是做了明确否定的：为显示自己并非执于"物"，而选择将其损毁，这种想法太荒唐了。

苏轼在此诗中表现的思想与其在其他各处表现出的思想都是内在统一的。我们可以回顾一下前文提及的《书六一居士传后》，欧阳修在《六一居士传》中解释了他"六一"之号的由来，有人据此认为欧公是"挟五物"者，苏轼则不以为然，他觉得"挟五物而后安者，惑也；释五物而后安者，又惑也"。而《清风阁记》中，在认定了"阁"不可有，"风"亦不可有之后，苏轼接着说到：

> 虽然，世之所谓己有而不惑者，其与是奚辨？若是而可以为有邪？则虽汝之有是风可也，虽为居室而以名之，吾又为汝记

之可也，非惑也。

231

　　许多读者还会想起《前赤壁赋》中苏子与客共适"江上之清风"、"山间之明月"的语句，苏轼劝他的友人不要抱着占有某物并永享其乐的幻想[145]。此外，我们在本文最开始讨论过的《宝绘堂记》中，亦有相关表述，苏轼在该文中描绘了一个陶然于书画却不病于书画的自我形象。

　　《清风阁记》中，苏轼承认那种"己有而不惑者"并不能完全与诸物撇清关系，甚至不能拒绝对诸物的占有，故此他们在表象上与"有且惑于物者"没什么区别（"世之所谓己有而不惑者，其与是奚辨"）。也就是说，在旁人看来，两种"有物"的方式其实是一样的。"不掺杂占有欲的占有"只是一种主观心理，而非可见的客观行为。因此，一些旁观者便不太能接受苏轼关于仇池石的解释，他们觉得苏轼是在唱高调，目的就是为了掩饰自己对珍宝的占有欲。我们有理由相信，米芾对苏轼宣称的所谓"高级的"占有艺术品的方式就是持这种否定态度。米芾曾在一篇跋文中既描述了苏轼对自己所有的一方砚台的喜爱，又描写了他对佛教不执于物的鼓吹，还在两者间做了讽刺性的对比[146]。

　　我们不能指望在苏轼的思想内部找到解决这两种冲突的办法，但是我们可以确信，作为一个思想家，苏轼在这个问题上的态度以及他对自我观念的表达是一以贯之的。正因如此，他在第三首诗中针对王诜的那些立论，才表现出高妙的统一性和完整性，充满了智慧的思辨，因为这恰恰契合了他多年以来一直宣称的观点。而此诗所能够传达的，则又非仅用"统一完整"可概括，它关于物质实体和

---

[145] 苏轼《赤壁赋》，《苏轼文集》卷一，第6页。

[146] 米芾这篇跋并未收入他的文集中，可能是被删掉了。但石慢（Sturman）在他的《米芾》（Mi Fu）中收录并讨论了这篇文章，见该书第196—197页。另，卞永誉《式古堂书画汇考》亦有收录，见卷二，第62页a—b。

232　人与物关系的那些探讨，已堪称一种精微且成熟的理论。这种思想毫无疑问是来源于佛教，但苏轼将其运用到美学话题的探讨中，这便是他个人特有的一种方式。这一点是很值得关注的。

　　一年后，苏轼在湖口见到另外一块小石头，甚为喜爱，他将它命名为"壶中九华"，因为它有九个山峰，就像九华山一样。苏轼想要用"百金"买下，给他"孤独"的仇池石作伴。但是因为再贬惠州，"方南迁未暇"，最终没能买下这块石头，不过他为这块石头留下了一首《壶中九华》诗⑭。八年以后，也就是东坡生命中的最后一年，他遇赦从海南北归，再次经过湖口，想要重寻"九华石"，不料此石已被"好事者取去"。苏轼为此写了第二首诗，在诗的结尾感叹说，所幸自己还有仇池石聊以自慰⑭。之后不久，苏轼病逝，黄庭坚写下了一首非常好的次韵诗，诗中称苏轼之死有如"夜半持山去"，整个世界都为之变得虚空⑭。

　　苏轼把其父所藏佛像捐给寺院时，曾在《四菩萨阁记》中谈及传家宝罕能"及三世"的问题，"其始求之若不及，既得，惟恐失之，而其子孙不以易衣食者，鲜矣"⑮。他自己的仇池石似乎正应验了这个预言。金兵 1126 年攻破汴梁时，仇池石应该还在城中⑮，它
233　们当时极有可能是被徽宗收藏了（就是曾经在海内禁苏文的那位君主）。我们知道，"壶中九华"就是被徽宗收去的，对于这样一个以贪婪著称的艺术品收藏家来说，把东坡的仇池石网罗进他的皇家私藏并不是什么稀奇的事⑮。但是无论如何，在金兵入侵的混乱中，它

---

⑭　苏轼《壶中九华诗》，《苏轼诗集》卷三八，第 2047—2048 页。

⑭　苏轼《予昔作壶中九华诗……》，《苏轼诗集》卷四五，第 2454 页。

⑭　黄庭坚《湖口人李正臣蓄异石……》，《山谷诗集注》卷一七，第 596 页。

⑮　苏轼《四菩萨阁记》，《苏轼文集》卷一二，第 385—386 页。

⑮　见曾协《赋赵有翼仇池石……》，《全宋诗》第 37 册，卷二〇四七，第 23003—23004 页。转引自孔凡礼《苏轼年谱》第 3 册，第 1069 页，及杨晓山（Xiaoshan Yang）《私人领域的变形》（*Metamorphosis of the Private Sphere*），第 196 页，注 124。

⑮　关于"壶中九华"的命运，见朱彧《萍洲可谈》，第 27—28 页。转引自杨晓山（Xiaoshan Yang）《私人领域的变形》（*Metamorphosis of the Private Sphere*），第 196 页，注 124。

们被弃掷在了沟渠之中，这似乎是为苏轼致王诜第三首诗中"何必弃沟渎"之句所加的一个阴森怪诞的曲意注解。不过它们最终还是被一个叫赵师严的宗室发现并收藏。12世纪中叶还有人写过关于这双仇池石的诗[153]。那是我们最后一次得到这件东坡爱物的消息。

苏轼赋予了仇池石以灵性，而仇池石也回馈给东坡一个机会，让他得以在回绝王诜的蓄意夺取时展示他非凡的思维能力：他那些有关心与物关系的思考，是多么的精细微妙而又通彻透辟。他自己与仇池石之间的关系，是一种相依相勉的良性关系。唯其如此，当其"创造者"离世后不久，仇池石便也理所当然地在人间消失了踪影。

※　　　※　　　※

北宋收藏家中，欧阳修的特别之处在于他拓宽了对古代书法的鉴赏趣味（即便不是兼容并包）。当他描写自己丰富的收藏时，总是会迎面遭遇一种困境：许多作品在艺术上有极高的造诣，但其出处或内容却大有问题。抑或反之。欧阳修对这么多幸存或几乎不存的书法作品抱有无上的尊崇，光是这种尊崇就已构成了对宫廷书风的无言挑战，更不要说他只对碑文、而不对较小的经典法帖感兴趣了。作为杰出政治家和受人尊重的知识分子，欧阳修的这种态度产生了重大影响：后来的收藏家、书法鉴赏者、以及新兴的铭文爱好者都开始追随他。234

比欧阳修晚一代的士大夫中，米芾堪称最有艺术造诣、心思也最为专注的一位私人收藏家。和欧阳修不同，米芾偏爱"二王"那种行云流水的草书，从这个意义上说，他对书法的品味是更保守的，更接近于宫廷认可的传统。但他同时又是一个对许多常规定则都持怀疑态度的批评家，他比任何前辈都更公开地表示对《淳化阁帖》

---

[153]　曾协《赋赵有翼仇池石……》，《全宋诗》第37册，卷二〇四七，第23003—23004页。

的质疑。因被公认为艺术界第一流的鉴赏家与权威，他最终被徽宗召入宫中，成为专职鉴赏评定皇家收藏的官员。但他注定无法享受这种恩赏，因为以当时社会的接受能力来看，他离经叛道的前卫观点和古怪行为还不能得到长久的宽容。

　　欧阳修仍然在为自己的藏品是否存在教化价值这一问题而困扰。他由衷地欣悦于那些艺术品在视觉上带来的美感，而与此同时，他也意识到这由衷之外还有"应该"的成分：按照传统观念，出于"好"人之手的作品理应得到最高的尊崇。他努力地想在"由衷"与"应该"间寻得和谐一致。而米芾则完全没有这种困扰，他所在意的是艺术鉴赏而非伦理道德，使他感到烦心的只是那些粗制滥造的艺术品中存在的"差配"问题。他一点都不担心某件艺术品会因为时过境迁、其所指向的道德事功没有了现实意义而黯然失色，也丝毫不怀疑某个在其时代主流中无足轻重的小人物会创造出动人心魄的艺术作品。对于那些古画，他既没有兴趣把它们视为某种"古代"的遗存，也不管它们出自何人之手，而只关心作品本身。

　　如果说米芾是部分地继承了其前辈欧阳修在私人收藏、艺术品鉴赏方面的范式，并成为一个将艺术激情推至极端的典型的话，那么苏轼就堪称他那个时代抵制艺术品收藏风尚的代表。说起来有些奇怪，这位北宋第一流的思想家一边不断地书写那蕴于笔致间的艺术之美、提升它们在士大夫文化中的意义，一边又自始至终对其保持着一种审慎，生怕陷于其中不能自拔。苏轼关于视觉艺术的态度就是这样一种复调。在他看来，米芾沉迷于艺术、唯艺是尊的态度是一种失之偏激的不正常，同样不正常的还有米芾对自己鉴赏能力的自信程度。但苏轼有一点是和米芾相似的：他们都远远超越了欧阳修时代那种纠结于书画艺术的教化功能的状态。苏轼也许反对米芾投身艺术创作和占有艺术作品时的极端，但作为米芾同时代收藏家中的一员，他和同辈们有一个共识：美学意义上的美对于艺术藏品来说是第一性的，这种美无须遭受质疑或非议。对苏轼而言，艺术的危险性不在于它们不能教化或净化心灵，而在于它们的美会令人迷醉，以致移情动性、无法自持。因此，苏轼发展出一套精微的理论来对抗收藏家这种狂热的占有欲，其中就包括对至高无上之美的认识：真正蕴含着大美的是天然的朴拙之物，而非精致的人造之物。

236

第五章 宋词：多情之恼

我们以下要讨论的是"宋词"或"词"，一种在 11、12 世纪文学史上繁兴的文体。词从字面意义上来说就是"语辞"，当它作为一种文学样式时，指的是为汴京、临安等城市声色场所中的教坊唱曲所填的歌词。演唱曲子的歌女或官妓出身于各种不同的阶层，以满足不同层次客人的需要。尽管最初这些曲子的歌词甚是风靡，且之后填词的作者们都选择匿名创作，到了晚唐，这种娱乐性质的曲子还是引起了士大夫作家们的注意，他们发现这种形式很利于表现浪漫的情爱主题，便将其借鉴到了诗的写作中①。由于词的格律和社会角色不同于传统的诗，它在表达方式上提供了更多的可能性，从而吸引了许多文人参与创作。在唐帝国瓦解后的分裂期，一些文人群体，尤其是南方小国的宫廷文人们，产生了一种基于该演唱形式的

---

① 关于早期文人词与晚唐情爱主题诗歌风潮的关系，可参考罗吉伟（Paul Rouzer）的《论温庭筠的诗》（*Writing Another's Dream：The Poetry of Wen Tingyun*），第 27—68 页；以及宇文所安（Stephen Owen）的《晚唐诗》（*The Late Tang：Chinese Poetry of the Mid-Ninth Century〈827—860〉*）第十五章。关于北宋前五代时期词的发展状况，可参考田安（Anna M. Shields）的新著：《花间集的文化背景与诗学实践》（*Crafting a Collection：The Cultural Contexts and Poetic Practice of the "Huajian ji"*）。

目前英语学界关于宋词文学研究的成果已相当丰硕，此前已有的对北宋词的综合研究情况如下：刘若愚（James J. Y. Liu）《北宋主要词人》（*Major Lyricists of the Northern Sung, A. D. 960—1126*）；孙康宜（Kang-i Sun Chang）《晚唐至北宋词体演进与词人风格》（*The Evolution of Chinese Tz'u Poetry：From Late T'ang to Northern Sung*）。关于南宋词，参见林顺夫（Shuen-fu Lin）《中国抒情传统的转变：姜夔与南宋词》（*The Transformation of the Chinese Lyrical Tradition：Chiang K'uei and Southern Sung Tz'u Poetry*）。另有一些重要论文，参见余宝琳（Pauline Yu）所编《宋词之声》（*Voices of the Song Lyric in China*）。另外，海陶玮（James R. Hightower）和叶嘉莹曾在一系列的论文中对一些重要的宋代词人的作品做过精彩的翻译和分析，今皆收入二人合著的《中国诗歌研究》（*Studies in Chinese Poetry*），便于参考。

近来中国学界关于宋词及其社会背景的重要研究成果包括：李剑亮《唐宋词与唐宋歌妓制度》；沈松勤《唐宋词社会文化学研究》；陶尔夫、诸葛忆兵《北宋词史》；彭国忠《元祐词坛研究》。

特别的文学趣味，这在士大夫文化中尚属新创。他们在盛宴与聚会中填词消遣，并让服侍的官妓们当场演唱出来。

在 10 世纪和 11 世纪的许多时候，大部分词都是依曲而作并诉诸演唱的。随后，词变得越来越文学化，不再与口头表演密不可分。由一系列长短句组成的曲子词，演变为一种纯粹的诗律模板，词作者们大可就此模板填入新词而无须考虑它们是否能够演唱。一旦发生这些转变，曲子词便从表演形式过渡到书面形式。这两种形式的词——音乐性的和非音乐性的——并存于 11 世纪后期和 12 世纪的文坛中。一些著名文人的词集也在这一时期得到刊刻和流传。一首词有什么样的曲谱并不广为人知，甚至连曲谱存在与否都无关紧要，而且它们也不会随着曲词一起流传。这样，当这些乐谱过时后，伴随着蒙古人的入侵和统治，它们最终在 14 世纪时被一种新的音乐形式所取代。尽管宋词最初皆是依曲谱或词调而填入的，但后来却是 238 以一种纯粹的文学样态，即"词存音亡"的样态存在着。

无论从内容还是种类而言，宋词所囊括的范围都非常广泛，很难对其进行定义或概括。但一说到词，人们常会倾向于把它描述为一种"情歌"。当然，爱情是词的文学性格与表现形式中永恒的主题，从这个意义上来说，词作为娱情歌曲，其着眼点与近代巴黎、纽约的小酒馆和夜总会中的歌舞表演"卡巴莱"（cabaret）有相似之处。但若仅以"情歌"来概括词的特质就实在太狭隘了，花木、珍玩、四季、节庆以及历史或人物典故等都完全可以成为词的描写对象。从情感基调上来说，词倒确实有 种明显的倾向，即无论处理什么样的题材都倾注着多愁善感的情致。在这里，我们无意将多愁善感作为一个贬义词，而只是将其视为一种表达方式，在这种表达方式中，主体之于客体的情感成为言说的中心，并得以突出。"多情"在词中无所不在，但考虑到曲子词在勾栏瓦肆中的功能，这一点其实很可理解：无论是多情的歌曲，还是歌女与男客间多情的勾连，在风月场中都是既被接受又被期待的。倡家女的歌唱和风流子的填词共同形成了宋词的女性气质，"主情"的原则又赋予了其独特的风味。

词不同于先前的"诗"。"诗"之于一个理想诗人（或许是一位儒生、国家官员，抑或是一个反抗成规的隐士）的经典意义应该是"诗言志"，诗人写诗以言其志，这是最具权威的一种范式。这种传统范式在后世造成了诸多影响，其一便是浪漫的爱情被排除在"诗"之外，成为一种边缘题材。尽管晚唐时曾经有一些诗人试图对流传于平康巷陌的曲子词进行雅化的改造，且在此过程中产生了吟咏爱情的兴趣，但这毕竟不是"诗"传统的主流。相较于爱情题材，词中那种无处不在的、占据了主调的女性气息（女性的演唱又使得这种气息更加浓郁）在"诗"中则更为罕见，这并不是说此前的男性诗人笔下没有出现过女性，事实上，在任何一个时代的诗作中都找得到女性角色，但她们之前的出现都只不过是为了满足诗人表达的需要而已。

宋词在今天被认为是宋代文学的重要成果，在文学史上与唐诗并称，被看作是精致典雅、学养渊深的赵宋文化的缩影。但在历史上却不是这样。词是北宋各类文体中地位极低的一种，即便到了南宋末，词在某些场合依然会因其近市井欢娱之"俗"，或因其对爱情、浪漫以及情欲描写的纵容而遭到诟病。如果仔细揣摩那个时代的词作就会发现，词在北宋一代争取认可的努力可谓举步维艰，整个过程进展得非常缓慢。与此同时，文人们投身词创作的途径也是各式各样。词，这种以情事为其关注中心的诗体，从最初被诬蔑为肤浅甚至淫荡，到后来逐渐被接受，其自身也在此过程中不断经历着演进和变化（而非一种已经固化的文化遗产）——这一切所发生的方式本身就非常有趣，对于它的研究也同样有趣。

当曲子词经历着挣扎、试图让文学界接受浪漫爱情和唯美物事之时，曲子词的作者们也在经历着困境，这个过程和我们在前几章中考察过的那些情况（如艺术品收藏、诗论和植物鉴赏）有些相似。

对于宋词而言，最大的问题不在于视觉或感官诱惑，而是它所呈现
出的那种创自男性作者笔下、或是该代言体的男性角色眼中的女性
柔美和纤细敏感。这些男性词人们在描述女子的妩媚和坠入情网的　240
缠绵悱恻时，势必得先放下他们作为国家官员、作为学者的架子。
在我们讨论过的关于 11 世纪知识界中产生的对唯美物事的诸种欣悦
之风中，"艳词"堪称是其中对传统士大夫文化最具挑战性的一项。
在 11 世纪，词用了大半个世纪的时间，在尝试了各种各样、甚至相
互矛盾的发展途径（有些起头就错，有些无果而终）之后，终于在
文风上有了真正的突破，关于词的批评——在词的地位得到承认之
后——也方才取得实质性的进展。

　　我无意去勾勒北宋词风的发展史，这个以前已有人研究过。我
所属意的是寻绎这一时期人们对宋词认识的变化线索，以及词论的
这种发展如何影响了社会对词的进一步接受。我还将依次讨论宋代
作家秦观、晏幾道、周邦彦等人在作词上的新手法：11 世纪的最后
十年和 12 世纪初期，词的创作在他们手中迎来了全盛。这些词人在
作品中表现出了他们身为男性角色（而非女性叙述者）的自如，其
对缱绻之恋和对美好事物的描绘已臻化境，他们将宋词变为了一种
特别适合对唯美世界进行诗性解读的文体。最终，因其在表达感性
和体察物美上的优势，宋词成为了宋代文化"精雅"和格调的象征。
但这种观点的达成显然不是那么容易的，只要看看词为争取其自身
合法地位所作的漫长的努力便可知晓。

对宋词的偏见

　　我们先来看看社会对宋词的负面评价，主要是针对词作者的贬
损②。但有一点我们要记住，所有这些即将在我们的例子中受到指摘　241

---

② 笔者之前就这个问题曾专门做过讨论，参见拙文《词在北宋的声誉问题》（"The Prob-
lem of the Repute of *Tz'u* during the Northern Sung"），收入余宝琳（Pauline Yu）所编的
《宋词之声》（*Voices of the Song Lyric in China*）一书第 191—225 页。

的“问题”词人，无一不是后人眼中当时的宋词大家，无一不因其为词所作的贡献而在后世受到称扬。第一个例子是吕惠卿对晏殊的诋毁：

> 王安国性亮直，嫉恶太甚。王荆公初为参知政事，闲日因阅读晏元献公小词而笑曰：“为宰相而作小词，可乎？”平甫曰：“彼亦偶然自喜而为尔，顾其事业岂止如是耶！”时吕惠卿为馆职，亦在坐，遽曰：“为政必先放郑声，况自为之乎！”平甫正色曰：“放郑声，不若远佞人也。”吕大以为议己，自是尤与平甫相失也。③

晏殊时任宰执，故王安石有此讥讽语。这段文字也许只是意在说明王安国与吕惠卿何以相失，但其中牵涉到了对宋词的评价，将之比为古代象征淫靡之音的“郑声”，这无疑是一种怀有敌意的贬斥。从中不难看出，至少在某些人眼里，写作“小词”有违道德和体面，更与国家宰辅的身份不合。

下面是晏殊一首著名的词作，吟咏秋日的寂寥之思。许多读者都会觉得词中所写是一位女性：

鹊踏枝④

> 槛菊愁烟兰泣露。罗幕轻寒，燕子双飞去。明月不谙离恨苦。斜光到晓穿朱户。　　昨夜西风凋碧树。独上高楼，望尽天涯路。欲寄彩笺兼尺素。山长水阔知何处。

这也许就是被吕惠卿斥为“郑声”的那种词。在我们眼中，这

---

③ 魏泰《东轩笔录》卷五，第 2711 页。
④ 晏殊《鹊踏枝》其一，《全宋词》第 1 册，第 91 页。

可能完全无伤大雅，但对于当时严厉的道学家而言，词中对形单影只的情人那种饱含同情的描述、那种漫溢的情思（这情思还很可能被认为是"强说愁"，特别是开篇之句）以及教化色彩的完全缺失都显得非常刺眼，难怪他们一有机会便会对其大加挞伐。

吕惠卿对词的贬斥是出于儒家诗教传统，而佛教徒对词亦多有非议。下面是东京法云寺僧法秀禅师对山谷词的批评：

> 法云秀关西，铁面严冷，能以理折人。鲁直名重天下，诗词一出，人争传之。师尝谓鲁直曰："诗多作无害，艳歌小词可罢之。"鲁直笑曰："空中语耳，非杀非偷，终不至坐此堕恶道。"师曰："若以邪言荡人淫心，使彼逾礼越禁，为罪恶之由，吾恐非止堕恶道而已。"鲁直领之，自是不复作词曲。⑤

作为一位词人，黄庭坚对情事的描写往往比晏殊更大胆。他常常绕过那种只呈现离人及其孤寂之思的传统方式，而直奔情欲的主题。尽管这段文字中说黄庭坚与法云秀交谈后"不复作词曲"，但我们其实可以清楚地看到他的创作一直持续到了晚年，甚至还包括被法云秀称为"邪言"的那一类。不过这则趣闻实际上主要想展现的是法云秀的威信与辩才，这是在阅读此条材料时需要注意的。

我们或许可以不去考虑对词的这种低级评价，因为它们毕竟只是宋代士大夫中某一特定群体"卫道士"们的观点。况且如果写词的都是如同晏殊、黄庭坚这种级别的人，那么这些指责还会有多大的代表性和重要性？大部分的文人应该是和王安国的看法相似，即认为词只是种无害的消遣，闲来读读写写，不失为一件乐事。他们不会觉得作为读者或是听众在片刻闲暇中享受几首小调有什么不妥，或许还会为那些名曲填些新词。特别是在宴席或聚会中，当有歌伎

⑤ 惠洪《冷斋夜话》卷一〇，第2223页。

随时准备演唱他们即兴挥就的新作时，他们便更加乐意应邀创作、甚至是自发创作。

但另一方面，正如我们在下文中即将谈到的：同样是这些士人，一旦欢宴结束，他们便开始躲闪，不愿被人注意到自己有这种消遣嗜好。而且哪怕经过数年积累，词作数量已相当丰富，他们也不愿将之收入自己的文集。总之，他们不愿让人知道自己与这种文体有瓜葛，也不愿博一个"词人"的名声。这诸多的不愿并非无足轻重的小事，它必将影响这些文人们看待词、或许还包括创作词的方式。

而当我们意识到对词的偏见并不只局限于一小部分刻板的官员和笃信儒家思想的文坛领袖时，词之"恶声"的问题便显得更加严重：我们甚至可以在苏轼，这个当代最伟大的词人的某些评价中，找到类似吕惠卿和法云秀的论调（尽管不是那么极端），这实在是件令人匪夷所思的事。以下是苏轼对前辈词人张先（990—1078）的评述：

题张子野诗集后 ⑥

张子野诗笔老妙，歌词乃其余技耳。《湖州西溪》云："浮萍破处见山影，小艇归时闻草声。"与余和诗云："愁似鳏鱼知夜永，懒同胡蝶为春忙。"若此之类，皆可以追配古人。而世俗但称其歌词。昔周昉画人物，皆入神品，而世俗但知有周昉士女，皆所谓未见好德如好色者欤？

可能有人会说，张先以词闻于世，苏轼欲为其"诗集"撰写跋文，想必会以抑其词扬其诗的方式来肯定他在诗方面的成就。这的确是事实，但另一方面，他在文末也引述了《论语》中关于"德"

---

⑥ 苏轼《题张子野诗集后》，《苏轼文集》卷六八，第 2146 页。"未见好德如好色者"语出《论语·子罕》第十八章。

与"色"的对比，其意是在以词比"色"。苏轼或许不像吕惠卿和法云秀那样认为词是彻底的不伦，但至少也觉得词是不检点的、撩拨人心的。

这种偏见在整个北宋产生了相当广泛且显而易见的影响。其中最明显的一点莫过于北宋人自选文集的标准，也就是我们前面提到过的不收词作。文集是作家一生中所作的各类诗文的集存，也是后人认识和评判一位作家的依据。在北宋文人的普遍观念中，可以作为"文学"作品入选文集的文类包括：除词以外的各种诗文，公文（比如奏疏表状），祭文，书、启、表以及题跋。大致说来，不入文集的只有那些毫无文学性且能单行的文本（如哲学、史学著作，学术研究，笺、注、评、传，笔记等），以及非正式的便笺（如给亲友的书简、尺牍）。也就是说，词具有文学性却不能入文集——作家在编选文集时对词的处理方式不同于其他任何形式的文本，它们被降到了和临时便条、琐碎家书一样的地位。很难想象，这些此时被禁抑的作品之后却成为了世人眼中宋朝高雅文化最为集大成的一种文体。

偏见的另一个影响是词评的寥落。文人们填了词，拿去唱，与人赠答，但就是不对这种文体本身发表评论，也不愿人知道自己耽好于此。这种普遍的沉默在 1060 至 1070 年代尤为突出，在那之后才开始有所改观。但在此之前，显然没什么人在诸如序跋之类的文评中谈论过词。

246

考察北宋中期最著名的文学家如范仲淹、司马光、王安石、梅尧臣、欧阳修，甚至苏轼的文集，我们便可发现，词在此时还远算不得一种主要的文学样式，它几乎是得不到承认的。这些一流作家的集子中都有大量为友人文集、诗集所作的推介之序，却没有任何一篇为任何一人所作的词集序。宋代首作词集序的重要作家是黄庭坚，但他也只写过一篇而已。

特别值得注意的是欧阳修。作为北宋空前多产且创作样式极为丰富的一位作家（据今留存作品而言），他留下了大量题跋、书简、诗话，还有我们在第二章讨论过的笔记。但是，尽管欧阳修自己也是个词人，却几乎没留下任何有关"欧词"或他人词作的只言片语。对于这种罕见的状况，只可能有一种解释：因为词的文体地位太低微了。

关于偏见，最后需要说明的一点是，词是一种并存于口头和书面两种形式中的文体。从其源头上来说，一首词以口头形式和以书面形式传播的可能性一样大，前者依赖于歌女的学习和演唱，而她们往往是不识字的。其实相较于诗而言，词更依赖于口头流传，这也意味着它对其原创者的依附性不如诗那么强。词更多时候是在诸如酒宴等场合中被即兴创作出来的，因此将其散布出去的可能是席间任何一个次日还碰巧记得它们的人，而并不一定是原作者。

因为词是"小道"，所以词作者们通常不会去计较某件作品的创作归属，也不会考虑将其编入文集。而对待其他类型的作品，他们却关切得多。直到北宋末，才有一个重要词人晏几道对其文集之"全"表现出足够关注。此前，似乎是大众而非词人在进行着词的搜录，后者搜录词作的记录不见于任何传世文献。到了南宋，为满足市场需求，词集多单行成册，而刊布、甚至编纂它们的，是各地书坊和书商。南宋嘉定年间，长沙刘氏书坊刊行的大型词籍丛刻《百家词》，收录百家词作，并依人编录。闽刻《琴趣外编》丛书也是依作者编次⑦。而北宋则几乎没有词集的刊刻。不过此时刊刻文集的所有有关事项应该也是由书商完成的。很多时候，同一首词作在不同的词集中归属于不同的作者（例如，那些放在欧阳修、晏殊、张先和冯延巳〈903—960〉名下的词作），由此可见，这些作者本人并没有参与词集的编纂、刊刻与发行。

尽管与词保持着距离，但许多文人显然还是被它给迷住了。整

247

---

⑦ 南宋词的出版情况参见饶宗颐《词籍考》，第36、38、55页。

个 11 世纪，词的感染力一直在渐渐增强。关于词之魅力的证明（外
部例证，而非针对词作本身艺术魅力所做的内部文本分析）不胜枚
举，此处只讨论一下文人们"因词得号"的现象。取"号"是文坛
常事，而且多有俳谐意味。对于某些官僚士大夫而言，其最有可能 248
为人熟知、博名于世、并因之被评说的功业，有时竟会是他闲来信
笔所作的一阕情词。这种现象看似幽默，甚至滑稽，但又确实存在，
因此人们便依词取号，他们从此就以这个号闻名天下了。

贺铸（1052—1125）的《青玉案》描写了烦闷夏日中词人在横
塘路的怅惘愁绪。结句问到："试问闲愁都几许？"答曰："一川烟
草，满城风絮，梅子黄时雨。"⑧ 该句抓住了这个季节最为动人之
处：柳絮漫天，梅子方熟未落。以黄梅时节的霖雨写江南断肠之思，
这个比喻如此传神，以至贺铸便从此得名"贺梅子"⑨。张先为官一
生，但他最为人知的竟是三句写"影"的词句："云破月来花弄
影"，"帘幕卷花影"，"柔柳摇摇，坠清絮无影"⑩，他也因此得名
"张三影"⑪。秦观最著名的《满庭芳》写了一个男子离别一位歌女
时的伤心绝望，开篇以"山抹微云，天黏衰草"摹写荒寂空旷的离 249
别之景⑫，苏轼对这一妙笔甚为欣赏，自此呼之"山抹微云君"⑬。

一个诗人，不以诗句得号，却以词句得号（至少从诗句中得号
的情况不如词句这么常见），这种现象很可玩味，我们据此不难窥测
到宋词在当时读者中的风靡程度。号本身或许有戏谑之意，但取号
这件事的意义却不可小觑。人们对这种勃兴的新诗体产生了跃跃欲
试的兴奋，而词本身也有一种摄人心魄的力量。这两方面，或许都

⑧ 贺铸《青玉案·横塘路》，《全宋词》第 1 册，第 513 页。
⑨ 周紫芝《竹坡诗话》，第 341 页。
⑩ 张先三句写影之句分别出自：《天仙子》其一，《全宋词》第 1 册，第 70 页；《归朝
欢》，《全宋词》第 1 册，第 64 页（该句有不同版本）；《剪牡丹》，《全宋词》第 1 册，
第 79 页。
⑪ 陈师道《后山诗话》，第 308 页。
⑫ 秦观《满庭芳》其一，《全宋词》第 1 册，第 458 页，"黏"亦作"连"。
⑬ 严有翼《严有翼诗话》第 71 条，《宋诗话全编》第 3 册，第 2356 页。

是古老而尊贵的"诗"所不可企及的。

欧阳炯的《花间集序》

北宋词评最重要的先声莫过于欧阳炯的《花间集序》。《花间集》是今存最早的文人词集，收录了 18 位词人、多达 500 首的词作，其中 14 位词人曾在前蜀（907—925）或后蜀（934—965）朝中任职。《花间集》对北宋词人的创作影响很大，除了那些最大胆新锐的创新者外，其所确立的词风词调几乎被所有后来的词人所继承。

《花间集》最重要的主题是闺情别怨。词中的女性大多是孤寂的思妇，独居在清幽精雅的处所，但环境的舒适却无法缓解她们的忧愁。她或许有个情郎，但这男子必定云游在外，遥不可及，她唯有徒然地等待。通过对闺房陈设的描绘（包括装饰华美的家具，各种梳妆物事，卧榻屏风以及绘有闺中之乐图样的床品等），宋词窥探着她们富足而哀怨的生活：富足反衬了她们的哀怨，令她们的哀怨更深刻，也令她们更强烈地意识到自己的孤寂清冷。她们被寂寞啃噬，感时伤物，衣带渐宽，慨叹韶华飞逝，红颜易老。情动于中自然形之于外，但她们的表达至多也不过是一声怅惋无奈的叹息。花间词另外常写的是贞妇，但这些闺门仪范的楷模们（有时甚至是道姑）和俗世的女子一样，也会为情所困。我们偶尔还可以见到以男子为主角的作品，他们多是孤身一人，回忆着曾经拥有但如今已经远逝的爱情。尽管题材主旨稍落窠臼，但花间词的感人动人之处其实是在典丽精工的运笔，以及它对撩人心绪的微妙细节的精当选择与描绘[14]。

我们所要关注的是：这些词作最初是如何被选编者们审读并得到认可的。先来看欧阳炯的《花间集序》[15]：

---

[14]　关于花间词更深入细致的考察，参见田安（Anna M. Shields）的《花间集的文化背景与诗学实践》（*Crafting a Collection*）。

[15]　该序文选自《花间集注》。注释参考了崔黎民的《花间集全译》，第 18 页，傅恩（Lois Fusek）的英文译本《花间集》（*Among the flowers: The Hua-chien chi*），第 33 – 36 页，以及田安（Anna M. Shields）的《花间集的文化背景与诗学实践》（*Crafting a Collection*），第 150 – 163 页。

　　镂玉雕琼，拟化工而迥巧；裁花剪叶，夺春艳以争鲜。是以唱《云谣》则金母词清，挹霞醴则穆王心醉⑯。名高《白雪》，声声而自合鸾歌；响遏行云，字字而偏谐凤律⑰。《杨柳》、《大堤》之句，乐府相传⑱；《芙蓉》、《曲渚》之篇，豪家自制⑲。莫不争高门下，三千玳瑁之簪⑳；竞富樽前，数十珊瑚之树㉑。则有绮筵公子，绣幌佳人，递叶叶之花笺，文抽丽锦；举纤纤之玉指，拍按香檀。不无清绝之词，用助娇娆之态。自南朝之宫体，扇北里之倡风㉒，何止言之不文，所谓秀而不实㉓。有唐已降，率土之滨，家家之香径春风，宁寻越艳；处处之红楼夜月，自锁嫦娥㉔。在明皇朝，则有李太白应制《清平乐》词四首㉕；近代温飞卿，复有《金筌集》㉖。迩来作者，无

251

252

⑯ 《穆天子传》载西王母款宴周穆王，并为之歌谣，首句云"白云在天"。见《穆天子传》卷三，第1页a-b。
⑰ 名高《白雪》，《白雪》即"《阳春》《白雪》"之"《白雪》"，战国时楚国的曲调名，以曲高和寡著称。见宋玉《对楚王问》，《文选》卷四五，第2页a。响遏行云，战国时秦人秦青善歌，曾抚节悲歌以至"响遏行云"。见《列子集释》卷五，第110—111页。凤律，一种音调，与"鸾歌"相对。
⑱ 杨柳大堤，古乐府曲名。
⑲ 芙蓉，指《古诗十九首》之六《涉江采芙蓉》篇。《先秦汉魏晋南北朝诗》第1册，第330页，"汉诗"卷一二。曲渚，指何逊《送韦司马别诗》，首句云"送别临曲渚"。《先秦汉魏晋南北朝诗》第2册，第1687页，"梁诗"卷八。
⑳ 典出《史记·春申君列传》："赵平原君使人于春申君。春申君舍之于上舍。赵使欲夸楚，为玳瑁簪，刀剑室以珠玉饰之，请命春申君客。春申君客三千余人，其上客皆蹑珠履以见赵使，赵使大惭。"司马迁《史记》卷七八，第2395页。
㉑ 典出《世说新语·汰侈》："石崇与王恺争豪，并穷绮丽，以饰舆服。武帝，恺之甥也，每助恺。尝以一珊瑚树高二尺许赐恺，枝柯扶疏，世罕其比。恺以示崇，崇视讫，以铁如意击之，应手而碎。恺既惋惜，又以为疾己之宝，声色甚厉。崇曰：'不足恨，今还卿。'乃命左右悉取珊瑚树，有三尺、四尺，条干绝世，光彩溢目者六七枚，如恺许比甚众。恺惘然自失。"余嘉锡《世说新语笺疏》卷七八，第882—883页。
㉒ 笔者对此句的理解参考了崔黎民《花间集全译》，第22页。田安（Anna M. Shields）在《花间集的文化背景与诗学实践》（Crafting a Collection）第152页有不同看法，认为宫体诗是被"北里之倡风"所"扇"。
㉓ 言之不文，《左传·襄公二十五年》："仲尼曰，……言之无文，行而不远。"秀而不实，《论语·子罕》："子曰：苗而不秀者有矣夫。秀而不实者有矣夫。"
㉔ 嫦娥，后羿之妻，偷食不死药而奔月。
㉕ 李白应制词《清平乐》，颂扬了杨贵妃的美貌和玄宗对她的宠爱。见《全唐诗》卷一六四，第1703页。
㉖ 温庭筠词集《金筌集》，已佚。

愧前人。今卫尉少卿字弘基（赵崇祚），以拾翠洲边，自得羽毛之异；织绡泉底，独殊机杼之功㉗。广会众宾，时延佳论。因集近来诗客曲子词五百首，分为十卷。以炯粗预知音，辱请命题，仍为序引。昔郢人有歌《阳春》者，号为绝唱㉘，乃命之为《花间集》。庶以《阳春》之曲，将使西园英哲，用资羽盖之欢；南国婵娟，休唱莲舟之引㉙。

253

欧阳炯在首句赞颂了与自然质朴相对的"雕镂"、"裁剪"的工笔之美。其言下之意是：《花间集》是一部表现文人运笔之高妙的乐歌典范。然而，从中国传统审美观念的角度来看，天成之物比任何斧凿之物都要好（第三章讨论过这个问题）。天工与人工，如同率真与藻饰，是传统中国思维模式中紧密相连的一对概念。欧阳炯显然知道宣扬细巧精工的秾丽辞藻（更不用说那些琐碎轻薄的创作题材）必会遭人诟病，所以他决定要放手做一次尝试：从美德的角度去解释这些特点㉚。

但实践这个大胆的尝试是要付出代价的。肯定词的华美文笔，也就是肯定了它的描绘对象所带来的精妙感官之美，而对这种感官之美的肯定，又更进一步地彰显了文辞之美。但这两方面的肯定其实就意味着只有文辞绮艳、状物精巧的词才是好词，这无疑是对其他评判标准的排除和否定。不少人认为欧阳炯的序仅仅满足于堆砌辞藻和娱乐消遣，毫无深意，失于浮薄㉛。正如其他几位讨论过该序

254

㉗ 翠羽、织绡，指代集中佳作。传说精美的锦缎是由龙所织就。

㉘ 参见本章注 17。

㉙ 西园，汉上林苑别名，文士雅集之所。莲舟之引，指《采莲曲》，乐府清商曲名，采莲女所唱，此处意在斥其低俗。

㉚ 笔者关于欧阳炯此序的讨论参考了如下前人著述：吴熊和《唐宋词通论》，第283—285页；余宝琳（Pauline Yu）《宋词与经典：论词选》（"Song Lyrics and the Canon：A Look at Anthologies of *Tz'u*"），《宋词之声》（*Voices of the Song Lyrics in China*），第73—79页；田安（Anna M. Shields）《花间集的文化背景与诗学实践》（*Crafting a Collection*），第153—158页。

㉛ 关于该序的"浮薄"及缺乏崇高价值追求，参见吴熊和《唐宋词通论》，第284页。

的学者所说，欧阳炯此文没有任何思想深度，并且不符合传统文论关于文学作为"不朽盛事"之价值、功用的认识，《花间集序》宣扬的文学观实在是文学传统中一个很边缘的异类。陆游在其 12 世纪的作品中就曾对欧阳炯以"拾翠"、"织绮"溢美词作表示过质疑：

> 《花间集》皆唐末五代时人作。方斯时，天下岌岌，生民救死不暇，士大夫乃流宕如此，可叹也哉！或者亦出于无聊故耶？③

其实早在陆游之前，北宋史学界已达成共识，批判前后蜀宫廷生活的颓靡，尤其是他们在声色享乐上的放荡和沉溺③。1080 年左右，司马光在《资治通鉴》中这样记述前蜀后主王衍的言行：

> 蜀主以文思殿大学士韩昭、内皇城使潘在迎、武勇军使顾在珣为狎客，陪侍游宴，与宫女杂坐。或为艳歌相唱和，或谈嘲谑浪，鄙俚亵慢，无所不至。蜀主乐之。③

255

其实，前后蜀的宫廷形象在宋初已败坏不堪。965 年太祖灭后蜀后，曾召欧阳炯至便殿奏曲，御史中丞刘温叟闻之，扣殿门求见，向太祖谏言说：欧阳炯刚被任命为翰林学士，居此禁署要职，典司诏命，不可做伶人之事。面对御史责难，太祖早已准备好一番托词。他解释说，他听说孟昶（后蜀后主）君臣耽于声乐，欧阳炯做了宰相仍旧不改此好，正因如此他们才被我们灭掉。我今天特意把他召

---

③　陆游《跋花间集》，《渭南文集》卷三〇，第 8 页 a—b。但是陆游对花间词也不是一贯否定，该卷此篇跋文之下有《又跋花间集》，对花间词表示了称赏。

③　相关例证参见田安（Anna M. Shields）《花间集的文化背景与诗学实践》（Crafting a Collection）第二章。

③　司马光《资治通鉴》卷二七二，第 8892 页，转引自田安（Anna M. Shields）的《花间集的文化背景与诗学实践》（Crafting a Collection），第 91 页。

来验证一下看向之所闻是否属实，看来传言果然不诬[35]。太祖的意思是，他所听到的后蜀宫廷传闻过于荒诞可耻，他都不敢相信是真的。

田安（Anna M. Shields）在其最近的花间词研究中提出了一个很精当的观点：欧阳炯在意的似乎是填词、唱词的社交活动，而并非词本身[36]。自始至终，他对填词唱词的名士淑媛们所过的奢华优雅生活的关注都要多于对词的内容及其情思的关注。在这篇序中，欧阳炯为词"正名"的最主要方式即是强调词的"上流社会"属性，意谓词作是上流社会生活中一种不可或缺的休闲活动。但是，除了为词构建出一个从早期乐府到仿乐府（例如温庭筠的作品）的古老而尊贵的"词统"外，在证明词本身具有良好的文学品质和深刻的意义方面，欧阳炯却没给出任何建设性的论断。

256

事实上，欧阳炯关于词的上流社会属性的说法是经不起推敲的，连他自己也不承认这是词的特有属性。他想要把词定义为古老乐府的一个当代变体，但却忽略了二者的差别：乐府题材广泛，而花间词几乎全是吟咏风月。他又说词在唐代很盛行，"家家""处处"都有，而且还有意选择了李白创制咏贵妃的《清平调》作为例证，但却又掩盖了一个事实：唐代宫廷中不曾产生过一部像《花间集》那样只写深闺哀怨、且全出于高官之手的词集。

与《花间集》类似的先例是《玉台新咏》，而且欧阳炯《花间集序》在许多方面与徐陵《玉台新咏序》论点相合，二集内容也多相似，主要都写思妇，并同为宫廷文学。但这两者之间也存在很大差别：首先，《玉台新咏》中的大多数作品不是乐词，因此尽管也被指为浮薄，但它至少不像宋词那样只是为填入娱乐歌曲而作，或者只为了配合音乐表演（此音乐即宋代批评者们常说的"郑声"）而作。有

---

[35] 《宋史》卷四七九，第13894页，转引自田安（Anna M. Shields）的《花间集的文化背景与诗学实践》（Crafting a Collection），第67页。

[36] 田安（Anna M. Shields），《花间集的文化背景与诗学实践》（Crafting a Collection），第153—154页。

意思的是，欧阳炯对南朝诗几乎是一带而过，这就说明他很明白对此着墨过多没有好处，只会妨碍他将词提升为一种高尚文体的努力。

另一方面，欧阳炯所贬斥的对象也很值得注意。他在序中提到南朝宫体诗"扇"了"北里之倡风"，这就是说，宫廷诗歌或多或少会对长安城里巷倡家女的演唱产生引导作用，随即他又贬斥这些作品既"言之无文"又"言之无实"（这是经常并提的两种写作弊病）。然后，在文末，他说希望待诏的"南国婵娟"们再来时休得复唱《采莲曲》（或其他仿乐府之作）。通过提及"北里之倡风"和"南国婵娟"的"莲舟之引"，欧阳炯很清楚地表明了他对词之高下的判断标准：为清商之娱所作的歌词必须出自男性、且必须是宫廷男子之手，而不可出自低贱的歌女；必须恢复词本有的高雅的上流社会属性，而不可使其堕于大众之间，流为低俗。这是一个聪明的论述方法，但其若想成立，却必须基于以下两个假设：人们接受他将早期乐府作为词之源头的虚构想象，并且接受他对《花间集》原创性的模糊处理。

尽管很自信，但欧阳炯这篇为词辩护的宣言还是暴露出了文人们在词的初创期可能有的局限性。《花间集》只有在最窄的几条标准下才能算是好作品，而它所崇尚的文辞雕琢之美又只有在一个对文学史脉络进行了大量歪曲的历史叙述中才不会受到指摘。欧阳炯给北宋以后的词人和词评家留下了一个未解的难题，他们需要用几十年的时间去寻求为词辩护的更好的方式。《花间集序》可以说是这种探索的开始，但却只是一个起点很低的开始。

欧阳炯作《花间集序》之后的几十年中，文坛中再没有人写过词评。这种普遍的沉默也表明了欧阳炯努力的失败，如果他成功地为词做了有力辩护并产生了很大影响，那词评就不会如此寥落，关于词本身也不会有那么多毁誉之论。后来出现的情形相当不平衡：文人们不断填词，但却没人讨论词、关注词。这种不平衡说明，人们对这种文体本身还是有兴趣的，只是无法承受它不为社会所容的不

257

258   检点的名声。

　　这种普遍的沉默中只有很少的几个例外，其中之一是 1058 年陈世修为五代词人冯延巳《阳春集》所作的序㉞。陈世修的个人信息除此序外不见于任何史料记载，但序中他称冯延巳是其外舍祖，那我们便立刻知道这种反常的例外是何以出现的了。陈世修对其外舍祖的词作评价很高："观其思深才丽，均律调新，真清奇飘逸之才也。"上述措辞，与传统上对诗歌的评价差不多，这种严肃的论调开了几十年后北宋词评的先声。但是，尽管很欣赏冯延巳的词，陈世修也知道词的名声不好，因此想方设法为先人申辩。他反复强调冯延巳的宰相地位以及他在南唐立国、治国中的累累功勋，赞扬冯对于南唐李氏不可或缺的辅弼作用。陈世修说，只有"及乎国已宁，家已成"之后，冯延巳才转而"以清商自娱，为之歌诗"，并誉之为"不矜不伐"。《阳春集序》虽然承认冯词很了不起，但也只是将其置于词主一生功业中最微末的一项。也就是说，陈世修对词人冯
259   延巳的赞许不是基于他的词作，而是他词以外的成就。

晏　殊

　　面对因题材不雅而饱受非议的新文体带来的挑战，北宋作家们分别以不同方式做出了回应，并在词史上留下了各自特殊的印记，我所感兴趣的就是勾勒出这样一条回应的线索。柳永和苏轼无疑是这条线索中两个最激进最大胆的革新者，他们的改造对宋代词史也产生了最大的影响，后人沿着他们所开拓的路径将这种改造后的新"词"创作推向了顶峰。但是，我们同时需要关注的还包括那些相对缓和的革新，它们也是词在 11 世纪逐步转型中的组成环节，这些词人的成果虽并不如柳、苏那样眩人眼目，但同样也在压力之下进行

㉞　陈世修序及冯延巳词集收于明吴讷所编《唐宋名贤百家词》，见张惠民《唐宋词学资料汇编》，第 188 页。

着词的创作，并努力寻求调和词的美感与恶名之间矛盾的方式。

学界大多认为，11世纪前半叶最值得注意的词人如晏殊、张先和宋祁（998—1061）等，都还保留着不少"花间"遗韵。这种说法不错，但是如果只强调其对五代词的承袭，就会忽视这些作家的个人特点。北宋前期词人中最重要的是晏殊，正如前文所述，晏殊的词在他的时代已有盛名，得到了士大夫们的关注和评论。讨论晏词特征首先需要注意的是他出将入相的显贵身份：晏殊曾任知制诰、翰林学士、枢密使，并两任同中书门下平章事，后辈名公巨卿如范仲淹、韩琦、欧阳修者无不师事之。而且晏殊所处的时代、环境也与花间词人大不相同：中国在经历了唐末五代长时间的动乱、军阀混战和政权分崩离析之后，终于在宋王朝手中迎来了"天下一统" 260 和中央集权的重建。而1030年代晏殊第一次被仁宗任命为宰相时，距宋朝立国已七十余年之久，升平盛世，堪比汉唐，仁宗（或者还更早）君臣当然有理由对自己身处这样一个全新的时代而感到自豪。

试想一下，曲词始盛的五代是怎样一个可悲的时代——西蜀小朝廷在国家崩坼之时仍旧筵宴终日，歌酒狎邪；南唐（937—975）后主李煜，"仓惶辞庙日"犹不忘奏"教坊别离歌"、"挥泪宫娥"㊳，却不尽人主之责。早期词人就是这么一批堕落的君臣，曲词歌酒之欢既是他们堕落的证据，也是这些王朝何以短命、何以颓败的原因：五代诸国大都偏安一隅、不思进取，没有哪个君王有开疆拓土的雄心和霸业。一个伟大王朝的君主或朝廷肯定不会这样。但是，事实可能完全相反：在承平之世，依然会有朝臣在某时某地写着这种被视作堕落的艳词，而这个官员还可能是堂堂宰相：比如晏殊。不过，我们也必须知道，像晏殊这样既是高官又特别擅长填词、而且词作颇丰（《珠玉词》共收词136首）的例子非常罕见，与他同朝的其他高级官员几乎都没写过词——至少我们没有看到他们有词作流传 261

㊳　苏轼在《书李主词》中描绘了此类场景。见《苏轼文集》卷六八，第2151—2152页。

下来。

我们前面讨论过晏殊作为一个词人如何为世所不容，也讨论过苏轼为维护张先的名誉所做的努力：虽然张先以词名世，但词只是他整个文学创作中不怎么重要的一部分。但是，尽管人们普遍认为一个堂堂的朝廷高级官员不应染指词曲，尽管词已经被视同于淫邪"郑声"、提及词就必然使人想起南方小朝廷的颓靡及其因此丧国的厄运，尽管大多数 11 世纪的学者已经将花间词视作南方诸政权崩溃的一种先兆——晏殊等人还是无法停止作词，虽然只是偶一为之。当然，我们承认词并不像五代西蜀那样在北宋早期词人的文学与社会生活中占据中心地位，但晏殊等人同时也需要面对西蜀君臣不曾遇到的新难题：五代词人是文人词的开创者，他们作词时，词史还是干干净净一片空白，经其手后，词已沾染了堕落的恶名。11 世纪的词人所面临的就是这样一种被玷污的文体，他们的创作压力自然会更大。尽管存在这么多不写词的理由，显贵如晏殊者还是一次次"屈服"于词的吸引，并累积出厚厚一部词集，从中可见他爱词之深。

第二点应该注意的是晏殊的词风。或许在主题、笔意上，晏词仍略见花间词的影子，但他的代表作也的确体现出了一些有别于五代的新气象。前面我们已看过一篇，下面再看两篇：

浣溪沙㊴

一曲新词酒一杯。去年天气旧亭台。夕阳西下几时回。无可奈何花落去。似曾相识燕归来。小园香径独徘徊。

清平乐㊵

金风细细，叶叶梧桐坠。绿酒初尝人易醉，一枕小窗浓睡。

262

㊴ 晏殊《浣溪沙》其五，《全宋词》第 1 册，第 89 页。
㊵ 晏殊《清平乐》其四，《全宋词》第 1 册，第 92 页。

紫薇朱槿花残，斜阳却照阑杆。双燕欲归时节，银屏昨夜微寒。

　　关于这两首词的特点，历来都有许多讨论。其笔调含蓄闲雅，或者融世间永恒的愁思于寻常物事的精细观察，或者在日常小景中醉叹时光易逝。比之花间词中几乎篇篇都有的女性主题和浓烈脂粉气，晏词一个突出的特点便是其叙述者性别的模糊，读者在字里行间找不出任何可以将叙述者确定为女性的细节或暗示，其干净彻底的程度让人难以相信这只是偶然或巧合。《花间集》中随处可见的床榻、锦屏、妆奁等闺帏陈设描写，在晏殊那里都被有意回避和剔除了。或许读惯了花间词的读者在读晏词时也会先入为主地默认叙述者为女性，并且这样也读得通，但其实稍加琢磨便会发现，篇中根本找不到丝毫支持这种假设的证据。

　　与此同时，晏词——特别是那些常入词选的最成功的代表作——描述对象的性别也很含混。这在花间词中是非常罕见的[41]，《花间集》绝大部分的词作都明确地以女性为描述对象。同样含混的还有词中人感伤的缘由，我们已无法将这种伤感再简单归结为闺情别怨，相思只是众多原因中的一个，他（她）们的哀怨更有可能是因为霜染青丝，伤春离别。这大概便是词评家们何以会将晏词称为"士大夫词"或"哲人词"[42]，通过对词中人物性别和感伤缘由的双重含混处理，晏词找到了一种观照外界的新方式。

　　晏殊对花间词的改造，巧妙缓解了词最有争议的那些方面：之前的词正是因为其聚焦于女性、气氛暧昧、充满闺情别怨而遭到轻视：一个男性作家竟会如此着迷地述说女性寂寞，如此私密地描绘女性相思，铺排那些撩拨人心的细节，这即便不是彻底的淫荡，至

263

---

[41]　田安（Anna M. Shields）在《花间集的文化背景与诗学实践》（*Crafting a Collection*）中翻译和讨论过几个这种罕见的例子，见该书第 220—277 页。

[42]　这两个概念都来自叶嘉莹，见其论文《大晏词的欣赏》（"An Appreciation of the Tz'u of Yen Shu"），收入海陶玮（Hightower）和叶嘉莹合著《中国诗歌研究》（*Studies in Chinese Poetry*），第 150—155 页。

少也是自我放纵和不得体。晏殊很清楚问题的症结，因此他在创作中淡化了这些令人不快的因素，他笔下的忧郁与感伤，已渐离了脂粉气和风月之事。从某些方面来说，晏殊对词的改良开启了 11 世纪

264　中后期更激进的词人（如苏轼）改革词坛的先声。

柳　永

　　柳永是 11 世纪两个彻底改变了宋词命运的人之一（先于苏轼）。这不光是因为他们带来了新的词调和词风，还因为他们的革新起到了非常关键的作用，使得词最终在北宋末被接受，也最终具备了自己的特征。我们接下来将要特别讨论的就是柳、苏二人在这一发展进程中的贡献。

　　柳永对宋词接受史的贡献不在于词评或词论，他没有词的批评专著，也不曾写过词集序和其他理论或创作点评。他一生的精力都在词的创制上，他对词论发展的影响，都来源于他的作品及人们对这些作品的接受，而非任何理论宣言。

　　众所周知，柳永开创了写词的新路，他大胆地将早期民间俗曲的一些因素引入了文人词的创作。首先是"长调"，长调在传统民间词曲中很常见，但专写小令的花间派及其继承者都避免使用长调。柳永是北宋第一个大量创作慢词长调的文人。一般而言，长调篇幅较长，在 58 字以上，小令则多在 58 字以下（最多 58 字）。但实际上许多长调的篇幅足有常见小令（常见指常见词牌）的两倍长。其次，柳永引入了民间曲词高度口语化的特点，坦率直白，俚俗浅近。他还开拓了词的题材，不再只写苦情，还写欢情，甚至色情[43]。这些

265　新特点带给文坛很大刺激，连那些不介意花间词风的开明文人都受到了震动。

---

[43]　关于早期俗曲子中的慢词与柳永慢词的比较，参见林立（Lap Lam）《再论柳永及其俗词》（"A Reconsideration of Liu Yong and his 'Vulgar' Lyrics"），《宋元研究》（*Journal of Song-Yuan Studies*）2003 年总第 33 期，第 12—29 页。

柳永和柳词有一些特点，历来为人们所关注：一、他一生专力写词；二、柳词的风靡在精英文化中引起了敌意，他本人也被精英们视作浪荡不羁的异类；三、柳词言情多取男性叙述视角。以下我们将会对这几个特点逐次讨论。我们先来看个例子：

玉蝴蝶[44]

误入平康小巷，画檐深处，朱箔微褰。罗绮丛中，偶认旧识婵娟。翠眉开、娇横远岫，绿鬓軃、浓染春烟。忆情牵。粉墙曾恁，窥宋三年。　　迁延。珊瑚筵上，亲持犀管，旋叠香笺。要索新词，殢人含笑立尊前。按新声、珠喉渐稳，想旧意、波脸增妍。苦留连。凤衾鸳枕，忍负良天。

266

柳永是北宋第一个以填词为主业的文人，这是他的本质特点。他有一些诗传了下来，但却没有诗集或文集，单是这一项，便足以区别他和同时代的其他文人：以余力填词（如张先、欧阳修和晏殊）是一回事，像柳永这样专力写词就是另一回事了。以余力填词的文人可能在数十年间陆陆续续写了百余首小令，可与此同时他们也在进行诗、文的创作，而且诗文创作的数量远远超过词的数量。这种数量上的悬殊证明了他们没有把主要精力放在填词"余技"上，因此也不会受到太多质疑。如果世人欣赏他们的词作多过欣赏他们的诗文，那只能说明世人品味低俗——苏轼就是这么为张先辩解的。但像柳永这样将其一生心力都倾注在这么一个不体面的文体上，依照传统评判标准看来，肯定是本末倒置了。一些笔记非常热衷于强调柳永晚年更名之事，以此证明他对早先醉心填词而得浪荡之名的追悔，拼命想要洗刷不光彩的过去。但从我们今天来看，这正是最

---

[44] 柳永《玉蝴蝶》其四，《全宋词》第1册，第41页。

重要的一点：柳永是这个时代中第一个没有轻看词的文人，他不像别人那样把词当作是有闲暇和余力时随手写写的"余技"。词终于有了一个以它为创作主业的重要作者，这不得不说是词史上关键的一步。

据说柳词在当时极其风靡，"凡有井水饮处，即能歌柳词"[45]。

267 人们盛传柳郎之所以能写得一手好词，是因为他终日流连于秦楼楚馆，出入茶坊酒肆，对风月场歌伎圈里的事都很熟悉精通，就是一个浪荡才子。罗烨在《醉翁谈录》中记载："耆卿居京华，暇日遍游妓馆。所至妓者爱其有词名。"[46] 非但如此，因为柳词传播广远，歌女们甚至愿意付钱给他，让他在词中提提自己的名字："（柳永）能移宫换羽，一经品题，声价十倍。妓者（歌伎）多以金物资给之。"[47] 但是这种卖词得来的收入其实很微薄，而且不稳定。这些钱一旦花完他就不得不离开京城，据说直到取得功名拿了俸禄之后，柳永才得以在汴京长期驻留[48]。在另外一些记载中，我们看到了他与歌伎们的交情："柳永卒于襄阳，死之日，家无余财，群妓合资葬于南门外。每春日上冢，谓之'吊柳七'。"[49]

看到这些材料，很容易将柳永想象为一个卖文为生者，混迹于勾栏瓦肆中，受到伶工狎客的追捧，在士大夫中也小有名气，承蒙他们留意，为他记上几笔（正如上文所引）。但实际情况远非如此。尽管是梨园和商界的明星，但柳永其实出身于书香仕宦之家。父柳

268 宜985年进士及第，官至工部侍郎，三子皆入仕途。柳永在1034年考取进士，尽管后来官阶不高，但也有着稳定的官场生涯，担任过

⑤ 叶梦得《避暑录话》卷三，海陶玮（James R. Hightower）认为，"井"在此处指绿洲，因为说这话的是一位西夏官员。见海陶玮（James R. Hightower）《词人柳永》（"The Songwriter Liu Yung"），《中国诗歌研究》（Studies in Chinese Poetry），第545页，注11。
⑥ 罗烨《新编醉翁谈录》，第720页。
⑦ 同上。
⑧ 薛瑞生《乐章集校注》前言，第14—15页。
⑨ 厉鹗《宋诗纪事》，第13—34页，引祝穆《方舆胜览》。

诸如屯田员外郎和太常博士之类的职务(50)。无论是先天出身还是后天成就，柳永都可谓相当体面。

这就是他的特别之处：一个沉沦于声色场所的浪荡子，一个士大夫的异类。如果只是去花街柳巷逛逛，还不至如此惊世骇俗。柳永的问题在于，他满怀热情地为这些勾栏瓦肆中的旧曲新腔填词，而且一点也不像士大夫应有的文风，这就是离经叛道。柳永公开表明了他的俚俗趣味，并且还广受关注，这就意味着他可能会因此与自己的阶层决裂。

学界向来也多有柳词“俚俗”的评价。李清照说他“词语尘下”(51)，严有翼说柳词多“闺门淫媟之语……俗子易悦故也”(52)；王灼认为他词风特别，但“不知书者尤好之”(53)；黄昇说柳词是“市井之人悦之”的作品(54)。显然，这些都不只是简单的文学批评，它更像是借文学批评来品评人物：柳永被精英阶层视为自降身份、甘于下
尘的异己，他因为“俗”在市井社会中获得了成功，同时也在精英 269
社会中引起了不悦。

在许多被广泛征引的笔记中我们都可以看到这种轻视，而且大多也是在谈论他的离经叛道(55)。遗憾的是，关于柳永生平的可信资料非常少，现存材料几乎全都在反映精英阶层对柳永的一致印象：一个写艳词的文人。由于存在偏见，这些资料可能从信息来源上就有误差，或者纯粹就是编造。也有可能是一些人以讹传讹，有意将错误信息摘取出来以重建柳永的生平。但是从另一个角度看，这些也

---

(50) 关于柳永的生平仕宦，参见海陶玮（Hightower）《词人柳永》（“The Songwriter Liu Yung”），《中国诗歌研究》（*Studies in Chinese Poetry*），第168—182页；梁丽芳《柳永及其词之研究》，第3—20、121—123页（附录）。

(51) 李清照《词论》。《李清照集笺注》，第267页。

(52) 严有翼《艺苑雌黄》，引自胡仔《苕溪渔隐丛话》后集卷三九，第319页。

(53) 王灼《碧鸡漫志》卷二“乐章集浅近卑俗”条，第84页。

(54) 黄昇《花庵词选》卷五，第14页b－15页a。

(55) 林立（Lap Lam）有专文讨论过这个问题，《再论柳永及其俗词》（“A Reconsideration of Liu Yong and his ‘Vulgar’ Lyrics”），《宋元研究》（*Journal of Song-Yuan Studies*）2003年总第33期，第1—47页。

是珍贵的记录，我们从中得以观察到那些特权阶层的文人们对于精英社会贬斥柳永是作何反应的。批评家们在摘取事实用以描述柳永生平和操行的同时，也暴露出了他们自己的信息：有多少关于观察对象的信息被呈现，就有多少观察者自己的信息被暴露。

先来看第一则材料，这条是关于柳永俗词和晏殊雅词的差别的：

> 柳三变既以调忤仁庙，吏部不放改官，三变不能堪。诣政府，晏公曰："贤俊作曲子么？"三变曰："只如相公，亦作曲子。"公曰："殊虽作曲子，不曾道'绿线慵拈伴伊坐'。"柳遂退。㊴

晏、柳二人此次相遇很有可能是杜撰的。材料中说，柳永因填词触怒了皇帝，便到同为词人的宰相晏殊那里去分辩。可是这怎么可能呢？一个是侍于君侧、一人之下万人之上的当朝宰相，一个是因为操行浮薄而官场失意的普通官员，柳永对晏殊怎么可能想见就见？无论怎样，在这段材料中，柳永为自己公开写艳词的不检点行为付出了代价，而且看起来还是罪有应得：因为晏殊所言不诬，面对指责，他哑口无言。同是填词，宰相晏殊因克制免遭非议，柳永则因放浪终尝苦果。

笔记中提到柳永时最常见的一个话题便是他因填词影响了仕途，与此同时还有正人君子不可填词的训诫。有意思的是，我们常常可以从中觉察到一种潜藏的嫉妒：尽管柳永成了一个笑柄，柳词却大行于世，传布广远。下面这条就很典型：

> 柳三变，字景庄，一名永，字耆卿。喜作小词，然薄于操

㊴ 张舜民《画墁录》，第 1553 页。"绿线慵拈伴伊坐"，引自柳永《定风波》其一，《全宋词》第 1 册，第 29—30 页。

行。当时有荐其才者，上曰："得非填词柳三变乎？"曰："然。"
上曰："且去填词。"由是不得志，日与猥子纵游娼馆酒楼间，无
复检约。自称云"奉圣旨填词柳三变"。呜呼！小有才而无德以
将之，亦士君子之所宜戒也。[57]

要是想到柳永其实中过进士，而且官运还不错，那看这则材料
时就会觉得挺可笑：这些笔记总是念念不忘地评说他的失败，而且
将之归咎于填词。奉旨填词的故事在另一部笔记中也有翻版，这个
版本说仁宗竟然在临轩放榜之际将柳三变从新科进士中除名，还很
讽刺地引用了柳词中的语句来说明他被黜落的原因[58]。这些士大夫提
及柳永的作品似乎只有一个目的，就是想要就此贬斥他不合于、甚
至不容于整个士大夫阶层的浮薄操行。

柳永是第一个向花间词精雅、含蓄词风公开宣战的文人。他将
大量的俗曲子元素引入创作，创造出一种极富表现力的、雅俗并蓄
的风格，受到了工商阶层读者和观众的热烈欢迎。只看那些士大夫
们堆在柳永身上的嘲弄，你绝不会想到，正是柳词，从许多方面开
创了后来北宋文人词的未来。从一开始，柳词就比他所借鉴吸收的
民间俗词更精纯老练、更细密深致，也比花间词取材更广、取调
更多。

此外，柳词中经常有一种很明显的男性口吻，这就打破了前人
凡写花前月下必作闺声的旧例。其实在他之前，也有人尝试过以男
性作为词的叙述者，田安（Anna M. Shields）指出《花间集》中就
有少量这样的作品，她还就词中男性叙述视角的作用做了充分讨
论[59]。希尔兹说，花间词中以男性口吻叙述的词仅见于同一词牌的

271

---

[57]　胡仔《苕溪渔隐丛话》后集卷三九，第 319 页，引严有翼语。
[58]　吴曾《能改斋漫录》卷一六"柳三变词"，第 480 页。
[59]　田安（Anna M. Shields）《花间集的文化背景与诗学实践》（*Crafting a Collection*），第
220—227 页。

"组词"之中，通常跟在那些女性视角和主题的词后面，在表演中用以男女角色交替演唱，表现男女双方的情爱。她还注意到，这些男性主题的作品，在语言风格和情感体验上与那些以女性为中心的词并无二致，他们表现为情所苦的哀怨的方式也如出一辙。希尔兹进而猜测说，可能他们偶尔引入男性视角只是为了让词更接近"诗"，看起来更可信、更体面。而且，和集中其他作品一样，这些男性词也都是小令。当然，在柳永之前，南唐后主李煜也采用过男性叙述模式。这个不幸的君主被迫降宋，在词里咀嚼着江山不在的无尽悲哀（至少李煜词向来都是这样被解读的）。但是李煜毕竟是很特别的，况且这些作品的主题也不同于闺怨词。

可是从上文所引的柳词中，我们可以清楚地看到，柳永处理这种以男性为中心的词的方式与前人完全不同。正如长调使原先只有小令的词坛面貌一新，透过男性视角，柳永笔下的情词也呈现出了一种从未有过的新鲜样态。比起早期词人写男性词时的扭捏和试探，柳永在实践这一新的言情方式时表现得格外大胆：他敢于做一个先行者。不过，他也为自己作为先行者革新词坛的原创行为付出了沉重代价：他的社会身份遭到质疑，他本人为整个士大夫阶层所不容。但柳词，却在下一代作家中产生了巨大影响，他们体会到了柳永开辟的这些新方向中所蕴藏的魅力与潜能。

欧阳修

柳永为填词叛离了自己所属的士大夫群体，声名有辱而显达无望。比起他来，欧阳修在词史上的重要性有所不及，既没有他那么新锐，对后世的影响也没他那么大。但如果要讨论词在11世纪的社会地位和名声，欧词还是有很多值得注意的地方。

欧阳修在仕途上与柳永截然不同，一眼看去，整个11世纪大概也找不出有哪两个人会比他们差别更大。欧阳修曾几次出任参知政事，官阶极高，位列鼎辅。而且一度作为文坛盟主的他，各体兼善，篇什宏富。无论是随笔、政论文、学术论文、奏议，还是诗，都堪称一代巨子。他同时还是著名的史学家、经学家和金石学家（前文就此曾有讨论）。对欧阳修来说，词只是所有表达形式中次而又次的一项，虽与那些尊贵的诗、文等同入文集，但最多只是居于补遗地位。柳永的名气全靠填词，而欧阳修在每个领域都冠绝一时。尽管作为词人，他和柳永一样因世人的偏见而遭受非议，但这一次，批评所指向的不再是个普通的风流才子，而是一位名重天下的政治家和学者。

总体而言，欧阳修的大部分词还是写闺情别怨，更接近于花间派的雅致、哀婉，而非柳永那种民间曲子一路的俚俗。但是他偶尔也会有一些出格之作，运用口语，有露骨的调情暗示，或者干脆直写性爱，让人觉得和柳永很像。

在欧阳修文集中，这部分词的数量不是特别大，但也不算小，约占欧词总数约 240 首的四分之一。但这些作品的归属向来存在争议。南宋学者（包括欧集整理者）大多认为是伪作。不但如此，他们甚至还认定这是欧阳修的政敌为了诋毁他的名誉而恶意炮制的伪作。他们相信欧阳修，一个在南宋被认为是儒家君子典范和士大夫楷模的人，绝不可能写出如此卑俗浮艳之作。因此，南宋的整理者将欧集中 60 余首这样的作品都删掉了。一旦这部分词作被删减，欧 274
词词风从整体上就会显得更接近晏殊：仍属花间一脉的“雅致”，但比花间更加节制含敛。

我之前曾撰文讨论过这部分“欧词”的真伪问题。基于内部和外部两方面的证据，我认为它们的确出自欧阳修本人之手，应该收入欧集(60)。这个论证比较复杂，也比较长，囿于篇幅，这里不再赘述。如果这一论证成立，那么接下来的问题便是：既然柳永因为“浅斟低唱”而在当代饱受非议，欧阳修为什么还要重蹈他的覆辙写

---

(60) 参见拙著《欧阳修的文学作品》（*Literary Works of Ou-yang Hsiu*），第 161—195 页。

这种俗艳之词？为什么这样一个史学家、诗人、古文运动领袖（南宋以降欧阳修的经典形象）会允许自己口出市井俚语、写一些逆潮流而动的词作？——时人品评词调，仍以花间为高，还不大可能接受口语化的俗词。但是，欧阳修在当代学者眼中却至少还有另一种形象：新领域的大胆开拓者。前面几章中，我们讨论了他作为金石鉴赏家、"牡丹花下客"和诗歌批评家的新锐表现：他习惯于探索一般文学家或思想家所避易的领域，也总有种特别的眼光，能在这些地方发现美。因此，如果在曲词领域，他又一次表现得特立独行，偶尔写写拘谨的同辈们不肯染指的言情小词，倒也不算出人意料。

南宋学者删减欧阳修文集的现象表明，直到12、13世纪，口语化的词在某些地方仍不能被完全接受。为了维护欧阳修儒者的形象，他作为词人的那一面和偶一为之的放纵就都被否定和掩盖了。不过也不是所有人都采取这种做法，南宋至少有一位欧阳修文集的编者收录了这部分作品，将其置于其他比较"检点"的作品之后。

但是，欧阳修艳词带来的麻烦不光发生在其身后，也发生在他生前。他和柳永相比诚然有不同——他是作为一个杰出政治家而喜好填词。但二人有一点是类似的：他也同样无法摆脱词的诱惑，沉酣于此，不能自已。

欧阳修的中年和晚年，曾两次遭遇"帷薄不修"的指控。第一次是"盗甥"案：欧阳修的妹妹丧夫后，曾携继女（其夫与前妻所生）张氏寄住在欧阳修家。数年后（1045年），张氏与人通奸，案发受审时竟供认自己早年居于舅家时曾与欧阳修有私情。欧阳修因此受审。尽管此案最终查无实据，欧阳修还是被贬滁州。二十年后，他又被指控与长媳有染，再次受审。这一次同样查无实据，却再一次被贬离京城[61]。

---

[61] 两个事件的始末详情参见拙著《欧阳修的文学作品》（*Literary Works of Ou-yang Hsiu*），第6—7、9—10页。

这两件事对欧阳修的政治生活和个人生活来说都是重大的打击。时隔千年, 我们已无法证实欧阳修有没有被诬陷, 但鉴于他树敌很多, 而且"盗甥"案又发生在庆历新政的敏感时期, 我们至少不会天真到以为他的政敌不会利用这些指控为自己谋利——甚或这些丑闻从一开始就是他们策划编造的也未可知。

我们感兴趣的是这些丑闻和欧阳修的词创作之间的关联。很显然, 这二者之间存在着某种联系。我们不能说如果欧阳修从来没填过词就肯定不会有这些指控, 但他作为词人的名望和他那些超出了"雅致"标准(范围极窄)的作品, 在政敌们想要利用乱伦指控扳倒他时, 的确起到了推波助澜的作用。或许我们也无法重建这些阴谋的每一个细节以证实上述猜想, 但从现存的一些材料来看, 这个结论本身庶几是可靠的: 欧阳修的艳词和对他的性侵犯指控间存在某种对应。

欧阳修在"盗甥"一案的自辩词中申诉说, 妹妹"丧厥夫而无托, 携幼女以来归。张氏此时年方七岁"。他的一个政敌钱勰, 翻检卷宗阅至此处时便笑道: "正是学'簸钱'时也。"[62] 得意之态, 昭然可见。"簸钱"即暗指欧阳修的一首"望江南"中的语词, 该篇以男性叙述视角描写了一个男子对一个年幼少女的迷恋:

望江南[63]

江南柳, 叶小未成阴。人为丝轻那忍折, 莺嫌枝嫩不胜吟。留取待春深。   十四五, 闲抱琵琶寻。阶上簸钱阶下走, 恁时相见早留心。何况到如今。

上阕带有强烈的性暗示, 表明叙述者很早就对那位出现在下阕中的少女留意倾心。"柳"在诗文中常代指女性; "成阴"也有双关 277

---

[62] 钱世昭《钱氏私志》, 第 5 页 b–6 页 a。
[63] 欧阳修《望江南》其二, 《全宋词》第 1 册, 第 158 页。

之意：一为树荫之荫，二为阴阳之阴，依后义，“未成阴”便指未成年的幼女。如此语境中，第三句的折柳叶就很容易让人想到女孩的童贞。但是因为这个女孩还太年幼，因此莺——常代指流连花丛的男性——决定暂时等候，“留取待春深”。

钱勰认为这便是欧阳修的罪证。他不怀好意地提及“簸钱”之词，并以此影射现实。这些流传颇广的艳词大概是欧阳修的政敌们所极其乐见的，特别是当欧阳修因作风问题遭到指控的时候，它们可以作为捕风捉影的证据被加以利用。

另一则材料则明确告诉了我们欧阳修的政敌与那些艳词的直接关系。欧阳修的朋友释文莹在《湘山野录》中说，欧词中某些广为流传的篇目其实是他的政敌伪造以毁其名誉的。他先引了欧阳修在某次宴会上的词作，称其“飘逸清远”，意思是这才是真正的欧词风格。接下来便说：

> 公不幸晚为憸人构淫艳数曲射之，以成其毁。予皇祐中都下已闻此阕，歌于人口者二十年矣。嗟哉！不能为之力辨。[64]

这段材料中提到的时间点很关键。欧阳修“盗甥”案发生在1045年，其后不久就是“皇祐”时期。案件是在京城审理的，文莹说几年后的“皇祐”中他已闻知此作，那么很有可能他所说的“淫艳数曲”的创作和“盗甥”案发生在同一时间。文莹没有点明欧阳修为人所射的究竟是何事，也没有确指“以成其毁”的是哪首词，但从时间和
278 “为尊者讳”的含糊其辞的表述上看，当指“盗甥”丑闻无疑。

在欧阳修的奏议中，我们发现了这篇恰好作于“盗甥”案之前两年的《论禁止无名子伤毁近臣状》[65]。该奏状说，目前有一首欲中

(64) 文莹《湘山野录》卷上，第1395页。
(65) 欧阳修《论禁止无名子伤毁近臣状》，《奏议集》卷一〇，《欧阳修全集》，第1618—1619页。

伤三司使王尧臣的"无名子诗"传于中外，他认为这是"在朝之臣有名位与尧臣相类者"而作，目的是中伤尧臣以争自进。他向皇帝谏言，应惩戒此类"敢有造作言语诬构阴私者"。尽管在这一事件中充当诽谤工具的是诗而不是词，而且那更像是一首"关于"王尧臣、而不是王尧臣所作的诗（因此看上去可能和欧阳修之案并不完全类似），但无论如何，我们还是可以从这篇奏状中认识到：在当时党争白热化的环境中，伪造诗文是政敌相互攻讦所采用的一种重要手段。如果欧阳修两年之后也被如法"伤毁"，当也不为特例。

总之，我们找到了两条不同的（而非一条或是几条相关的）围绕欧阳修及其词作的笔记，它们都反映出一些"词"可否登上大雅之堂的问题。不过这两条材料也有不同的侧重。南宋笔记主要反映了后世学者们在处理欧阳修文集时的纠结困惑，他们一方面要维护欧阳修儒者君子的形象，另一方面也要面对他那些为数不少的、露骨的"问题"词作，而且麻烦的是，这些作品大多确实是出自他本人之手。另一条材料则说明，正因为欧阳修写艳词，所以是他自己给了政敌们一个在帷薄丑闻中可资利用的把柄。或许某几首终成其毁的艳词（比如那首描写迷恋幼女的《望江南》）的确为政敌所炮制，但他们之所以会选择这种方式对欧进行毁伤，则要从欧阳修自己身上那里找原因。政敌的毁伤最多只是推波助澜，根本原因还在于事主自己的放纵，让对手有了可乘之机。

欧阳修作为词人的经历表明：至少到 11 世纪中期，一个杰出政治家在写词时依然是要冒风险的：特别是当社会只给了词一个极小的生存空间——只有少数端庄合宜、节制含敛的词能得到社会默许，而此时词人却常常放浪不拘、拒绝循规蹈矩。从这个意义上来说，欧阳修是他那个时代一个有争议的公众人物，一个"举世无双"的 279 特例：他是极成功的士大夫官员，又是俚俗小词的创作者，这原本对立的双轨在他身上不幸合为一辙，给他的人生、仕宦带来了诸多困厄。而且，欧阳修还是个异常多产的词人，他文集中共有 240 首

词作（包括那部分有争议的在内），是北宋前中期（从北宋初到欧
阳修所处的时代）留存词作最多的作家，甚至比柳永还多。对他来
说，多产同时也就意味着广泛的社会关注。但是，欧阳修的"举世
无双"只是在受到公众广泛关注这个意义上说的：他更像是个众所
周知的"样本"，但实质上却不是唯一一个染指艳词的高官。就在那
些声称要黜浮艳、归雅正的高官显贵中就有他的同道：我们前面提
到过的晏殊的批评者吕惠卿，他自己也曾"为宰相而作小词"，而且
也是"自作郑声"。北宋中期士大夫的这种"双面"人生其实不难
理解：作用于欧阳修身上的那几股矛盾对立的力量，正象征了"词"
这一文体在当时社会文化中"暧昧"身份的几个重要方面。

苏　轼

苏轼对宋词有着公认的革正之功[66]。尤其是本章和下章中所着力
讨论的两个焦点：词之文体地位如何逐步上升，词作为一种诗体如
何变得特别宜于以第一人称言情及表述美感。苏轼在这两方面都居
功甚伟。

苏词向来被认为是"一洗绮罗香泽之态"[67]：他不写"闺怨"
（《花间集》最重要的传统），不写多愁善感；在他的笔下，宋词第
一次革除了"一味言情"的趣味，不再仅仅关注男欢女爱中的思慕
与沮挫。换句话说，苏轼大大弱化了宋词的阴柔气质，而后者正是
词获得尊贵文体地位的最大障碍。他在词中真率地抒情言事，将其
发展为一种高度个人化的诗性表达方式。但他的直抒胸臆却和柳永
不同。事实上，他和别人一样看不起柳永，也不喜欢柳永言情时那
种不同于晏、欧雅词的俚俗词风，有意与柳保持着距离。苏轼想要
探索的，是用词这种形式去描绘情事之外的感伤感慨。可是，尽管

280

---

[66]　笔者结合苏轼生平，对此有相关论述。参拙著《苏轼的言、象、行》（*Word, Image, and Deed*）第十章，第 310—351 页。

[67]　胡寅《酒边集序》。金启华《唐宋词集序跋汇编》，第 117 页。

他有如许成就，却仍有不满的暗流涌动于生前身后，自始至终。许多人认为苏轼对词的改革过于极端，词至东坡已“非本色”，东坡词也被指摘为以诗为词，不合音律（下章中会论及此问题）。

东坡词独特词风的确立是个漫长的过程，了解这一过程对认识东坡词的独特性也多有裨益。这个过程可分为三个阶段。第一阶段从苏轼出生到1073年，基本属于词作的空白期。1073年苏轼三十六岁，此时的他已是诗坛巨擘，有数百诗作行世，而词作却寥寥，可以确切系年的只有不多几首(68)。第二个阶段从1074年到1079年，以 281
苏轼是年被捕为结点。这一时期东坡词作迅猛增长（仅1074年一年的词作量就相当于此前所有词作总和的三倍）(69)，不过大多乏善可陈。其中相当一部分是作于送别时的宴饮曲词，感伤别离，感叹良辰苦短和别后之思（思念男性朋友或女性同伴）。这些主题都和晏殊、欧阳修创作的多愁善感的宴饮词作差不多，在很大程度上是对前人传统的承袭。

但在这一阶段中，苏轼偶尔也会尝试一些突破藩篱的作品，就是用词来记述、表达纯粹的或重要的私人事件（而非普遍社会主题）。他会给弟弟苏辙写词，比如作于1076年中秋的《水调歌头》(70)；给亡妻写词，如写在王弗十年祭的《江城子》(71)；欧阳修死后数年，苏轼过其扬州故居平山堂，写下《西江月》(72)；夜宿彭城燕子楼，因所做的一个梦而写下《永遇乐》(73)。这些带有强烈个人性的事件，本该是由“诗”来表达、记载的，现在却全写进了词中——他甚至在每首词的序中都交代了写作的场景，说明了时间、地点，所

(68) 数种苏词编年集都认为1073年以前苏词创作极少。最近的一本《苏轼词编年校注》认为1073年以前有15首词作（邹同庆、王宗堂，第3—45页），《东坡乐府编年校注》认为有9首（石声淮，第1—17页），《苏东坡词》认为有11首（曹树铭，第14—26页）。

(69) 这一时期的时间划分参考了《苏轼词编年校注》，邹同庆、王宗堂，第45—139页。

(70) 苏轼《水调歌头》其三，《全宋词》第1册，第280页。

(71) 苏轼《江城子》其九，《全宋词》第1册，第300页。

(72) 苏轼《西江月》其十二，《全宋词》第1册，第285页。

(73) 苏轼《永遇乐》其二，《全宋词》第1册，第302页。

寄何人。

在这之前，词与作者之间往往没有密切关联，词的主题比较泛化，几乎不涉及作者的私人情感。词所描绘的，要么是某种脸谱化的形象（如闺中相思的女子），要么是伤春惜花的沉思和离伤。词毕竟是依曲而生，最要紧的就是普适性，可以在不同时间不同场合被反复演唱。而苏轼作词却不求普遍效应，他的特点就是强烈的个人色彩，他所要表达的，是某个具体的人独特的生活体认与情感，而这个人就是他自己。

为什么苏轼一直不写词，而到了 1070 年代却开始写了呢？而且是以那样一种全新的、带有强烈个人色彩的方式？当然，这可能与词这种文体本身的特点有关，它不必像诗那么庄重，格律也和诗不同，它为文人们提供了诗以外的另一种表达空间。苏轼开始经常写词了，却很少提及这么做的原因。不过，他在给鲜于子骏的一封信里，曾偶然谈到过这个问题。

> 所索拙诗，岂敢措手，然不可不作，特未暇耳。近却颇作小词，虽无柳七郎风味，亦自是一家。呵呵。数日前，猎于郊外，所获颇多。作得一阕，令东州壮士抵掌顿足而歌之，吹笛击鼓以为节，颇壮观也。写呈取笑。[74]

这段文字中有几点值得注意。第一，他提到了诗词两分的概念，虽然是个细节，但却非常关键。在这里，诗词不但有绝对明晰的界线，而且还反映出苏轼用心的凉热——至少此时如此。他没时间给鲜于子骏写诗，却非常乐意给他看看他新近所制的小词。

而且，苏轼显然很得意于自己对词体的改造，颇为骄傲地称之为"自是一家"。他非常清楚，他所做的这种改造在词史上前所

---

[74] 苏轼《与鲜于子骏三首》其二，《苏轼文集》卷五三，第 1559—1560 页。

未有。

另一处值得注意的地方是看他用谁和自己相比。毫无疑问，当他提及柳永的创作时，他意下所指，必是柳词中那些柔情蜜意、你侬我侬的情歌恋曲（而不是柳词中的登览游历之作）。他急切地要和这类词划清界限，因此挑选了一首最不像柳永艳词的"出猎"词给鲜于子骏⑦，他甚至还惟妙惟肖地设想、描绘了这首词的表演场景，其"壮观"景象和柳词形成了更鲜明的对比。

苏轼是文学史上著名的豪放词开山之祖，评论家们也常把这首《密州出猎》作为他早年创作豪放词的标志。但其实关于《密州出猎》，应该还有另一种解释：与其说这是成熟的东坡词代表作，还不如说这是苏轼的一次宣言：坚决不与柳永同道为伍的宣言。《密州出猎》其实是个非常极端的例子，它几乎可算作苏轼集子中最"壮"的作品，此外几无其他篇什可与之相比。苏轼的意图，是要借此打破传统词旨、词风的拘囿，让词适应于更新更广的表达需求。如果一定要说苏轼挑选这首词送给鲜于子骏有什么特别理由的话，那也只能说他仍处于词风的探索阶段，并未最终形成。或者说，他已经开始形成（可参见约作于同一时期的《永遇乐·燕子楼》）自己的词风，但对此还没有明确的意识。所以，他给鲜于子骏的这首《密州出猎》，其实并不代表我们后来熟悉的那种最典型的苏词词风。

此前，苏轼也曾在其他地方表示过他对阴柔香艳词风的不满，比如他对世人追捧张先"小词"的鄙夷。不过，最令他不满的还是 284
柳词，除去给子骏的这封信，他后来还有一次表达过类似观点：

> 少游自会稽入都见东坡，东坡曰："不意别后公却学柳七作词。"少游曰："某虽无学，亦不如是。"东坡曰："'销魂。当

---

⑦ 苏轼《江城子》其四，《全宋词》第1册，第299页。

此际'，非柳七语乎？"⑦⑥

"销魂。当此际"是秦观《满庭芳·山抹微云》下阕的开头。一位男性叙述者在词中抒发了他离别心上人（一个歌伎）的悲戚。时人认为这首词是带有自传性质的⑦⑦：秦观的确曾爱上过一个歌伎，后来又离开了她，《满庭芳》当是为伊人所做。以下是这首词的下阕：

> 销魂。当此际，香囊暗解，罗带轻分。谩赢得、青楼薄幸
> 名存。此去何时见也，襟袖上、空惹啼痕。伤情处，高城望断，
> 灯火已黄昏。⑦⑧

苏轼对柳词向来不以为然，难怪他会责怪秦观"学柳七作词"。秦观的笔调的确有几分神似柳永，这位流连青楼的薄幸子很像柳词中一掷千金的情郎。苏轼看到自己的得意门生去学柳七，当然会心有不满。

285 问题是，苏轼对秦观的这种指责在多大程度上代表他的真实态度？我们前面提到过，苏轼极欣赏这首《满庭芳》，特别是上阕开篇之句"山抹微云"，他后来甚至直呼秦观"山抹微云君"。不过，在另一条材料中，我们又再次找到了他不满秦观学柳七的证明：苏轼一方面极口称赞秦观的文才，另一方面也以其"气格"为病，还戏作一联，将最喜欢的"秦学士"和柳屯田放在一起调侃一番⑦⑨。当人们想从这些材料中寻绎苏轼的真实想法时，往往会因为其前后矛盾感到困惑：为什么苏轼欣赏一首作品，却因此取笑它的作者？

---

⑦⑥ 曾慥《曾慥诗话》，第 3451 页。
⑦⑦ 严有翼《艺苑雌黄》，引自胡仔《苕溪渔隐丛话》后集，卷三三，第 248 页。
⑦⑧ 秦观《满庭芳》其一，《全宋词》第 1 册，第 458 页。
⑦⑨ 叶梦得《避暑录话》卷三，第 2629 页。

事实上，苏轼论词的态度经常是矛盾暧昧的。他为词着迷，却又不满于当时的词风；他感受到了这种新文体所蕴藏的表现力，却拒绝用已有的方式来呈现：他想要的，是一种前所未有的尝试。甚至对柳永，他的态度也存在着矛盾。有一次他曾为柳永辩护，认为柳永《八声甘州》之曲"于诗句，不减唐人高处"[30]。

世言柳耆卿曲俗，非也。如《八声甘州》云："渐霜风凄紧，关河冷落，残照当楼。"此语于诗句，不减唐人高处。[31]

但需要注意的关键一点是，苏轼欣赏的这首《八声甘州》属于登览写景之作，至于柳永艳词，他从来没有过如此慷慨的赞许。

在探索阶段，苏轼一直经历着挣扎。他难挡词的诱惑，但又不屑于盛行的词旨词风；他看不起柳永，把他树成靶子，自己写词时尽量避免渗入柳词风调，但其实也和别人一样，很清楚柳永的文才和他作为词人的成就；他不时地作词，而且很快就被公认为革弊的杰作，但却始终心有惴惴，难以自安，所以又常常停止作词，转向传统诗文。当他评价自己词作的特点时，往往会急切地申明它们和那些艳词的区别，生怕将二者混为一谈会影响到他在这条新路上的探索。

苏轼作为词人的转折点始于一场政治风波，并由此进入了他创作的第三个阶段。这就是元丰二年（1079）的乌台诗案。苏轼因为在诗文中毁谤神宗和执政者，以欺君之罪被押解回京，入御史台受审。在经历了百余天的关押后，他终于洗清了那几项可治死罪的严重罪名，被贬黄州，并被勒令永不再言"当日事"。黄州流放从1080年一直持续到1084年，正是在这一时期，他成为了"东坡居

---

[30] 柳永《八声甘州》，《全宋词》第1册，第43页。
[31] 苏轼语见赵令畤《侯鲭录》卷七，第2091页。

士"，那个在中国文化史上赫赫有名的苏东坡。也正是在这一时期，他进入了词创作的第三个阶段。

想来也怪，苏轼革新宋词最关键的推动力竟然是这样一次政治迫害，而与我们通常以为的文学因素无涉。一般说来，文学史或一个作家的文学经历，往往与其创作方法和特质相关，并由审美取向、文学批评和创作灵感共同驱动。而在苏轼这里，则是一次完完全全的外部事件最终改变了他作词的方式。乌台诗案之后，东坡词在词史上的地位便不可动摇了，它不再只是苏轼个人的一种文学实验，而是被视为词史发展的新方向。一旦苏轼找到了他独特的词风，一种新的词派——豪放派便诞生了。"豪放词"从此成为一种新风尚，为许多后世词人所承袭、实践。但是，这样一种转折却并没什么必然性，它可能永远不会发生。毕竟在先前的词史、甚至是东坡自己之前的创作经历中，我们看不出任何转变的征兆。如果没有黄州之贬，苏轼此前的词作都可另当别论。从这个意义上说，乌台诗案对于词人苏轼的成长而言，无异天启。

苏轼的案子终于了结了[82]：他供认了自己曾在赠答诗中讥讽过王安石的新政。他在黄州安置了下来。回想起这生死一线的文字狱，亲友们都劝他就此封笔，别再因文致祸。苏轼向来口角犀利，但若只是嘴上说说，倒还无甚大碍，可他竟然把这些刻薄的俏皮话都写进作品、形于文字，这后果就非常严重了。他名气太大，只要是他写的，哪怕只言片语都会广为流传。苏轼自己也很无奈：总有一些他连见都没见过的"编者"们，利用木板雕印的新技术，将他的作品草草汇编出版以牟取利润[83]。1079 年的乌台诗案中就特别提及了这些已刊刻的"反诗"[84]。由于声名太著，他无法控制自己作品的

---

[82] 这一段和下面几段中涉及的关于苏轼的流放及其对黄州时期创作的影响，参见拙著《苏轼的言、象、行》（*Word, Image, and Deed*）第 43—46 页，以及第 207—213 页。

[83] 苏轼《答陈传道五首》其二，《苏轼文集》卷五三，第 1574 页。

[84] 见朋九万《乌台诗案》第 1 页所引何大正《监察御史里行何大正札子》。

流通。   288

　　但苏轼永远不可能"封笔"，他就是为文而生的。朋友们好心相劝时，他也会随口应诺下来，说自己毕生所做诗文，不过是他天性有缺的证明，还说自此以后对诗文创作兴味索然[85]。可是我们知道，从某种观念看来，词并不在"诗文"之列，词不入文集，甚至都算不上是文学。

　　贬谪期间的苏轼开始将他江海般的才情倾注于词的创作。这对他来说是个再自然不过的选择：他险些因为几年前所作的诗、文丧命，况且他也保证过再不染指这些作品。但他仍在写作，并把新作附在给友人的信中，只是他会在信中嘱咐朋友们不要示于他人。就在他想着要封笔的同时，却也在为日后的新作担忧。他为什么会继续创作？因为乌台诗案已经证明，哪怕是那些最无害的诗句，政敌们都会从中嗅出反意，并借之对他进行陷害。在牢狱之灾的威胁下，苏轼甚至都放弃了他作为被告的权利——为自己辩解，去澄清那些莫须有的罪名。

　　刚刚经历过审判和流放，苏轼不太敢写诗了，但作词却不必那么胆战心惊。诗差一点就给他招来杀身之祸，但却没有一首词在乌台诗案中被当作罪证[86]。因为首先，词没有诗那样的政治讽喻传统，再者，词只能算是戏作，根本算不上什么证据。如果说苏轼的政敌   289
在他的诗中深文周纳尚且还算严肃，那在词里搜寻罪证就显得牵强可笑了，只会降低他们自己的可信度。诗词间的这种差别在苏轼那里也很明确。黄州贬谪期间他曾写信给一位友人，说"比虽不作诗，小词不碍，辄作一首，今录呈，为一笑"[87]，他其实仍在写诗，但却要特别当心它们流传出去。但对词而言就不存在这个问题。

---

[85] 参见拙著《苏轼的言、象、行》（*Word, Image, and Deed*），第 212—213 页。
[86] 在朝廷所列出的一长串苏轼与王诜（一位皇亲）往来唱和的诗文中，包括两首苏轼给王诜的词，但这两首都没有被用作定罪的证据。充当罪证的是几十组诗文。这两首词见朋九万《乌台诗案》，第 12 页。
[87] 苏轼《与陈大夫八首》其三，《苏轼文集》卷五六，第 1698 页。

　　黄州之贬，不仅带来了苏轼在词作上的增长，让他更加意识到词的随意性，从而恣意出入其间、酣畅表达自我。黄州更重要的意义在于，在这一时期，苏轼找到了一个作词的新方向，形成了成熟的东坡词风。这一新发现显然让苏轼感到兴奋，他在给朋友的信中写到："近者新阕甚多，篇篇皆奇，迟公来此，口以传授。"⑧ 这种论调在他早年的词论中是绝不可能出现的。

　　我曾在拙著《苏轼的言、象、行》（*Word，Image，and Deed in the Life of Su Shi*）中相当详尽地讨论过苏轼的词风⑧，这里不再赘述。以下我仅举两个例子，分别用以说明两种主要的苏词风格。黄州期间，苏轼多用小令，所记所表，都带有很强的个人性。这些作品大多在户外作成，并且使用第一人称，苏轼有意加上了词序，向读者表明词中所写就是他自己。它们记述下他在新环境中的点点滴滴，几乎可算作一部东坡寓居黄州时的编年小史。当我们翻阅这些290 作品时，必须时时提醒自己，词中之人是一个被贬窜的、饱受屈辱的官员，黄州只是长江边上一个凄荒的小镇，一个没有文化的穷乡僻壤——因为在词中，我们看不到一丝一毫的沮丧，而总是知足自乐。苏轼总能在村野中找到乐趣，并把那种难以自抑的盎然兴味写进词中：有一次他醉过溪桥，见水中月影着实可爱，不忍"踏碎琼瑶"，便卧眠于芳草丛中⑨。在有些作品里，他对快乐的抒写也会比较含敛，但环境的荒僻和生活的困窘只会让他那种宁静的喜悦显得更加引人注目。

鹧鸪天⑨

　　林断山明竹隐墙。乱蝉衰草小池塘。翻空白鸟时时见，照

---

⑧　苏轼《与陈季常十六首》其九，《苏轼文集》卷五三，第 1567 页。
⑧　参见拙著《苏轼的言、象、行》（*Word，Image，and Deed*），第 330—355 页。
⑨　苏轼《西江月》，《全宋词》第 1 册，第 284—285 页。
⑨　苏轼《鹧鸪天》，《全宋词》第 1 册，第 288 页。

水红菓细细香。　　村舍外，古城旁。杖藜徐步转斜阳。殷勤昨夜三更雨，又得浮生一日凉。

浮生，暗指"此身非我有"的无奈。苏轼不知道他的流放还会持续多久。当他写下这首词时，他在黄州已经住了四年了。

在这些作品中，苏轼总是要向自己、向世人，甚至向政敌们证明：他可以随遇而安，委心任运，无论境遇多么糟糕，他的意志都不会被摧垮。他想办法让自己保持积极自足的心态。哪怕是写悲苦失落，也要写得热切昂扬：他用一种全新的方式表达自我，悉心记 291 录生活急转直下时自身的状况。

下面我要讨论的是苏轼晚些时候写给他方外之友参寥的一首长调，也是东坡成熟长调的代表作。1089—1090 年苏轼知杭州，参寥与他多有交游。1091 年苏轼写这首词时，参寥已经离开杭州，苏轼在词中追忆了他们此前一起度过的美好时光。

八声甘州·寄参寥子[92]

有情风、万里卷潮来，无情送潮归。问钱塘江上，西兴浦口，几度斜晖。不用思量今古，俯仰昔人非。谁似东坡老，白首忘机。　　记取西湖西畔，正春山好处，空翠烟霏。算诗人相得，如我与君稀。约他年、东还海道，愿谢公、雅志莫相违。西州路，不应回首，为我沾衣。

作者按："东还海道，愿谢公、雅志莫相违"一句用谢安（329—385）典故。谢安想在中原初定后自海道东还归隐，但功业未竟而亡[93]。苏轼的意思是，他希望参寥再回杭州时不会像谢安那样。"西州路，不应回首，为我 292 沾衣"一句同样与谢安有关。但这次，苏轼是以谢安自比，而把参寥比作

---

[92]　苏轼《八声甘州》，《全宋词》第 1 册，第 297 页。
[93]　《晋书》卷七九，第 2076 页。

了谢安的朋友羊昙。谢安重病还都，行至西州门郁郁而终。他的朋友羊昙
从此便有意不走西州路。但有一次他醉中无意行至西州门，别人告诉他时，
羊昙悲感不已，恸哭而去㉟。

这首词是写给一位僧人的，但却通篇都在说"情"（如开篇点
题）。结尾处，苏轼竟然深切地告诉他的方外之友要"忘情"——
当他离去，也带走他们的友谊时，他希望参寥可以自持，不要"回
首""沾衣"不胜悲。从头到尾，苏轼都把参寥当作和他一样的士
大夫文人，而非一个世外僧人。他用"诗人"一词来称呼参寥，将
其比作谢安。事实上，参寥也的确和苏轼一样经常会"情不自禁"。
他们看来的确非常知心，就像苏轼所说："算诗人相得，如我与
君稀。"

尽管如此相得，他们的友谊也必有终结的一天。怅惘也好，沾
衣也罢，友情的逝去，正如无情的风卷江潮，永无归期。当"相得"
不再，诗人留下的唯一慰藉便是回忆。追忆或可解忧，但也使人伤
感，因为忆之所有，亦必今之所失。常忆所失，即便不算软弱，至
少也是虚妄。在这首词的末尾，苏轼勾勒出一个未来的场景：东坡
已去，参寥伫立在西州路上，遥想故人。

在苏轼笔下，原本不关私人情感的娱乐性的词体变成了极富个
人色彩的全新表达。一个孤悬异乡的诗人，在困厄蹇舛中寻觅探
索，深情地追忆他至珍至爱的亲友。作为词人，他虽然努力和柳
永保持距离，但其实也从这个前辈那里获益良多。这种获益不是
来自题材或语言风格，而是一种新的叙述姿态。他和柳永一样，
都不甘心只做个泛泛而论的"概言者"，或明确清晰的"代言者"，
他们想要的，是在词中写"我"。东坡词中的"我"是词史上一个
关键的革新，而且是一个可以被士大夫礼教所接受的革新——换言

293

㉟ 《晋书》卷七九，第 2077 页。

之，士大夫可以接受东坡词之"我"，而不能接受柳词之"我"。正是在这个意义上，苏轼为下一代词人更彻底的改革词风开辟了坦途。

294

第六章　宋词：新的词评观念，新的男性声音

苏轼作为词人的影响当然很大，但还原他当时的创作场景却并非易事。因为，尽管后世关于他的词评汗牛充栋，但在当时，他的同辈人中却很少有人对此发表议论。黄庭坚关于他的一首黄州词（以下这首）的跋文是少有的几篇文献之一。

卜算子·黄州定惠院寓居作①

缺月挂疏桐，漏断人初静。谁见幽人独往来，缥缈孤鸿影。
惊起却回头，有恨无人省。拣尽寒枝不肯栖，寂寞沙洲冷。

295

上阕中，孤鸿与幽人彼此相"见"，是暗夜中唯一的醒者。下阕的关注点则完全转向孤鸿，它感到"恨"，感到孤寒畏缩，"拣尽寒枝"却找不到栖息之所。正如流放中沮丧的苏轼。以下是黄庭坚关于这首词的跋：

> 东坡道人在黄州时作。语意高妙，似非吃烟火食人语，非胸中有万卷书，笔下无一点尘俗气，孰能至此？②

"非吃烟火食人"一般用来形容出家的道士（或僧人），他们离尘弃世，追寻纯净的生活。"万卷书"和"一点尘俗气"语出杜

---

① 苏轼《卜算子》，《全宋词》第 1 册，第 295 页。副标题不见于《全宋词》，此据苏词其他版本所补。词中第三句和第八句，参校薛瑞生《东坡词编年笺证》，第 242 页。
② 黄庭坚《跋东坡乐府》，《山谷题跋》卷二，第 40 页。

甫名句"读书破万卷，下笔如有神"③，但杜甫当时是为入仕做考试
准备，黄庭坚在此化用是为了赞美他年长的朋友苏东坡。

　　黄庭坚的盛赞，不仅停留在写作技巧和表达能力方面，他对这
首词的评价之高，绝不亚于他对某首高妙的苏诗（甚至是杜诗）的
评价，他丝毫不因为这是首词而感到遗憾。不只是《卜算子》，苏轼
有许多其他的词也是一样被毫无保留地推崇。除了用韵和音律上的　296
差别，这首词读起来也的确像诗，无论是词旨，用语，或是笔调，
它都和传统的词不同。在黄庭坚看来，它不仅是东坡高妙写作技巧
的证明，也是他的内心写照和内在人格的外在呈现。我们从《卜算
子》里读出了他的博学，他的脱俗，还有他非凡的文学表现力：他
用委婉曲折的方式表达了他流寓黄州的苦闷之情，而不是直截了当。

　　通常情况下，词是"不如其人"的。词只为公共表演而作，为
配合歌伎的演唱而作，词与作者之间存在着某种疏离，它可以和作
者没有关系。因此，词评往往会将作品与作者分而论之，毕竟词在
某种程度上是为大众而生、为"俗"而生的。但是，这篇跋文中黄
庭坚却说东坡词是"语意"自"胸中"出，作品语意高妙，皆因作
者其人无一点尘俗气。词在黄庭坚这里得到了彻底的翻案和提升。

　　诚然，黄庭坚只是针对苏轼的一首特定的词作发表了这样的看
法。事实上，在11世纪相当漫长的一段时间内，词都在挣扎着，力
图获得合法地位。特别是当花间词传统被打破后，词应当何去何从，
成为困扰许多词人的一大难题。如果将黄庭坚这番赞许放在上述背
景中看，就不难得知苏轼作为词人的努力和他探索的分量。那绝非
无足轻重。通过前面几章的讨论我们知道，要想在某个新的审美领
域中开疆拓土，一个发凡起例的大家的出现有多么重要。对于宋词
而言，这种开拓就更加艰难。北宋词史在时间上没有一个清晰的
"源"，却有一条不断的"流"：一个又一个词人在这一进程中留下印

③　杜甫《奉赠韦左丞丈二十二韵》，《杜诗详注》卷一，第74页。

297　记。苏轼算不上他们中的前辈，但却是第一个写出了在品味和分寸上都完全合理、合度的作品的词人。词到苏轼，才真正被接受了。黄庭坚的跋便代表了时人对苏轼在这一文体上的探索的高度评价。

　　苏轼的努力证明，的确有一种方式可以解决词的"不体面"这一痼疾。如果这种努力来自一个无名小辈，那可能无关紧要。但是苏轼一旦开始努力探索、大量作词——并且是以一种无可指摘的方式，那词的"翻身"便指日可待了。苏轼冒着葬送名誉的危险涉入了这一领域（因为写词，柳永的名誉完全葬送，欧阳修也几乎葬送），并开创出一个新纪元。这是词史上的一件大事，因为它是由一位少年得志、驰誉文坛的天才完成的，一位因政治迫害和流放而成为士人偶像的英雄。苏轼的介入，对词的影响不可谓不大。

　　在许多资料中我们都能看到关于苏词和柳词异同的品评比较：

　　　　子瞻在玉堂日，有幕士善歌，因问："我词何如柳七？"对曰："柳郎中词，只合十七八女郎，执红牙板，歌'杨柳岸，晓风残月'④。学士词须关西大汉，铜琵琶，铁绰板，唱'大江东去'。"⑤ 东坡为之绝倒。⑥

　　这使我们想起前面提到过的苏轼那首出猎词。但这里所说的"大江东去"则是苏轼最著名的词作之一（其实也可以说是最著名的作品），是他词风最典型的代表，因此这条材料历来很受重视。这298　里，我们又一次看到了柳词和苏词的对比：一婉约，一豪放；前者专于"情"，意象精致，婉转细腻；后者品评王朝兴衰、沙场征伐，雄健磅礴。苏轼的风格显然被认为胜过了柳永，因为他将柳词擅长的那种缠绵阴柔的气息一扫而空。

---

④　柳永《雨霖铃》，《全宋词》第 1 册，第 21 页。
⑤　苏轼《念奴娇》，《全宋词》第 1 册，第 282 页。
⑥　俞文豹《吹剑续录》，第 1 页 a。

但这条材料也存在一些需要我们留意的问题。首先，苏轼自己也写过与豪放词截然不同的阴柔婉约的作品。明人王世贞就曾含蓄地指出这一点："昔人谓铜将军铁绰板，唱苏学士大江东去……果令铜将军于大江奏之，必能使江波鼎沸。"但与此同时，苏轼"至咏杨花《水龙吟慢》，又进柳妙处一尘矣"。[7] 王世贞的意思是，苏轼两种风调兼长，并非只会一味豪放。他提到的"杨花"，通常与美人娇眼（或睫毛）并提，苏轼详尽地描写了杨花随风飘逝、落地成泥的景象，在繁复的比喻中唤起思妇离人的孤寂之情。伤春惜时，感叹红颜难驻，青春蹉跎。这首《水龙吟》同是苏词名作，被王国维判为咏物词之"最工"者[8]。这个例子提醒我们，苏轼的确豪放，但也可以阴柔。

再者，苏轼不仅自己写这些他本不该写的作品，而且偶尔还会对别人的作品表现出极大的兴趣。以下这条材料就记载了苏轼对毛滂（卒于1120年）词的评判：

> 元祐中，东坡守钱塘，泽民（毛滂字）为法曹掾，秩满，辞去。是夕宴客，有妓歌此词，坡问谁所作，妓以毛法曹对，坡语坐客曰："郡寮有词人，不及知，某之罪也。"翌日，折简追还，留连数月，泽民因此得名。[9]

材料中提到的这首词，相传是毛滂写给他心仪的一名歌伎的别离歌，而这个歌伎很有可能就是宴会上为东坡演唱的那一位。以下是这首词：

惜分飞 [10]

泪湿阑干花著露。愁到眉峰碧聚。此恨平分取。更无言语。

---

[7] 王世贞《艺苑卮言》"东坡咏杨花词"，第387页。
[8] 王国维《人间词话》，第38段，第120页。
[9] 黄昇《花庵词选》卷六，第4页a。
[10] 毛滂《惜分飞》其二，《全宋词》第2册，第677页。

空相觑。　　短雨残云无意绪。寂寞朝朝暮暮。今夜山深处。断魂分付。潮回去。

苏轼被这首词深深打动，竟至"折简追还"毛滂，这样毛滂的"断魂"便不必随潮而去。这表明，苏轼是很喜欢这种缠绵婉丽的

300　词的。

第三，苏轼的豪放词一方面广受追捧，但另一方面，对豪放词的质疑也从未停止。在词风和词旨上"指出向上一路"毕竟会削弱词阴柔和娱情的本色，而当初吸引士大夫写词的恰恰是这一点。苏轼的同代人纷纷就此发表议论，侧重点有所不同，中心意思却一致：苏轼对词的改造使词偏离了言情传统。有人说苏轼的词不能唱，有人说他的词"短于情"，还有的说他是"以诗为词"、"非本色"⑪。比如陈师道就曾说："退之以文为诗，子瞻以诗为词。如教坊雷大使之舞，虽极天下之工，要非本色。"⑫ 陈师道的意思是，雷大使舞剑

301　宫廷其实不合常规，通常情况下宫中舞者都是女性，目的是娱帝王耳目（除非陈师道说的"非本色"是指雷大使的剑舞和一般舞蹈不同）。除了上述明确的批评，时人对苏轼改革词风词旨的抵制态度还表现在其他方面。一个被广泛援引的事实便是：苏轼自己的门生，如秦观、晁补之、陈师道和黄庭坚，都不曾在这方面追随他，也就是说，即便是和苏轼关系最密切的人，也不愿意学他的词风。

---

⑪ "短于情"见胡仔《苕溪渔隐丛话》前集卷四二，第284页，所引《遁斋闲览》。"非本色"、"以诗为词"，见同集卷五一，第346页，节引晁补之（无咎）录陈师道《后山诗话》语。事实上，这段引文并不见于《后山诗话》，仅在陈师道《后山集》中"书旧词后"一条下著录了部分语句。见《后山集》卷一七，第6页b—7页a。其余评论亦见于此。

⑫ 陈师道《后山诗话》，第309页。四库馆臣引《铁围山丛谈》语质疑该条真实性，根据《铁围山丛谈》记载，"雷万庆（又名雷中庆）宣和中以善舞隶教坊"（蔡絛《铁围山丛谈》卷六，第108页；参见祝尧《古赋辨体》，《四库全书》本卷八，第26页），可是陈师道卒于建中靖国元年（1101）十一月，"安能预知宣和中有雷大使借为譬"（纪昀等《四库全书总目提要》第5册卷三九，第4356页）。但这种质疑忽视了一种可能：雷万庆可能在徽宗朝之前就进宫跳舞了。有一种解释认为，四库馆臣只是不愿意承认身为"苏门六君子"之一的陈师道会对恩师苏轼有不满之词。

词论的发展

在苏轼门生这一代人中，对词的态度有了更大转变。尽管我们仍然无法确切估量苏轼在这中间的影响，但有一点是可以肯定的：苏轼遭贬黄州（他作为词人极其重要的时期）之后，紧接着就发生了这种转变。很可能是苏轼的创作实践产生了巨大影响，而这一影响本身，却相当复杂。

正如上面所说，苏轼的门生们并不认可他对词的改革。因此就产生了一个问题：苏轼清洗了宋词内部引发争议的那些元素，并通过自己天才的创作推动了社会对词的接受。但与此同时所产生的关于他新词风的质疑却导致连他的门生都不敢跟从，反而更多地去写那种作为苏轼清洗对象的传统艳词——尽管他们实际上都在利用苏轼"向上一路"的改革成果，利用词已被提升的文体地位来表达自己。严格说来，这两种趋势间存在着逻辑悖谬，甚至是对立：宋词接受程度的提高，恰恰是苏轼一扫"脂粉气"的缘故。因此，要是下一代文人承袭传统的阴柔词风和言情主旨，似乎必会与原有的非议发生冲突。但不知为何，除一些刻板道学家的指责外，冲突并没有想象中那么大。看来这的确应该归功于苏轼，他全面提升了词的接受程度，无论什么样的词都可以从中受益。11世纪最后几十年和12世纪最初几十年间，词的影响和声誉都达到了顶峰：这一时期出现了一些前所未有的、为词辩护、为词开罪的词论。与此同时，婉约深细的情词的创作也达到了空前绝后的繁荣：不但前人弗及，而且自1126年开封沦陷、宋室南渡之后再没有出现过如此的高潮。在以下篇章中，我将分别从词评和创作这两个相关的方面去寻绎其发展线索。

在正式讨论这些出自词人之手的词评前，我们需要关注一个新现象：此时文坛上出现了一种将词作为创作重心和创作大宗的趋势，这在以前从未出现过。较早表现出这种趋向的是晏殊的幼子晏幾道

302

（约 1032—1106）。晏幾道比起他显赫的父亲，仕途平平，他似乎是将一生心力都放在了作词上。值得注意的是，他没有文集传世。更值得注意的是，因为太看重词，他亲手编定了自己的词集，还提前作了自序。这还不够，他还邀请了当代诗坛、书坛翘楚黄庭坚，也为他的词集作了一篇序言。

303 　　还有一件事也证明了晏幾道对词"特别"地看重。1080 年代任颍昌府许田镇通判时，他曾亲笔抄录了几首自作小词给时任府帅的韩维看。向高级官员呈送诗文在当时是非常普遍的事，也是约定俗成的晋升途径。但晏幾道的特别之处就在于，他呈送给府帅的不是诗，而是词。他大错特错了，韩维是那种极其严肃的官员，他才没有闲情和耐心去欣赏情歌。他回信给晏幾道说："得新词盈卷，盖才有余而德不足者。愿郎君捐有余之才，补不足之德。不胜门下老吏之望云。"⑬ 要知道，晏幾道"自作长短句示本道大帅"时已年近不惑⑭，所以我们无法将他的行为解释为年少轻狂。记录这则轶事的邵博（卒于 1158 年）评论云："在叔原为甚豪，在韩公为甚德也。"说明他也意识到了晏幾道的行为欠妥。

　　晏幾道的行为不免让人想起柳永，我们不妨来做一番比较。诚然，晏幾道和柳永一样，也时常遭到非议。但是遍寻所有关于柳永其人其词的材料，我们找不到一处他试图以"词"干谒上级官员的记录，而且从道理上讲这也绝不可能：柳词在士大夫圈里的名声实在是太差了，以至他为求仕进还不得不改了名字。而且我们也从未听说过柳永曾经自编词集并为之作序。所有这些都表明，差不多比柳永小一辈的晏幾道对词持有一种他的前辈不可能有的态度。当然，也不是所有晏幾道的同代词人都像他这样，而且他的观念和行为在304 守旧的人看来依然是失当的。不过，对待自己的词作，他的确有一

---

⑬　邵博《邵氏闻见后录》，卷一九，第 151—152 页。
⑭　此据夏承焘考证，见夏著《唐宋词人年谱》，第 250—259 页。

种柳永所不具备的骄傲与自得。

　　11、12 世纪之交其实还有一些人也和晏幾道一样，对词投注了极大的兴趣和精力，并且他们作为文学家的名声主要来自词，而非传统诗文。比如秦观、贺铸（1052—1125）、周邦彦、毛滂，还有李之仪（约卒于 1115 年）。其中秦观和贺铸都曾因词得"号"，李之仪更是极重要的宋词推进者和词评家。根据饶宗颐的研究，李之仪文集《姑溪居士集》中有多达数十卷的词评，其数量之大几乎超过所有前人⑮。其中还包括了一些朋友写给他的序跋，也都涉及词论。《姑溪集》对宋词的这种空前关注是很特出的，同时代的其他文集罕有包括词论者。

　　下面我们将分别讨论五个不同词评家的重要词论（皆是序跋）。这些词评家基本同辈，大多活动于 1085—1115 年间，和苏轼是同时代人，但都属于后辈：或者年纪比苏轼小，或者资历比苏轼浅（似乎只有晏幾道比苏轼年长几岁）。这些词评都颇具批判性，在理论水平上达到了前所未有的高度。词评家们大胆申发议论，肯定词的价值及其表现能力，对作品的评价标准更高也更严苛。与此同时，几乎每条评论也都表明，即使是那些对词最热心的支持者，依然会对缠绵悱恻的情词表示些许的忧虑或抵触。这并不奇怪。宋词地位上升的历史趋势是漫长然而稳定的，在此之前，词还有那么长一段为人不齿的历史。11 世纪的每一代词人都为这一"向上"的进程做出了自己的贡献，而最后一代词人则是将这一进程推向了顶峰。可即便如此，也没能彻底洗刷词长久以来的污名，使之销声匿迹。不过，这些由于历史原因不时出现的"后退"论调（或是遁词或是质疑）并不重要，真正值得关注的是这些词评中呈现出的新观点，以及评论家们为词正名的新理由。

　　接下来讨论的第一段词评是张耒为贺铸词集所作的序：

⑮　饶宗颐《词籍考》，第 64 页。李之仪有《姑溪集》，其中前集五十卷，后集二十卷。

张耒：贺方回乐府序[⑯]

文章之于人，有满心而发，肆口而成，不待思虑而工，不待雕琢而丽者，皆天理之自然而情性之道也[⑰]。世之言雄暴虓武者，莫如刘季、项籍。此两人者，岂有儿女之情哉？至其过故乡而感慨，别美人而涕泣[⑱]，情发于言，流为泽词，含思凄婉，闻者动心焉。此两人者，岂其费心而得之哉？直寄其意耳。

306

予友贺方回，博学业文，而乐府之词高绝一世，携一编示予，大抵倚声而为之词，皆可歌也。或者讥方回好学能文而惟是为工，何哉？予应之曰："是所谓满心而发，肆口而成，虽欲已焉，而不得者。"若其粉泽之工，则其才之所至，亦不自知也。夫其盛丽如游金、张之堂，而妖冶如揽嫱、施之祛，幽洁如屈、宋，悲壮如苏、李，览者自知之，盖有不可胜言者矣。

这段文字中有许多值得玩味之处。张耒通篇都在为贺铸辩护，认为他耽好填词只是因为"才之所至，亦不自知"，他没什么错，不该遭受议论。当然，这只是一厢情愿的说法，很不可信，这一点大概连张耒自己也知道。有材料记载贺铸曾将某一首词多次修改，炼字不可谓不苦[⑲]，他并非真的"不知"。即便承认这些辩护成立，张耒的论断还是不可信。贺铸除词以外还有大量的诗，张耒对此却闭口不提，根本没有试图在这二者间寻求平衡。我们知道，苏轼评论张先时曾特别强调，无论对张先还是对旁观者而言，词与诗相比都只是"余技"，无奈世俗人却"但称其歌词"，正是所谓"未见好德

---

⑯ 张耒《贺方回乐府序》，《张耒集》卷四八，第755页。

⑰ 原为"至道"，据别本改为"道"。

⑱ 刘季即刘邦，汉高祖，还乡时路过故乡沛县，"慷慨伤怀，泣数行下"，自为歌诗。见司马迁《史记》卷八，第389页。项籍即项羽，垓下之战后霸王别姬，悲歌慷慨，自为歌。见《史记》卷七，第333页。

⑲ 王灼《碧鸡漫志》"贺方回石州慢"，第90页。

如好色者"。贺铸同张先一样，也是因词擅名，但张耒却丝毫不提贺铸作为诗人的成就。相反，他还在段末将贺铸词比诸屈原之骚、宋 307 玉之赋和苏武、李陵之诗——要知道，诗骚大赋的传统地位要远远高于词。就处理方式而言，张耒对贺铸词的评论在根本上不同于苏轼对张先词的评论。

张耒此序最值得注意、也最新奇的地方在于，他提到了两位在公元前206年起兵反秦、逐鹿天下的乱世枭雄刘邦和项羽，这简直是神来之笔。贺铸的词被指斥为多愁善感、纤细琐碎，不欣赏它们的人会说这只是"儿女情长"。可是，即便是刘邦和项羽，这两个中国历史上最"雄暴虓武"的人，也都会情动于中而发之为感人的歌诗。还有什么比拿他们来为贺铸辩护更有力的呢？特别是项羽，他的感泣尤其能引起同情和共鸣，宋词中和霸王别姬相似的文学情景比比皆是。词评中亦有其他与此相呼应的例子，比如苏轼的词常被形容为"豪放"、雄健，他的词只适合"大汉"而不适合"女郎"演唱等等。但张耒此处是一种完全不同的视角："雄暴虓武"如项羽、刘邦者也曾感泣、动情，但没人会觉得这有损他们的大丈夫气概。

张耒将贺铸之词比作毛嫱、西施的妖冶美貌，丝毫不因对词溢美而感到抱歉或支吾躲闪，这一点非常值得注意。他认为这是贺铸词的特质，也是其动人之处。这种对感官愉悦之词的毫不掩饰的追捧最初会让人想起欧阳炯的《花间集序》，但二者其实存在很大差 308 别。显然，欧阳炯不能借助任何传统诗学的话语为词正名，他只以选集为基础，谈论词的娱情功用。但张耒的策略在于，他将词的美好和诱惑与人们抒情的合理需求联系起来，道出了词的价值和本质。欧阳炯的序中不会提到"屈、宋"、"苏、李"，更不会有项羽、刘邦，但张耒就能很自然地接受贺铸词的"娱情"之美，将他和传统上无可指摘的人物、价值观一道相提并论。

下面将要提及的两条材料非常相似，因此把它们放在一起讨论。

第一条是李之仪为友人吴思道词作的跋，现在大概已经很少有人知道吴思道了。而另一条略有残佚的李清照（1084—约1155）词评则可能是迄今为止最著名的词评。它所以受人关注，不仅因为是出于李清照——这唯一的女性大词人——之手，更因为它对当时几乎所有著名词人都发起了猛烈攻击。

李之仪：跋吴思道小词[20]

长短句于遣词中最为难工，自有一种风格，稍不如格，便觉龃龉。唐人但以诗句，而用和声抑扬以就之，若今之歌《阳关》词是也。至唐末，遂因其声之长短句，而以意填之，始一变以成音律。大抵以《花间集》中所载为宗，然多小阕。至柳耆卿，始铺叙展衍，备足无余，形容盛明，千载如逢当日，较之《花间》所集，韵终不胜。由是知其为难能也。张子野独矫拂而振起之，虽刻意追逐，要是才不足而情有余，良可佳者。晏元宪、欧阳文忠、宋景文，则以其余力游戏，而风流闲雅，超出意表，又非其类也。谛味研究，字字皆有据，而其妙见于卒章，语尽而意不尽，意尽而情不尽，岂平平可得仿佛哉！思道覃思精诣，专以《花间》所集为准，其自得处，未易咫尺可论。苟辅之以晏、欧阳、宋，而取舍于张、柳，其进也，将不可得而御矣。

李清照：词论[21]

逮至本朝，礼乐文武大备，又涵养百余年，始有柳屯田永者，变旧声，作新声，出《乐章集》，大得声称于世，虽协音律，而词语尘下。又有张子野、宋子京兄弟、沈唐、元绛、晁

---

[20] 李之仪《跋吴思道小词》（"思"原文为"师"，今改之），《姑溪居士集》前集卷四〇，第2-3页。

[21] 李清照《词论》，《李清照集笺注》，第266—267页。

次膺辈继出，虽时时有妙语，而破碎何足名家。至晏元献、欧
阳永叔、苏子瞻，学际天人，作为小歌词，直如酌蠡水于大海，　310
然皆句读不葺之诗尔，又往往不协音律者。何耶？盖诗文分平
侧，而歌词分五音，又分五声，又分六律，又分清浊轻重。且
如近世所谓《声声慢》、《雨中花》、《喜迁莺》，既押平声韵，
又押入声韵；《玉楼春》本押平声韵，有押上去声韵，又押入
声。本押仄声韵，如押上声则协，如押入声则不可歌矣。王介
甫、曾子固，文章似西汉，若作一小歌词，则人必绝倒，不可
读也。乃知别是一家，知之者少。

　　后晏叔原、贺方回、秦少游、黄鲁直出，始能知之。又晏
苦无铺叙，贺苦少典重。秦即专主情致，而少故实，譬如贫家
美女，虽极妍丽丰逸，而终乏富贵态。黄即尚故实，而多疵病，
譬如良玉有瑕，价自减半矣。

　　这两段材料的写作时间可能非常相近。李清照明显忽略了周邦
彦，因此有研究认为《词论》应该是写于周邦彦执掌徽宗大晟府之
前，也就是 12 世纪的头十年㉒。李之仪跋的确切写作时间现在不清
楚，但我们可以肯定它不晚于李之仪的卒年 1115 年。没有证据表明　311
李之仪和李清照知道彼此的观点，所以这两则材料间不存在任何或
明或暗的"对话"，可它们之间却有许多地方不谋而合。

　　很显然，李之仪和李清照将词评提高到了一个"自觉"的新高
度，他们的词评中透露出一种前所未有的意识：构建词史，勾勒词
的发展和演变。他们都认为词的历史就是一部逐渐挖掘这种文体极
富挑战性的潜力的历史，而且这一进程远未完结。他们都认为柳永
是词史发展中的关键人物：这是非常惊人的看法，因为当时的人对

_____

㉒　关于李清照《词论》的写作时间，参见徐培均在《李清照集笺注》第 269—270 页的相
　　关讨论。

柳永的评价几乎全是负面的。在分别讨论这两则材料的特点之前，我们有必要先考察一下它们的共同点：李之仪和李清照都空前严肃地承担起一项职责：厘定填词的章法（尽管非常粗略），批评那些不合章法的词人，即使他们很著名。

李之仪的特别之处在于指出了词的"难工"：终于有人不再羞于承认创作这些小词的不易。这一态度使他和张耒有了根本区别，张耒只是说即便武夫也会动情，发之于歌诗不过是感情的自然流露。李之仪不但认为词最难工，更提出词作者们需要"谛味研究"，使"字字皆有据"。他说晏殊、欧阳修和宋祁等人皆是以"余力游戏"，并没有"覃思精诣"，他们并没有认真对待词体的创作。

李之仪还敏锐地指出了一个重要的作词技巧："其妙见于卒章，语尽而意不尽，意尽而情不尽。""意"，指语尽后逗留于唇齿意绪中的余味，是诗评中最常提到的概念。但李之仪的词评在这一诗评概念后又加了一条："情"。情甚至在意尽之后还会存在。语、意、情这三层递进的元素在以往的"诗"评中都前所未见，但它的确很适合用来分析以言情及相关主题为中心的新诗体——词㉓。

李清照对那些男性词人的批评众所周知，而这种批评即便是在她自己的时代，也是饱受非议的。当时大部分的批评家（当然都是男性）都不能理解李清照㉔，她竟会如此尖刻地指责男性作家的探索，而且其中还不乏苏轼这样的大文豪。她批评的着眼点在于词律，有人以为她这不过是有意引导读者，向他们炫耀自己对复杂音律的精通：首先，她懂词律；其次，她比那些男性词人更懂词律。清代批评家裴畅的评论就很典型，他猛烈抨击李清照："易安自恃其才，

㉓ 刘勰《文心雕龙》论诗时曾提到"物色尽而情不尽"，但这与李之仪的做法完全不同。李之仪试图使"语尽而意不尽"的词学理念符合传统诗学规范，并在其后添加一层新的意思："情"。参见李振兴《文心雕龙新译》"物色第四十六"，第711页。李之仪的三层批评模式后来被南宋周煇继承，用以品评前引毛滂之作。见周煇《清波杂志》卷九，第5110页。

㉔ 比如胡仔就有相关言论，见《苕溪渔隐丛话》后集卷三三，第254—255页。

藐视一切，语本不足存。第以一妇人能开此大口，其妄不待言，其
狂亦不可及也。"[25]

313

如果抛开李清照的女性因素，只客观分析她的评论，便可以看
到一种试图从根本上解释"词别是一家"的努力：拿写诗的方法来
创作长短句是不可行的。李清照对词的音乐性极其敏感，她要求人
们承认词的这一特征，并且予以足够重视。在她看来，词的这一根
本属性只是到了近几代文人那里才得到理解，但即便是他们也无法
创造出高雅的风调。李清照对他人缺点的评论，即便不是自负，至
少也代表了一种自傲，她在字里行间透露出一种暗示：她的词写得
比别人好。而另一层暗示则是，词和其他几种文体一样，值得人们
花心思气力去创作。这也就是说，填词是件严肃的事，哪怕是最富
才气的文豪也不应随手草就。

以下这段是黄庭坚写给晏幾道的《小山集序》。黄庭坚没有注明
该序的写作时间，但看起来应该是作于晏幾道晚年，约 1100 年前后
（晏幾道约卒于 1106 年，黄庭坚卒于 1105 年）。

黄庭坚：《小山集序》[26]

晏叔原，临淄公之暮子也。磊隗权奇，疏于顾忌，文章翰
墨，自立规模。常欲轩轾人而不受世之轻重。诸公虽称爱之，
而又以小谨望之，遂陆沉于下位。平生潜心六艺，玩思百家，
持论甚高，未尝以沽世。余尝怪而问焉，曰："我槃跚勃窣，犹   314
获罪于诸公，愤而吐之，是唾人面也。"乃独嬉弄于乐府之余，
而寓以诗人之句法。清壮顿挫，能动摇人心。士大夫传之，以
为有临淄之风耳，罕能味其言也。

余尝论：叔原固人英也，其痴亦自绝人。爱叔原者，皆愠

---

[25] 《李清照集笺注》第 277 页，引冯金伯《词苑萃编》卷九。
[26] 孙克强《唐宋人词话》第 222 页，引黄庭坚《山谷集》卷一六《小山集序》。

而问其目，曰："仕宦连蹇，而不能一傍贵人之门，是一痴也；论文自有体，而不肯一作新进士语，此又一痴也；费资千百万，家人寒饥，而面有孺子之色，此又一痴也；人百负之而不恨，己信人，终不疑其欺己，此又一痴也。"乃共以为然。

虽若此，至其乐府，可谓狎邪之大雅，豪士之鼓吹。其合者《高唐》、《洛神》之流，其下者岂减《桃叶》、《团扇》哉！

余少时，间作乐府，以使酒玩世。道人法秀独罪余"以笔墨劝淫，于我法中当下犁舌之狱"，特未见叔原之作耶！

虽然，彼富贵得意，室有倩盼慧女，而主人好文，必当市购千金，家求善本，曰："独不得与叔原同时耶！"若乃妙年美士，近知酒色之娱，苦节臞儒，晚悟裙裾之乐。鼓之舞之，使宴安鸩毒而不悔，是则叔原之罪也哉！

315

前面所列几段材料评点角度不同，但都是词史上具有里程碑意义的评论。黄庭坚此序也不例外。人们也许很容易忽略它的重要性，将其简单视为一篇巧妙的戏作。作者调侃他所要介绍的作品，而且很显然，他意识到可能会有人批评晏幾道的趣味，因而提前在序中为晏做了辩护。但我们首先应该意识到，这是词史上第一篇出于著名"诗"人之手的"词"序，而且黄庭坚的这篇序和前面对苏轼"孤鸿"词所做的评论很不同，这篇更加大胆。前者只是针对某一篇词做的跋，而且还是一篇读来很像"诗"的词，没有太多"词"的问题。而当晏幾道拿着他毕生所作"小词"去请黄庭坚——这位在文坛上地位比自己高得多的大人物写序时，倒真给黄庭坚出了个不小的难题。

最麻烦的问题在于，晏幾道平生没有一部正式的文集。因此，黄庭坚就不能说词只是他文才的表现形式之一。黄庭坚必须面对一个事实：晏幾道主要的文学创作就是词，而这在当时是非常罕见的。但他最后不但承认了这个尴尬的事实，而且还为其找到了伦理道德上的依据。黄庭坚此举实在堪称大胆，而且前所未有。

　　黄庭坚说，晏幾道的同辈人多认为他有乃父遗风，但黄庭坚觉得这只是皮相之见。只要稍加留意便可知父子二人的情况全然不同，最简单的就是看词集在各自创作生活中的角色和重要程度。晏殊在词之外还写了多达240卷的诗文[27]，晏幾道却几乎没有。如果只是简单地说晏幾道作词是继承晏殊之志，那无疑是忽略了二人在创作上的文体差别。

　　晏幾道将全部创作热情都倾注于词，他的"离经叛道"给了黄庭坚一个机会，让他将词——哪怕只有这一次——作为一个文人文学生命中最主要的、也是唯一的文学追求去描绘。黄庭坚抓住了这次机会，他不但坚持说词之于晏幾道的意义和晏殊根本不同，还更进一步说，晏幾道的词作是他最真挚本性的流露。这是个狡黠的说法，因为一般而言，词是不具有和诗一样的"言志"功能的。

　　黄庭坚并未直接表达上述意思，但我们可以清楚地从他的叙述中体会到这一点：他写晏幾道终生只醉心乐府，写他各种"痴"态（序文的中间一段）。首先，尽管没有道破，但晏幾道因填词而"痴"，其实是反映了他最深层的人格本性。黄庭坚给出了一个欣赏这种文学错位的方法：晏幾道那些被世人指斥为尖巧琐碎的艳词可以看作是他陆沉下位的人生的自然导向，他作品的真味正在于此。第二，黄庭坚所列举的几种"痴"，恰是晏幾道值得骄傲的道德品质：尽管稍加逢迎便能获得帮助，他却绝不折节依傍贵人；尽管稍加模仿便能升官进爵，他却绝不肯"一作新进士语"；他为朋友散尽千金，家人却饥寒交迫；朋友负之、欺之，他却始终报以信任。无论是对黄庭坚，还是对其他有同样价值观、将要读到这篇序的士大夫而言，晏幾道的这些"痴"都是值得尊敬的个人品质。而词，作为晏幾道的另一种"痴"，当然也应顺理成章地得到尊重。为什么？因为这些词证明了他的自律，证明了他对所有愤怒的自我超越，而

---

[27]　见陈振孙《直斋书录解题》卷一七，第492页。

他自我表达的意愿竟然是通过这样一种谦卑的方式。

到序言的最后一段，黄庭坚显然已解决了晏幾道给他的难题，而且还超额完成任务：他似乎很享受这样一次为词辩解的机会。我们甚至都开始觉得这篇序对黄庭坚和对晏幾道同样重要，很难想象如果不是黄，而是别人来写这篇序会是什么样子。

这篇序前面是关于作词对晏幾道生活的重要意义，正如黄庭坚所说，世人常会忽略这种重要性。之后，在结束部分（我指整个后面三段），黄庭坚转而关注晏幾道词对于社会的影响，词带来的快感及社会反应。也就是说，他关注的是词作为一种激发感官愉悦的方式，而非作者个人表达的途径。

僧人法秀针对黄庭坚词作的那段批评很有名，我们在上一章中也做过讨论。在这篇序里我们看到了黄庭坚对此是多么不耐烦，他特意向读者们提及二人的争论，虽然他其实根本没必要这么做。看起来他对法秀的言论始终耿耿于怀，一旦有机会在公众面前澄清，他便不遗余力地展开反击。

法秀的指责只是个跳板，接下来黄庭坚便开始讨论世人对晏幾道词的"享用"。但法秀所说的"淫"和山谷道人所说的"裙裾之乐"其实是一回事，而后者谈论酒色之乐时却丝毫没觉得难堪。法秀认为"淫荡"的事，在黄庭坚和其他享用晏词的人看来不过是无伤大雅的消遣。如果一定要说有什么要追悔的话，那就是他们觉得自己对这样的人间乐事开悟太晚！

至于黄庭坚提到的富贵之家以千金买晏幾道的词集（刻本）、世上每个有"情"的人都会乐于欣赏晏词（"独不得与叔原同时耶"），这其实是很反常的：黄庭坚竟然大肆渲染词在社会上受欢迎的程度。这实在不像黄庭坚说的话。在当时的士大夫中，黄庭坚是最热衷于雅俗之辨的一位，无论是写诗、书法、作画，还是品评人物，他都不遗余力地要趋雅避俗。当然，他所鄙视的"俗"并不是被底层文化认同的那种"通俗"，而是腐浊的趣味和品味低的人的所作所为

318

（比如模仿"新进士语"），或者还包括"好文"商贾的"富贵得意"。换句话说，那些他平时认为很俗的人，和他序中提到的为求得晏词一掷千金、为不了解词坛风尚而感到羞愧的人其实并没有太大区别。但他和同时代的其他精英士大夫一样，一旦涉及词的问题，他们都倾向于原谅这种"俗"，同时缓和自己对这种风尚的恶感。连黄庭坚这样的人都改变了态度和行为，可见词的感染力有多大。

如果把黄庭坚此序的最后一段与欧阳炯的《花间集序》对读将是件很有趣的事。二者都试图为词正名，而且都不仅诉诸文本，更注重词背后崇尚感官享受的社会背景。不过，这两个背景本身是非常不同的。在欧阳炯看来，《花间集》是一部"贵族词"，甚至只是"宫廷词"的选集，这不仅是因其辞藻富丽，更因为词中所描绘的场景皆皇家侯门所独有：香园小径边伫立着南国美人，月华中的朱楼雅士如月中仙子般令人心醉。而黄庭坚笔下的宋词风景却没那么精致，修辞也没那么华美。欧阳炯永远也不会说诸如他的选集在市场上售以千金之类的话，正如黄庭坚不会将晏词比作唐玄宗时期的应制乐词。欧阳炯更急于从形式和社会功用上把他的雅词和"北里倡风"划清界限，而黄庭坚则乐于描述晏幾道词的广泛流传和为大众所喜爱：这正是小晏词值得编纂成集的理由。

最后将要讨论的一则词评是晏幾道为《小山集》所做的自序。我们无从知道这篇序究竟作于黄序之前或之后，但我们所确知的是，晏幾道晚年将毕生所作乐词编集，并冠以"词"集之名，其自序也直呼"小山词自序"，而黄庭坚却只称其"小山集序"。

319

晏幾道：《小山词自序》[28]

　　补亡一编，补乐府之亡也。叔原往者浮沉酒中，病世之歌词，

---

[28] 晏幾道《小山词自序》，见金启华等编《唐宋词集序跋汇编》第 25 页。又见孙克强《唐宋人词话》第 221—222 页。二文本略有出入，此处如无特别说明，皆从《唐宋词集序跋汇编》。

不足以析酲解愠，试续南部诸贤绪余，作五七字语，期以自娱，不独叙其所怀，兼写一时杯酒间闻见，所同游者意中事。尝思感物之情，古今不易，窃以谓篇中之意，昔人所不遗，第于今无传尔。故今所制，通以补亡名之。

320

始时，沈十二廉叔、陈十君龙，家有莲、鸿、蘋、云，品清讴娱客[29]，每得一解，即以草授诸儿。吾三人持酒听之，为一笑乐而已。而君龙疾废卧家，廉叔下世，昔之狂篇醉句，遂与两家歌儿酒使俱流转于人间。自尔邮传滋多，积有窜易。七月己巳，为高平公缀辑成编[30]。

追惟往昔过从饮酒之人，或垅木已长，或病不偶，考其篇中所记，悲欢合离之事，如幻如电，如昨梦前尘，但能掩卷忱然，感光阴之易迁，叹境缘之无实也。

这篇序中包含着一种矫饰，以及其他一些没有明确表达的含义。假设是指晏幾道强调在《小山词》之前存在和它一样的作品，如此一来，晏幾道自己便不是"始作俑者"，这部词集看上去"空前"，

321 不过是因为前面的类似作品都流散亡佚了。正因如此，晏幾道将自己的词集命名为"补亡"[31]。

可晏幾道真的这样认为吗？我们无从知晓。他也许的确相信古人和今人有着共通的情感与意绪，但在没有任何证据的情况下，他真的认为古时候存在和他的词作同样的作品么？无论如何，他至少是想通

---

[29] "清讴"又作"请讴"。

[30] 高平公，疑为范纯仁（据夏承焘考证，见夏著《唐宋词人年谱》第261页）。范纯仁卒于1101年（晏幾道约卒于1106年）。Robert Ashmore 认为这句话表明《小山集》是范纯仁所编（《宴饮余波》"The Banquet's Aftermath：Yan Jidao's Ci Poetics and the High Tradition"，*T'oung Pao* 88.4—5〈2002〉，第231页），但我认为夏承焘的看法更可信：《小山集》是晏幾道在范纯仁的鼓励下自己编成的。至于成书时间，尚无定论。夏承焘认为就在范纯仁去世之前，也就是1101年左右。此说似可信。Ashmore 则认为在稍早的1089年，但此说出处不明。

[31] Robert Ashmore 在《宴饮余波》（"The Banquet's Aftermath"）一文中对该序有不同理解，他关注的是晏幾道对词的看法，及词与乐歌传统的关系。见该书第211—233页。

过提及乐府这一体面的古代诗源来为自己的词作"正名"，他的方式
很含蓄，用心也很隐秘。因此他的"补亡"说其实可以看作一种自我
辩护，但这种"补亡"并不是他唯一的自卫策略：他频频提到"持
酒"、"狂篇醉句"，提到那不过都是"为一笑乐"，这些无一不是他的
自我辩解，同时也是黄庭坚所谓晏幾道之"痴"的生动表现。

　　只有当我们暂且把这层"矫饰"放在一边，权当它是套话，我
们才能看出晏幾道这篇自序的重要和独特之处在于晏幾道定义和描
述词的方式。"不独叙其所怀，兼写一时杯酒间闻见、所同游者意中
事。尝思感物之情，古今不易。"我们究竟应该怎样理解这几句话？
"叙其所怀"可以指任何事情，但是"所同游者意中事"则特有所
指。"意中事"常指那些人们不愿表达，或是难于公开表达的事。这 322
会是什么事呢？想来应该就是"一时杯酒间闻见"。接下来，晏幾道
马上转入"情"（即"情爱"）的话题，继而又列出两组欢宴的常客：
歌女和她们要取悦的男子。至此，我们已完全明白了晏幾道的意图。
他也许不能公开讨论这一话题，但在他的词中，晏幾道却有意无意
尽一切可能描绘那种碰撞在持酒歌女与席间雅客间屡见不鲜的"情
意"。"意中事"的表达让人想起"意中人"，而"意中人"在当时
词作中就是指情人。黄庭坚曾有篇跋文夸赞另一位词人，说他能
"宛转愁切"地道人"意中事"[32]，此"意中事"当然也是指情事。

　　晏幾道的特别，不在于他不厌其烦地在词里从各个方面描绘士
子歌女的恋情，而在于他对这一主题的认可态度：他觉得这件事本
身是值得写的，无论是不是以词的方式。如此坦率地讨论词的内容，
如此直言不讳地描写"杯酒间闻见"、描写友人与其女伴的"悲欢
合离"，这在以往的词评中从没出现过。和晏幾道的说法最相近的就
是前文讨论的黄庭坚所写的晏词序，黄庭坚也肯定了士子们喜好 323
"裙裾之乐"的正当性，但在他的字里行间还是流露出那么一种

---

[32]　黄庭坚《跋马忠玉诗曲字》，《山谷集·别集》卷一二，第12页 b。

"底气不足"：他想说晏叔原的"罪"和晏词的"鸩毒"并不是那么罪大恶极，他选择句句带刺的嘲讽方式反击法秀之类的僧人对这类作品的苛责。但晏幾道的论调却全然不同。尽管他也有自我辩解，但除此之外，他以一个文人的身份直率地要求我们去关注日常生活中最平凡的露水之情、风月之事，没有一点曲笔或作态。

正因为如此，他才会在序中一一列出当年为他演唱过的歌女的名字。这虽然是个细节，但却非常重要：在此之前，我们从未见有谁这么做过。列举这些歌女的名字就意味着赋予了她们作为人、作为演奏者的地位和身份，她们被视为欢宴中不可或缺的伙伴，定格在词人对旧梦前尘的追忆中。当然，晏幾道不会不承认这些歌女和她们所侍奉的客人之间存在着巨大的等级差异，但至少他不愿看到她们像以前那样被完全地淹没于无名。他不但在序里提及了她们的名字，还在词作里经常写到她们（而且通常就是序里提到的那几个）③。这以前，只有柳永会在词里写歌女的名字，但柳永不是宰相的儿子，他和晏幾道的社会地位是不能比的。贵族文人和下层歌女间产生恋情在当时也许是很普遍的事，而且还成为了许多词的主题，但晏幾道的意义，是让我们看到了他在面对这种关系时的一种全新的率真。

说到对歌女的欣赏，我们还可以举一个例子。这是李之仪，一
324　位词的坚定拥护者为他的同时代词人贺铸的两首词作所写的题记：

> 　　右方回（贺铸）词。吴女宛转有余韵，方回过而悦之，遂将委质焉。其投怀固在所先也。自方回南北，垢面蓬首，不复与世故接。卒岁注望，虽传记抑扬，一意不迁者，不是过也。方回每为吾语，必怅然恨不即致之。
> 　　一日暮夜，叩门坠简。始辄异其来非时，果以是见讣，继

---

③　如《临江仙》其七，《鹧鸪天》其一六，《木兰花》其三，《愁倚兰令》其一，《虞美人》其七，分别见《全宋词》第1册，第222、227、233、243、249页。

出二阕，予尝报之曰：已储一升许泪，以俟佳作。于是呻吟不
绝韵㉞，几为之堕睫。

尤物不耐久，不独今日所艰。予岂木石哉！其与我同者，
试一度之。㉟

很难讲这篇题记是关于吴女本身的，还是关于贺铸悼吴女词的。
我想应该兼而有之。李之仪称许这个歌女，也赞赏贺铸的词。他在
文末说任何一个不是"木石"的人都会和他一样被这篇悼词感动落
泪。而这篇悼词又是和吴女非凡的品格、她与贺铸间缠绵悱恻的爱
情密不可分的。吴女，以及她对贺铸的忠贞、贺铸对吴女的思慕、
贺铸词中对这段感情的动人描绘——这一切都交织在了李之仪的所
思、所写中。

325

李之仪将贺铸对吴女的爱恋描绘为"将委质焉"，这是个很有趣
的说法。"委质"在古时是指地位低的人向他的君主发誓效忠，必要
时还要为君主献身。后来，"委质"渐指对君王或上级长官的效忠誓
言。当然除此之外也有其他用法，比如在自然诗中诗人会说"委质
山林如许国"㊱，这里是将自己献给山林。但在这里李之仪却说贺铸
"委质"（就是他的爱情和忠诚）的对象竟然仅仅是个歌女，这是很
独特的一种说法，全宋词中仅此一例，因为"委质"这样的语汇一
般是不做言情之用的，而且也不会出现在一个士大夫对歌女的表白
中。和我们发现的其他几处证据一样，李之仪对"委质"一词的使
用也表明了女性表演者地位的提升。

进行这些讨论，并不是因为贺铸和吴女之间的恋情有什么特别，
士大夫和倡家女的爱情故事早已不是什么新鲜事，而且也不值得留

㉞ 该篇《唐宋词集序跋汇编》所收版本"泪"作"韵"，见该书第 59 页。

㉟ 李之仪《题贺方回词》，《姑溪居士前集》卷四〇，第 7 页 a—b。金启华《唐宋词集序
跋汇编》所收版本在文字上略有出入，见该书第 58—59 页。

㊱ 见王安石《招吕望之使君》，《王荆公诗注补笺》卷二七，第 493 页。

意。之所以要讨论，是因为这一时期，在词本身的表达和李之仪题记之类的间接表述中，同时出现了一种描绘此类情事的"书写意愿"。这种意愿从某种程度上表明，社会风气对"士大夫—倡家女"恋爱模式的接受度在提高，对倡家女本身的接受度也在提高，更倾向于同情她们，认为她们值得尊重，值得被爱——整个社会的宽容度达到了前所未有的水平。一旦这种情事得到认同，可以被公开讨论，宋词也随之成了其最主要的表达方式。

326

男性的声音

宋词在 11 世纪晚期呈现出一种明显的新样态。这是伴随着词评的发展而产生出的一种新的作词方式，其最突出的特征就是男性角色、男性声音、以及男性视角。这也是我接下来将要集中讨论的。"男性角色"并不新鲜，五代词中既间或有之，到了柳永开始变得比较普遍，但这一方式的真正繁盛是到北宋最后几十年才有的，而且词的品质也和以前大不相同。这种空前的繁盛表明，词现在已经不再像从前那样仅仅关注孤寂的思妇——要么直接通过她们自己的声音说话，要么就置身事外进行客观的观察。男性的话语，男性在恋爱中的经历，尤其是失恋的凄楚，成为了这一时期一些特定词人的重要主题。士子对比自己地位低得多的歌女的迷恋经常会被强化特写，有时候词人们甚至还会公开描述陷入爱河的男子对他的意中人在感情上不能自拔、不堪一击。晏幾道就是这类词人的"先驱"之一，以下是他的三首代表作：

临江仙㊲

梦后楼台高锁，酒醒帘幕低垂。去年春恨却来时。落花人独

㊲　晏幾道《临江仙》其七，《全宋词》第 1 册，第 222 页。

立，微雨燕双飞。　　　记得小蘋初见，两重心字罗衣。琵琶弦 327
上说相思。当时明月在，曾照彩云归。

鹧鸪天㊳

彩袖殷勤捧玉钟。当年拼却醉颜红。舞低杨柳楼心月，歌
尽桃花扇底风㊴。　　　从别后，忆相逢。几回魂梦与君同。今宵
剩把银釭照，犹恐相逢是梦中。

采桑子㊵

西楼月下当时见，泪粉偷匀。歌罢还颦。恨隔炉烟看未真。
别来楼外垂杨缕，几换青春。倦客红尘。长记楼中粉泪人。

晏幾道还有许多类似的作品，都和上面这三首一样，精心刻画
那些倾倒了男性词人的歌女。从词中的描绘可以看出，她们的身份
毫无疑问是歌女，而不是任何别的有魅力、有才华的女性。这就是 328
说，词人毫不掩饰她们低贱的身份，也不试图把她们写成地位更高
些的女性。这一点，是晏幾道与前代所有曾在词中使用男性口吻的
词人（包括花间派词人）的最大区别。诚然，他们都喜作小令（尤
其是花间派词人），但二者的差异一目了然。当花间派词人以男性口
吻写词时（有，但是非常少），他们所怀恋、为之憔悴的伊人往往是
一位高贵的淑女，其所追忆的内容是她端庄的美貌和精致的生活
（比如玉簪、薄纱、金饰等等）；这位伊人的形象可能是一位女神，
或是类似的飘渺仙子。她绝不可能是一个在寻常勾栏瓦肆中表演的
倡家女，给男人们跳舞、斟酒，甚至陪宿。

但在晏幾道上述几首词中，我们看到，在一首又一首的词中，

㊳　晏幾道《鹧鸪天》其一，《全宋词》第 1 册，第 225 页。
㊴　"扇底"又作"扇影"。
㊵　晏幾道《采桑子》其十七，《全宋词》第 1 册，第 251 页。

男性词人与其心仪的歌女之间的关系，其实质一直在变化。第一首词中，一位叫小蘋的歌女离开了她曾表演的地方。她像彩云般飘逝，留下孤独的词人咀嚼着深切的相思。第二首，词人与一位歌女曾有过一段共处的时光，分手之后他时常怀想她曼妙的歌喉与迷人的舞姿。就在写这首词之前，他们重逢了。词人无比欣喜，甚至都怀疑这是不是又一次的梦里相对。第三首，词人其实都没有真正接触过这个女孩。他只在她伤心垂泪（我们只能这样猜测）、又试图掩饰时有过惊鸿一瞥。但就是这一瞥，还有她那隐忍的哀伤，让词人倍感酸楚，此情此景萦绕心头，多年不能释怀。

　　每一首词乍一看都是在写一位色艺双全的歌女，但其实每首词的真正旨趣都在于词人对这些女孩的爱恋，这也正是贯穿这几首词作的主线。这些作品给我们印象最深的就是词人脑海中女孩的形象，还有她们在他心上刻下的印记。

329

　　晏幾道是第一个将这一主题确立为创作中心的词人。但也有人认为，比他稍微年轻一点的周邦彦的作品其实已经具备了这种写作模式的雏形。周邦彦和晏幾道一样，也是因词得名。但和晏幾道不同的是，他同时也作诗，而且还留下了为数不少的诗文。但终其一生，甚至还包括身后，周邦彦作为文人的名声主要还是由词奠定的，词以外的其他作品都散失了。

　　周邦彦和晏幾道在词风上的差别，某种程度上是因为他们选择了词的不同形式。晏幾道全部词作的86%和所有的原创性作品都是小令，而小令一直以来都是文人词的主流。周邦彦则偏爱长调。长调占了他全部词作的55%，而且他几乎所有的名作也都是长调。他是继柳永之后又一个长于慢词的重要词人。长调使他能更深刻地探索男性在爱情中复杂微妙的心理和情感，给予其更有质感的描绘。词人的意念在回忆中穿梭，呈现出时刻变换的场景和瞬间移转的边界，长调抑扬跌宕的语气伴随着这种变换，将情感开拓得更深、更广。以下是他的三首作品：

过秦楼[41]

水浴清蟾，叶喧凉吹，巷陌马声初断。闲依露井，笑扑流 330
萤，惹破画罗轻扇。人静夜久凭栏，愁不归眠，立残更箭。叹
年华一瞬，人今千里，梦沉书远。　　空见说，鬓怯琼梳，容
销金镜，渐懒趁时匀染。梅风地溽，虹雨苔滋，一架舞红都变。
谁信无聊，为伊才减江淹，情伤荀倩。但明河影下，还看稀星
数点。

瑞龙吟[42]

章台路。还见褪粉梅梢，试花桃树。愔愔坊曲人家，定巢
燕子，归来旧处。　　黯凝伫。因念个人痴小，乍窥门户。侵
晨浅约宫黄，障风映袖，盈盈笑语。　　前度刘郎重到，访邻 331
寻里，同时歌舞。唯有旧家秋娘，声价如故。吟笺赋笔，犹记
燕台句。知谁伴、名园露饮，东城闲步。事与孤鸿去。探春尽
是，伤离意绪。官柳低金缕。归骑晚、纤纤池塘飞雨。断肠院
落，一帘风絮。

拜星月慢[43]

夜色催更，清尘收露，小曲幽坊月暗。竹槛灯窗，识秋娘
庭院。笑相遇，似觉琼枝玉树相倚，暖日明霞光烂。水盼兰情，
总平生稀见。　　画图中、旧识春风面。谁知道、自到瑶台畔。 332
眷恋雨润云温，苦惊风吹散。念荒寒、寄宿无人馆。重门闭、
败壁秋虫叹。怎奈向、一缕相思，隔溪山不断。

---

[41] 周邦彦《过秦楼》，孙虹《清真集校注》，第248—249页，另见《全宋词》第2册，第
602页。本书所引周邦彦作品，文本依《清真集校注》，并列出《全宋词》页码以便读
者查阅。
[42] 周邦彦《瑞龙吟》，《清真集校注》，第1页；《全宋词》第2册，第595页。
[43] 周邦彦《拜星月慢》，《清真集校注》，第202页；《全宋词》第2册，第613页。

　　同前面几首晏词一样，词人经历着不同情境，和不同女孩相处的细节也在变换。但我们也可以看到一些特定场景或语汇的重复出现，似乎这类作品是周邦彦在诠释同一种情景和心境时使用的不同版本。所有这些词讲述的都是逝去的恋情，无论作者是否还爱着他的意中人，往事只是往事，破镜终难重圆。词人往往是在有意无意间重回了佳人曾住之所，但此时已人去楼空。他回想她的动作，她在某一特定时刻的姿态，并在词中用生动的线条将之勾勒出来。周邦彦尤其擅长这种"白描"，而且他也常常在这一手法上尽情挥洒才情。最后，曲终人散，只留给词人无尽的孤独和绝望。

　　第一首词始于词人对从前某个良宵的追忆，那时他有佳人相伴。时间在第7句（"人静夜久凭栏"）转换到了现在，同样是夜晚，但斯人已去，良辰不再。下阕中，词人诗意地描述了他所听到的关于她的现状，"容销金镜，渐懒趁时匀染"。这让人想起宋词中典型的"闺房思妇"之景，但词人却并不打算在此逗留，他笔锋一转，以春华凋谢映衬朱颜渐老（第17—19句，"梅风地溽，虹雨苔滋，一架舞红都变"），将读者再次带回到词人自己的世界。一样失落，两种哀愁——她绝望是因为花容不再，而他则苦于灵感的枯竭（而她就是他灵感的源泉）。结尾两句呈现了一种邈远的意象，很难说它是实指什么意思或情感，也许词人只是想以这种空灵之美来类比他浩渺无边的思念。

　　第二首是周邦彦的代表作之一。暮春时节，词人信马城中的教坊司院（以"章台路"代指），无意间（或是有意，我们不得而知）经过了从前曾经交往过的一位歌女的住所。他和燕子一样归来，看见燕子依然成双成对、定居旧巢，而他却孤身一人。词人伫立故地，凝神追想，任由思绪带回"个中人"当年的模样。"前度刘郎"是双层典故，无论天台山的仙子还是玄都观的桃花，"刘郎"再来时皆

333

已不再[44]。他向人询问"她"的下落，只获知此地仍有歌女（"秋娘"泛指歌女），但却不是他要找的那位。词人忆起从前曾赠给她"燕台"之句，不知她是否还记得这位"吟笺赋笔"之人？"燕台句"的典故更增加了哀怨的色彩：晚唐诗人李商隐曾有过一组写男女情事的《燕台诗》，歌女柳枝听到"燕台句"后惊为天作，随即为李商隐的诗才所倾倒。她向诗人示爱，但李商隐却没有欢会的时间，他必须马上离开。等他重返故地，却发现柳枝已嫁与他人[45]。接下来，周邦彦仍感到难以释怀，他在想，这个女孩如今会陪在谁的身旁"露饮"、"闲步"呢？这种滋味太痛苦了，他实在想不下去，便骑马回家了。但伤春离别的意绪似乎无所不在，即便自家院落也是一派断肠之景，特别是那恼人的柳树（谐音留不住的"留"），以及暮春的风吹来的一帘飞絮——直叫人无处可逃。

第三首的意象现在对我们来说应该很熟悉了：又是重回佳人故地，又是追忆旧日良辰（上阕的后五句，"笑相遇，似觉琼枝玉树相倚，暖日明霞光烂。水盼兰情，总平生稀见"）。然而，追忆是同样的追忆——对她从前一个特定形象的诗意化的描绘；重游却是别样的重游：这一次的重游本身就在回忆中，而且令人欣悦，因为"她"还在迎候着他。下阕，词人从他们的初见（"画图中、旧识春风面"）一下写到了热恋（"谁知道、自到瑶台畔。眷恋雨润云温"），再写到别离（"苦惊风吹散"），别离的状态一直持续到词的结尾。词人，并不认为她另有新欢，而是想象她孑然一身的孤苦。但是，和往常一样，词人并不打算停留在对"她"的描绘。临近收笔，他再次将关注的重心拉回到自己身上：词必须结束于他的寂寥，而非她的。结尾两句很得当地化解了他的窘境：尽管山长水阔，但他对她的爱依旧忠贞；尽管他的爱

334

---

[44]　"仙子"事见《天台二女》，《太平广记》卷六一，第383页；"桃花"事见刘禹锡《再游玄都观》，《全唐诗》卷三六五，第4116页。关于这一双重典故的解释，参见海陶玮（Hightower）的《周邦彦的词》（"The Songs of Chou Pang-yen"），海陶玮、叶嘉莹《中国诗歌研究》（Hightower and Yeh, *Studies in Chinese Poetry*），第299—300页。

[45]　李商隐《柳枝五首》，《全唐诗》卷五四一一，第6232页。

依旧忠贞，但溪山的阻隔又如何能够跨越。

我们可以再看一首周邦彦的词，以作为上述几个例子的补充。这首词是关于他新近一段恋情的。开篇几句描写了一个送别的场景，词人在郊外送一位朋友离开。接下来，他开始写别的事：

瑞鹤仙[46]

335

悄郊原带郭。行路永，客去车尘漠漠。斜阳映山落。敛余红，犹恋孤城阑角。凌波步弱。过短亭、何用素约。有流莺劝我，重解绣鞍，缓引春酌。　　不记归时早暮，上马谁扶，醒眠朱阁。惊飙动幕，扶残醉，绕红药。叹西园、已是花深无地，东风何事又恶。任流光过却，犹喜洞天自乐。

词人返城途中，偶遇一位乡村歌女（"流莺"），歌女邀他喝酒，他便在寄住在一个小客栈（或小酒馆）中。或许他来时就曾和朋友在此地留宿，所以才会"重"解绣鞍。无论如何，这一次他无事在身，可以从容地度过一个夜晚。

同其他作品一样，词中追忆了歌女陪他消遣的欢愉。清晨，词人带着些许的宿醉醒来，发现自己已置身家中，身旁满是红药委地的残春剩景。但这一次，他并没有太多地感到绝望，或许因为隔夜之事仍历历在目，还没到回味永逝的时候。结合别的材料，我们知
336 道结尾的"洞天"是指词人自家的庭院，这个词让人想起道家所说的神仙居所，远离尘世的小天堂。但词人的庭院却是一片零落景象，一点都不像安乐窝。所以，这里的"洞天"，让他可以"自乐"的"洞天"，很有可能是指他昨夜留宿过的"温柔乡"（"洞天"也容易让人想起"洞房"）。那只是一个不起眼的小驿站（"短亭"），但它

---

[46]　周邦彦《瑞鹤仙》，《清真集校注》，第 297 页；《全宋词》第 2 册，第 598 页。

的乐趣却足以让词人流连至深夜。这首词中的"他"，丝毫不掩饰自己对这种乐趣的喜爱和沉迷，尤其是当他情绪低落的时候。而且看上去他还希望继续通过这种方式来为自己"疗伤"。

清真词处理这种题材的方式让人不禁想起柳永。若只简单归纳他们的主题和情感，二人的词作乍一看确有很多类似。他们都有强烈的男性叙述色彩和视角，都喜用长调，在长调中展开更为广阔的叙事和人物心境起伏的描述，描绘更丰富的情感生活，特别关注男性在恋爱中的体会。词中的"他"都喜欢在脂粉堆中流连，并且对这种生活毫不讳言。他们都喜欢追忆那种一开始很甜蜜但最终无可挽回的恋情，在追忆中精心描画曾经的缱绻深情，然后在懊悔、哀怨和嫉妒中咀嚼这复杂的情感。但是，无论在其当时还是身后，周邦彦的名誉都和柳永大大不同。

周邦彦几乎从未遭遇过纠缠在柳永身上的名声问题。首先，他的仕途相当辉煌。周邦彦入仕的方式很特别，他不是通过进士考试，而是通过进献文赋获得了太学正的职位。他向神宗进献的《汴都赋》差不多有一万字，深得神宗赏识。此后，他时而外任（历任地方教授、知县），时而回朝，在徽宗朝时达到了仕途的巅峰：历任卫尉少卿、议礼局检讨、秘书监（1117 年，也是周邦彦的最高职位）[47]。　337

很明显，无论生前身后，周邦彦在社会上的名望都与其在词坛的成就相当。而且他作为词人的成就，是任何一种关于他的传记或轶事都不可不提的[48]。另外还有不少材料记载了徽宗对他词作的着迷（尽管有一些并不可信），就此看来，周邦彦的词名并未对他的仕途

---

[47] 关于周邦彦的生平，参见孙虹、薛瑞生《清真事迹新证》，收入《清真集校注》，第 39—110 页。孙、薛认为周邦彦并未在徽宗朝"提举大晟府"，也未出任过翰林学士。这一观点和一直以来的看法有所不同。

[48] 如陈振孙《直斋书录解题》卷一七，第 516 页；潜说友《咸淳临安志》卷六六，第 17 页 a；王称《东都事略》卷一一六，第 8 页 b—9 页 a。一些南宋作家还曾不无遗憾地指出，周邦彦词名太盛，以至人们都不了解，或无意了解他在别的方面的成就。见楼钥《清真先生文集序》，《攻媿集》卷五一，第 19 页 b；张端义《贵耳集》下卷，第 4305 页。

功业造成负面影响[49]。周邦彦和柳永另外一个很大的不同点在于，周邦彦毫不隐讳自己喜作歌词，而柳永似乎对自己作词的行为颇有悔意；在他试图避开“词人”之名时，周邦彦却将自己的居所命名为
338 “顾曲堂”，生怕别人忘记了自己的词家身份[50]。

二人的遭遇为何如此不同？一定程度上可以归因于时代环境的差异。到了周邦彦的时代，社会对于情词，甚至是那些直写情色的作品，都比五六十年前的柳永时代要宽容了许多。在这一章中，我们追溯了文人们对词态度转变的历程，从某种意义上说，正是有了前辈们（如柳永，甚至欧阳修）的冒险和承担，才使周邦彦这一代词人获益匪浅。与此同时，一些推崇词体的评论家也冒了很大的风险在文章中（如序、跋等）为词辩护、为词正名，同样影响了徽宗朝士人对词的看法。

也许比所有泛泛而论更有说服力的是周邦彦的个案。除了在写作主题和对象上的表面相似外，清真词与柳词的风格存在着巨大差异，而正是这种差异，使得清真词更能得到士大夫阶层中大多数人（就算不是全部）的认同。

周邦彦也许和柳永一样，会经常描写欢会中的隐秘细节，也会以男性口吻诉说对歌女的迷恋，但他们处理这类题材的方式有所不同。涉及云雨之事时，周邦彦要小心得多，一般不会直写。而柳词中的“他”却总在以充满性暗示的语言细数闺帷之乐：“几回饮散良宵永，
339 鸳衾暖，凤枕香浓，算得人间天上，惟有两心同。”[51] “无限狂心乘酒兴。这欢娱，渐入嘉景。犹自怨邻鸡，道秋宵不永。”[52] 周邦彦则把大

㊾ 见张端义《贵耳集》下卷，第 4305 页，周密《浩然斋雅谈》下卷，第 13 页 b—14 页 b。两段记载都起于周邦彦、宋徽宗和名妓李师师之间著名的故事（当然不可信），但接下来又都讲述了其他一些有关徽宗欣赏周邦彦词的轶事。

㊿ “顾曲”之名不但合宜，而且还暗示了周瑜（与周邦彦同姓）的典故——“曲有误，周郎顾”。以“顾曲”名堂事见楼钥《攻媿集》卷五一，第 19 页 b；田汝成《西湖游览志余》卷一二，第 4 页 b—5 页 a。

(51) 柳永《集贤宾》，《全宋词》第 1 册，第 31 页。

(52) 柳永《昼夜乐》其二，《全宋词》第 1 册，第 15 页。

量的笔墨用在了闺房之外，他描绘女孩的妩媚迷人，写她们不经意间的某种情态，写她们表演的动作。当入夜已深，笙歌露饮都结束时，周邦彦的笔触也停止了，他不再去关注接下来将要在宴会男女间发生的事。

柳词有着清真词所不能比的泼辣大胆。他能够上来就写"洞房记得初相遇"[53]，这在周邦彦简直不可想象。同样，柳永常常会用几句夸张的套话去描绘那个和词人陷入爱河的女孩如何美妙，比如"有画难描雅态，无花可比芳容"[54]；"算何止、倾国倾城，暂回眸、万人肠断"[55]；"言语似娇莺，一声声堪听"[56]。这些类比和语句的出现在很大程度上是因为柳永面对的是通俗大众，这也正是为什么他会使用口语，特别是当词中需要引语的时候。口语化赋予了柳词独特的风格，但同时也为后世读者的阅读带来了语言障碍。

而清真词就很不同，无论从内容还是与之相匹配的语言水准上　340
来讲，它在总体上都具有更高的文学品质。周邦彦被认为非常善于、也非常喜欢隐括唐诗或前人诗句，有时他仅需在此基础上略加添饰，就可变换出第一等妙句，充分显示出他的博学和才情[57]。但是偶尔的"夺胎换骨"或掉书袋并不是他的主要特征。他语言绵密，无论在措辞、语序或是内容上都常出新巧。他的表达曲折逶迤，处处有玄机，读者需得将每一行单句拆开来细细品味，方能体悟其间深味。例如，"水浴清蟾，叶喧凉吹"（前面讨论过的第一首词），其中包含了倒装、指代，可谓字字珠玑。第一句如用一般的表达，就是"清月浴水"（这已经是一种象征），以蟾代月也许并不罕见（传说月中有蟾

---

[53] 柳永《昼夜乐》其一，《全宋词》第1册，第15页。
[54] 柳永《集贤宾》，《全宋词》第1册，第31页。
[55] 柳永《柳腰轻》，《全宋词》第1册，第16页。
[56] 柳永《昼夜乐》其二，《全宋词》第1册，第15页。
[57] 较早指出周邦彦词这一特色的是陈振孙和张炎。分别见《直斋书录解题》卷二一，第618页；《词源》卷下，第255页。另可参见海陶玮（Hightower）在《周邦彦的词》（"The Songs of Chou Pang-yen"）中的相关讨论（第306—308页）。

蛶），但周邦彦接着将宾主置换，以清蟾做宾语，这就更复杂了一层。第二句其实就是"凉风喧叶"，这里是以"吹"代"风"，以"喧"形容风吹过树叶的声响，读来仿佛是笛子在叶间吹奏音符，妙趣顿生。第三首词的开篇同样包含了倒装："夜色催更，清尘收露。"这句用传统表达就是："更催夜色，露收清尘。"除了历史典故，在上述几首词作中，我们还看到一些很特别的对仗、比喻、婉语，如"露井"、"更箭"、梅梢的"褪粉"、"兰情"、"一缕""不断"的相思，还有"流莺"（指歌女）。

341

在士大夫文化中，发展周邦彦这样高度技巧化和博雅的词风是大有裨益的。首要之一就是体面：士大夫们鄙视一切有"俗"味、"土"味的东西，他们崇尚的是绵密婉转的文风和对敏感事物的得体把握。这并不是说周邦彦把词的语言和格调提升到了不像词的地步，事实上，从未有人指责过周邦彦的词"要非本色"。

周邦彦所做的，其实是在柳永的内容和士大夫文化所能容忍的表达方式间寻求到了一种平衡。柳永大胆地谈论男欢女爱（特别是对男性体验的关注），结果因此广受诟病。周邦彦在词的内部继续探索情爱主题，最终成功地避开了士大夫所有的指责。当然，周邦彦不是唯一一个尝试这种主题的人，也不是他的时代中唯一一个试图寻找这种平衡的人。周邦彦是一个漫长的"实验—修正"的历史进程中的最后一环，这一进程下至周邦彦及其时代的作家和评论家，向上则可以追溯到苏轼、欧阳修、晏殊、柳永，一直到花间派词人。周邦彦的某些手法和风格是他同时代许多作家所共有的，比如晏幾道、贺铸、秦观。但唯有在清真词中，我们看到了那种对柳词最全面的继承和发展——柳永空前地关注了男性在恋爱中的心境，而周邦彦则为这种关注赋予了严肃色彩，使创作此类作品成为一件毋庸讳言、也无可厚非的事。他的确得益于柳永，但最重要的是他对柳词的重塑和提升。

以下将要讨论的是清真词的最后一个特征，也是他词风中不可或缺的一个因素，而且与前文所论其各种写作倾向同一旨归。他总是在词中赋予外物（尤其是自然界）某种特质，使之与词中人或词中代言人的情感相匹配。自然之物在观者眼中或美好，或凄怆，伴 342
随着词中人心绪的起伏变换出特定的色调。经过观者之眼的过滤和再现，一切外物都成了浑然相协的整体中的一部分，扮演着补充或对应的角色，读起来极为合适、恰切。

这一特征其实可以从词的历史中找到源头。花间词已经显露出那种对精致、迷人和优雅物事的偏爱。叶嘉莹曾经撰文讨论过被她称之为充满"女性化语言"的这类作品⊗。早期的一些评论家也注意到了词这种特别的风调，如"诗庄词媚"，"其为体也纤弱，其为境也婉媚"⊗，都有意拿诗和词做比较，突出诗和词的不同。

当描写对象是优雅的淑女、描写场景主要是华贵精致的卧房时，使用这种"婉媚"的文风无可厚非，但如果内容与女性事物无关、场景也不再拘于闺门之内，却仍然偏爱这种格调就是另一回事了。词这种特别的文体风格在苏轼之后完全定型，而以周邦彦为典型代表。

一种偏爱自然之美与纤细风格的文学审美情趣正在词的发展中确立。词人爱上一个迷人的歌女，自然的世界——特别是当"她"缺席的时候——便和他的所爱一样，呈现出温柔的色彩，他眼中所 343
见一切无不印着心上人的影子。她唤起了他心中对柔婉的怜爱，从此他便处处看到柔婉之美。这种观物方式影响他很深，特别是当她不在的时候。这样的审美趣味尤其偏爱那些纤细而娇弱的自然景象，偏爱那种令人惊叹却易逝的美，这也就是为什么有那么多词都在写春逝的"闲愁"。词人感觉到了身边的美，但也意识到它的易变和难以持久，正如他体味了深挚的爱，却也知道在这样一个社会中，有

⊗　叶嘉莹（Florence Chia-ying Yeh），《花间词中的暧昧与女性之声》（"Ambiguity and the Female Voice in 'Hua-chien Songs'"），见海陶玮（Hightower）、叶嘉莹主编的《中国诗歌研究》（*Studies in Chinese Poetry*），第126—129页。

⊗　前一句语出李东琪，见清王又华《古今词论》，第606页。后一句语出陈大樽，见清沈雄《古今词话》，第826页。

情人难成眷属。

下面是我们之前讨论过的贺铸名作的结尾，他还因此得名"贺梅子"。这几句中，自然意象和个人情感被明显地联系在了一起：

> 若问闲愁都几许[60]。一川烟草，满城风絮。梅子黄时雨。[61]

一种是自然所唤起的情感（似乎是内生于自然的），一种是词人心中本已有的烦愁，上述词句在质与量上将这两种情感联系在了一起。而且我们还知道词人为何有这样的感觉：他在上阕中离别了自己的恋人。

周邦彦非常擅长寓情于景，他喜欢将目光集中于那些幽微精妙之物上，从中再现自然的宁谧、温柔、纯净。下面是另一个例子，344 这是一首词的上阕，写一个羁旅在外的游子：

大酺·春雨[62]

> 对宿烟收，春禽静，飞雨时鸣高屋。墙头青玉旆，洗铅霜都尽，嫩梢相触。润逼琴丝，寒侵枕障，虫网吹粘帘竹。邮亭无人处，听檐声不断，困眠初熟。奈愁极频惊，梦轻难记，自怜幽独。

这里还有一首题为"上元"的词作，也是上阕。上元就是正月十五的灯节：

> 风销绛蜡，露浥红莲，灯市光相射。桂华流瓦。纤云散，耿耿素

---

60 贺铸《东山词》"愁"作"情"。
61 贺铸《横塘路》，《全宋词》第1册，第513页。
62 周邦彦《大酺》，《清真集校注》，第108页；《全宋词》第2册，第609页。

娥欲下。衣裳淡雅。看楚女、纤腰一把。箫鼓喧，人影参差，　345
满路飘香麝㉓。

　　"桂华"（第4句）指月。传说中月宫有桂树。

　　"素娥"（第6句）或指月（素娥即嫦娥），或指词人在想象中看到的夜空中的一群仙女。

　　两首词都在下阕中表达了"行人"（即词中之言说者）的沉思。他想起那些和他一样流徙在外、羁旅异乡的前辈诗人，想起遥远的京城在新年时将是怎样一派"千门如昼"的繁华——他多么希望此时此身不在此地。但出人意料的是，"此地"并非羁旅诗中通常描绘的那般惨淡，反而还很美。

　　清真词将对男女恋情的关注推向了顶峰，并且带来了一种新的观物方式：以有情之眼观无情之物，一切外物都被审美化，由此也确立了宋词名之于世的文体风格：温婉雅致，摇曳多情。这也正是从五代到北宋末以来词人们一贯追求的风格。周邦彦作品中的世界情景交融，人之感情的细腻和背景、物色的温雅互相映衬，创造出一种诗意的视界，在这样的视界中，柔情有着至高无上的价值，并且无处不在——即便那些会唤起人孤独感或乡愁的景物，都呈现出一种令人心痛的美。

　　叶嘉莹在相关讨论中曾指出，花间词具有"两性"特质，男性词人们通过女性主题"表达出了深藏于男性潜意识之中的女性情感，那种他们永远不可能在官方的、伦理的、被社会所许可的作品中表达、甚至暗示的情感"㉔。这无疑是极有洞见的看法。到了周邦彦的时代，情事的描写不再拘于有女怀春、为君憔悴等传统话题的藩篱，　346

㉓　周邦彦《解语花·上元》，《清真集校注》下册，第239页；《全宋词》第2册，第608页。

㉔　叶嘉莹《花间词中的暧昧与女性之声》（"Ambiguity and the Female Voice in 'Hua-chien Songs'"），见海陶玮（Hightower）、叶嘉莹主编的《中国诗歌研究》（*Studies in Chinese Poetry*）一书，第128页。

而且可以直接选择所需要的性别口吻，不必再使用模糊的表达方式
（如晏殊所为）。人们能更坦率开放地接受书写敏感体验和浪漫爱情
的作品，描写恋爱中的男性也无需再小心翼翼。对成年男子不合时
宜的"阴柔气"和"孩子气"所引发的质疑亦被搁置在一边。与此
同时，由于 11 世纪末 12 世纪初词评家们为词"辩护"所做的努力，
那种坚信言情为主的"词"与"诗"相比微不足道的想法也在弱
化。此时的词人已无需回避言情的主题，或去追求词之"本色"之
外的其他风格（如苏轼所为）。同时也不必一头坠入尘俗，满口市井
俚词甚至语涉狎邪（如柳永所为）。到了周邦彦的时代，宋词作为一
种言情——既可言女性之情，又可言男性之情——的文体达到了完
全的成熟，"情"被置于一个"我见青山多妩媚"的世界，词人眼
里的自然界充满诗意，成为缠绵之恋的绝妙映衬。词，成为了中国
347　文学史上第一个以言情为主旨、以柔婉为风格的主要文学体裁。

结论：社会阶层、市场与性别中的审美

秦观：“不择”

在讨论本书前面几章的共性之前，我们不妨来看一则非常值得注意的材料。这是秦观为自己的一部"小说"集所写的序，之前我们曾讨论过他的词。"小说"在当时是指琐屑的传闻或轶事。秦观的小说集名《逆旅集》，今已不传，不过这一点不奇怪。此类作品的文体地位比较低，而且也没人专门关注过秦观这部集子。宋代所有的文献都没有关于《逆旅集》的记载。元代的《文献通考》也只录入了一个书名，显然此时已经亡佚①。《逆旅集》从未在社会上流传，秦观此序是因为收进了另外的文集才得以保存。序中，秦观远不满足于仅仅介绍这部注定零落的轶闻集，他的兴趣其实是在其他方面。

349

秦观：逆旅集序②

余闲居，有所闻辄书记之，既盈编轴，因次为若干卷，题曰《逆旅集》。盖以其智愚好丑，无所不存，彼皆随至随往，适相遇于一时，竟亦不能久其留也。

或曰："吾闻君子言欲纯事，书欲纯理，详于志常而略于纪

---

① 马端临《文献通考》卷二一六，第 18 页 b—19 页 a。明人吴时来为横州秦观海棠祠碑所写碑文中提到过这部小说，但并未说明海棠祠中是不是保存了《逆旅集》的全本，而且显然也没有其他明代人声称见到过这部书。吴时来《海棠祠碑》见黄宗羲《明文海》卷六九，第 26 页 b。

② 秦观《逆旅集序》，《秦观集编年校注》，周义敢等校注，卷二四，第 529—530 页。

异。今子所集，虽有先王之余论、周孔之遗言，而浮屠、老子、卜筮、梦幻、神仙、鬼物之说，猥杂于其间，是否莫之分也，信诞莫之质也，常者不加详，而异者不加略也，无乃与所谓君子之书言者异乎？"

余笑之曰："鸟栖不择山林，唯其木而已；鱼游不择江湖，唯其水而已。彼计事而处，简物而言，窃窃然去彼取此者，缙绅先生之事也。仆野人也，拥肿是师，懈怠是习，仰不知雅言之可爱，俯不知俗论之可卑，偶有所闻，则随而记之耳，又安知其纯与驳耶！

350　　　　"然观今世人，谓其言是则矍然改容，谓其言信则适然以喜，而终身未尝信也，则又安知彼之纯不为驳，而吾之驳不为纯乎？且万物历历，同归一隙，众言喧喧，归于一源。吾方与之沉，与之浮，欲有取舍而不可得，何暇是否信诞之择哉！子往矣。"

客去，遂以为序。

该序在北宋小说史上有着至关重要的地位，也是当时为提高小说文体地位所做的最关键的努力之一。但此处我们感兴趣的是，这篇序关于知识和经验的观点或许和前文所论宋代文学和美学的发展有关。尽管秦观所谈的并不是同类问题，但他在文中所表达的反传统思想与我们所勾勒的"革新"脉络隐然相合。这篇序甚至可以看作是士人文化新风尚的一个有力宣言，伴随着这一风尚，北宋士大夫在思想和表达上都开创出了新的天地。我们会从探讨这篇序开始，然后通过它逐一串起前面所有的论题。

《逆旅集序》的中心思想就是第一段的解题之句："盖以其智愚好丑，无所不存，彼皆随至随往，适相遇于一时，竟亦不能久其留也。"当然，这首先是秦观对"逆旅"（字面意是旅馆或驿站）的解释，但这更是一个关于世上应"记"之物的本质与迁转的论断。显然，秦观所说包括了时间、空间两个维度。良与莠到处都存在，或

者更确切地说，"智"与"美"并不像我们想的那样只存在于上流
社会，而"愚"和"丑"也不是低俗阶层的专属。在任何地方都可 351
能遇到"智愚好丑"中的任何一种。更令人惊讶的是，这些所遇之
物从根本上而言都是注定要流逝的。值得记录的东西总是"随至随
往"，人能持它们的时间非常有限。人与物之交，正如暂宿逆旅。
换句话说，可记之物并不是人为自己设置的固有之物，而是会在人
的旅程中随时随地出现的一种现象，每次相遇都只是一时之遇，"不
能久其留"。大概这也就是为什么秦观想要记录它们。

这篇序中存在许多离经叛道的思想，公然反对社会固有的对于
知识、学问、等级等的正统观念。当"客"以正统观念来质疑秦观
时，他立刻予以回击，申明自己的看法，他承认自己反传统，甚至
还要颠覆传统。"客"所提出的质疑是：《逆旅集》中所涉及的主
题，既不"纯"，又不"常"，而是恰恰相反，既"驳"且"异"，
还有"诞"。

秦观反驳说，这些判断标准都不是为他而设的。他以社会阶层
的不同来做自我辩护，这正与其之前所说值得记录的事物"无所不
存"相呼应。他把自己定义为"野人"，随时准备记录一切闻见，
而不会像缙绅先生那般挑剔（"彼计事而处，简物而言，窃窃然去彼
取此者，缙绅先生之事也"）。他前面所提到的空间/社会的维度
（即不择某一地点或某一阶层），在这里化为了不择木而栖之鸟和不
择水而游之鱼的比喻。至于时间维度的"不择"，则可见"客"所 352
提到的那些瞬变之"异"物：卜筮、梦幻、神仙、鬼物，真是无奇
不有。这其中没有一样属于"常"，既不正常，也不恒常。这正对应
了秦观前面所说的"相遇于一时"、并且"不能久其留"的说法。

秦观答客的最后几句话实际上也是在回应第一段的解题之句：
"且万物历历，同归一隙，众言喧喧，归于一源。"前面一句其实在
暗示根本没有所谓"常"物，既然没有，那不如就安于不常。后面
一句是对前面所有观点的归一，秦观拒绝承认依社会和文化划分出

的人的高下等级。最后，无论从空间/社会还是时间的角度说，都归结为一句："吾方与之沉，与之浮。"这句话听上去很寻常，其实不然。作者的论述从陆地转到了水域，但那无休的波流、永远存在的一时之遇、与水低昂时偶遇的种种值得记录的经历，都和行游于大地之上的情形一模一样。

序中另外一个易被忽视但其实非常重要的论述是："余闲居，有所闻辄书记之。"读者可能一开始注意不到这个表达，但其实之后秦观几乎又重复了一遍："偶有所闻，则随而记之耳。"在秦观那个时代，像他这样文化水平和地位的人一般是不会将小说编缀成集的。即便有，为了保持体面也只限于记录一些高官或皇室的轶闻，收入文集或单行成册。但秦观却公然宣称他的小说集"不择"高下、不辨"纯""驳"。《逆旅集》没能流传下来的确是个遗憾。不过，正如一些学者指出的那样，虽然无法得到确切条目，但从秦观文集中的某些言论其实可以推知《逆旅集》大概的内容（秦观《逆旅集序》中的一些评论就能证明）。它应该包括一些小传，某个中邪的人需要驱魔，一个武士，一个爱上了独眼歌女的大侠，或者是某个隐居的炼金术士③。有时候秦观会直接点明这就是"闻"来之事——中国的学术思想中有种很顽固的定势，就是只相信书面信息，而秦观却在序里大谈他的道听途说。近来一位秦观文集的编者将序的第一句理解为"读书时有所闻辄书记之"，这其实是误解了秦观在序中尽力要表达的主旨④。

秦观《逆旅集序》关于知识、阅历的观点，实际上是本书前面几章所讨论的思想与审美创新问题的总结，同时也可被视为这些现象出现的原因。他挑战传统的"雅俗"观，重新界定"纯"与"驳"，他不认为知识人就必须只关注那些正常的、恒定的和永在的

③ 《秦观集编年校注》卷三一收录了一些传记文。
④ 该编者的说法见《秦观集编年校注》卷二四，第540页，相关注释第一条。

事物，他对士大夫们君子们自觉的"去彼取此"嗤之以鼻，他敞怀迎接一切知识与体验，在世间万象中都看得到智与美。这正是前面所追索的全部主题的纵贯线。

书艺之史

欧阳修的《集古录》是空前和集大成的金石遗文汇编。和宋初那些广为流传的皇家选集不同，欧阳修并不"精择"典范作品，而是遍寻乡野，但凡有字之石都会留意搜集。他显然不放过任何一件符合标准（书艺水准、历史价值、书家风范、运笔间的"古意"）的作品，只要满足任一接收理由，他都乐意撷纳。欧阳修对非正统的书法风格（非"常"者）有种特别的趣味，尤其欣赏 4 至 6 世纪北方半开化民族书作中那种遒劲有力的新笔法。欧阳修眼中的书法史，并不是一个自超迈绝伦的"二王"以下人数极少、等级森严的系统，而是有更宽广的视界，包括了各式各样（甚至是无穷多的）的个人风格和作品。

欧阳修不光是在《淳化阁帖》的基础上扩充了一些名单，他的兴趣已经延伸向了那些不著名、甚至佚名的书家。他们在谁看来都只是无名之辈，可欧阳修就是对这些无名之作有种特别的喜好。他"发现"这些作品时的欢喜，就是一个古玩家在不经意间找到了某件珍贵古董的欢喜。因此，他从根本上不同于那些"选家"，选家们总 355 试图在繁复历史中筛选一个或少数几个"精品"，然后树为典范以供效仿（"窃窃然去彼取此者"）。

残碑对欧阳修有种特别的吸引力，他总在思考这些金石之文的易灭与无"常"。铭文中的古意带给他欣悦，而欣悦之余他又会痛苦地意识到：它们的生命何其短暂。他也许做不到秦观那么超脱，坦然接受世间美物皆"不能久留"的事实，但他也清楚，碑文，哪怕是刻诸坚石的碑文（非常具有讽刺意味），都抵不过时间的侵蚀。他知道这石中之字将会年复一年变得越来越模糊，他甚至预言自己拓印收集的《集古录》也终将流散零落⑤。换言之，他意识到自己在这场存亡之战中的必败与无力，但这却给了他更大的动力去尽可能地广收博取，对抗消亡。

欧阳修在《目序》中特别强调了铭文收藏的教化功能。正如前文所论，欧阳修对这个问题始终有很深的纠结。只要一有机会，他便会说他所收录的这些拓片具有史料价值，可与正史互参，以"正其阙谬者"。但通览全集便会发现，他远不是为了补充历史材料才去搜集这些铭文。与其说他是史学家的立场，倒不如说他首先是个书法鉴赏家。他追求的是美，不是学问。

356　欧阳修对美的追求最明显地体现在他所收录的那些与其价值观相悖的作品中，它们激化了欧阳修作为儒家士大夫和艺术鉴赏家的内在紧张。不管是佛寺道观里的碑文，还是出自他所抨击的掌国者之手的书帖，都挑战着他试图包罗万象的"集古"的宗旨。但出人意料的是，他没有立即拒绝这些在思想内容上有问题的艺术品。最终，他实在难以抗拒对书法的欣赏，决定将"书"与"所书"区别对待——他接受这些问题作品，因为它们"书"美，或者因为其至少可以充当书法史上某一种风格的补充说明，但与此同时，他对它们的"所书"保持警惕。不仅如此，用秦观的话说，欧阳修的收集中存在着那种"异"作（正如秦观自己所收录的那些）。在"美"的面前，欧阳修无力抵抗，他不再去想这些作品是不是美得"正统"，是不是于史有补，或者符合儒家艺教标准，一切规则都被抛到了脑后。欧阳修在不意有之之处发现了书法之美（正如秦观所说"无所不存"），一旦相识，便再也不肯放手。

花木之美

宋代花木著作中对花卉培植的关注在某些方面对应了秦观《逆

---

⑤　欧阳修《〈集古录〉目序》（见本书第一章），另见其子欧阳棐附于集后的《录目记》，《集古录跋尾》卷一〇，第 2325 页。

旅集序》中的观点。第一种受到人们关注的植物是牡丹，有宋一代产生了无数关于牡丹的著作。这其实有点不可思议——在所有的中国花木中，牡丹也许算得上是最"俗"的一种，它几乎包含所有"俗"的意思：通俗（广受追捧）、凡俗、庸俗。植物中代表"雅"的是"岁寒三友"（松、梅、竹），它们是文学传统中的重要概念，是文人心目中"雅"（优雅、文雅、精雅）的象征。其他稍逊一筹的植物，如海棠、兰、桃，甚至莲，也和牡丹的感觉不一样。为什么牡丹会受到如此广泛的关注？其他的植物当然也会有人喜欢、有人欣赏，但只有牡丹可以造成万人空巷的场面，它使整个城市为之涌 357 动，所有人都加入到牡丹园的狂欢中。当然，牡丹的花朵一点不像那些"雅"花，它艳丽、丰满、芬芳，并且品种繁多。它的美，不同于竹、梅等"雅"木的纤秀素淡之美，它属于一种诉诸感官的诱人之美。

因为"岁寒三友"在文学、文化中的特殊地位，所以人们一开始可能会觉得很奇怪，为什么北宋那么多写花木的书都是从牡丹开始，而不选择这几种最受欢迎的植物？不过从另一方面来说，你也很难想象一个像欧阳修这样的人会去写一部如何种植梅或竹的书。何以如此？或许我们可以从文人们对待竹与梅的方式中找到一些线索。他们画竹画梅，以之名斋，也以之自名。画竹梅时，他们只用水与墨，不让其他任何颜料或色彩破坏它们的纯净与平淡。在士大夫的观念中，这些植物被君子的价值与理想完全覆盖了，其实已经不再属于植物的世界。它们更适合出现在水墨画（或者更确切地说是"肖像画"）中，用以象征作画者的人格，或借以表达对君子理想的崇奉，而不适用于寻常书写，例如讨论如何种植等等。换句话说，它们已经不能被当作纯粹的植物来书写了。

二十六岁的欧阳修在洛阳上任之前从未到过洛阳，这新官不仅为牡丹一年一度的花季胜景所惊叹，更惊讶于花开时节洛阳人欢腾的盛况。《洛阳牡丹记》一开篇就写了洛阳人对牡丹的热情和他们喜

爱牡丹的独特方式。欧阳修在洛阳待了四年，但本书却是在他离开
之后才写的。有人曾猜测如果欧阳修自己是洛阳人，他还会不会写
这本关于牡丹的书？我想大概不会，因为只有当他以外地人的眼光
来看时，才能真正"发现"这在全国其他地方根本看不到的一年一
度的胜景，才会想要把它写出来，好让其他人都知道。无论如何，
欧阳修对洛阳人爱牡丹的关注几乎和他对牡丹本身的关注一样多。
这很有可能是因为牡丹不具备梅和竹那样在精英思想文化中的含义
与地位，欧阳修不能随心所欲地描写。试想，如果他写的是一部关
于竹或梅的论著，他肯定会将其置于一个雅致、安静的背景中，而
不必去写那些蜂拥而来的追慕者，或是为了培育出更诱人的品种而
彼此竞争的园丁——这当然也是因为植物有不同的特点，牡丹本身
有着丰富的基因从而使它能够产生各式变种，况且灵巧而经验丰富
的洛阳园丁们又特别愿意钻研牡丹的自然特性，于是就培育出了各
式各样的牡丹。

　　在许多原因的共同作用下，丰富的牡丹文化最终促使欧阳修做
出了一些惊人之举。他放下了他作为精英士大夫的偏见——不仅是
对商人和社会下层人的偏见，还有那种对张扬浮艳、摄人心魄之美
的偏见。他描绘了一种洛阳市井文化中的"俗"物，却没有流露出
丝毫士大夫应有的非难或厌恶；他关注了一种不应被士大夫关注的
"卑"物，却没有把它写得很低贱。这样一种写作题材也许很容易被
欧阳修同时代其他具有同等教育程度和好奇心的人所关注，但只有
头脑足够开明的欧阳修能写出这样一本书。

　　数年后，欧阳修的朋友、著名书法家蔡襄手书了《洛阳牡丹
记》，并刻诸碑石，藏于家中。欧阳修从未亲眼见过这块碑，但是蔡
襄在临终前曾给过他一幅拓片。欧阳修在拓片后加了一段跋文，说
蔡襄一般不会将别人的作品书写、刻石，但对他却破了个例⑥。接着

---

⑥　欧阳修《牡丹记跋尾》，《居士外集》卷二五，第 1103 页。

他又列出了他这些年的文章中蔡襄比较喜欢的几篇，其中就包括他最著名的作品，以及当时入选选集最多的作品：如《李秀才东园亭记》、《有美堂记》、《集古录目序》等⑦。除《洛阳牡丹记》外，这些作品相对于几个"文"的主要形式（如墓志铭、序、行状等）而言，篇幅都比较小。而蔡襄手书过的几篇作品中，也属《洛阳牡丹记》最长，而且还不属于文学之"文"。尽管名为"记"，但读起来却不像一般的文学作品，而是更接近于"谱"。在《居士外集》中，《洛阳牡丹记》的确也没有和其他记文放在一起，而是和家谱、砚谱归在了一类（欧阳修之后的植物学论著一般都以谱名，而不是记）。一般而言，这类文章因为过于实用，所以一般不会被看作是纯正的文学作品。但是蔡襄却极看重欧阳修这篇"牡丹种植手册"，将其书写、刻石，给予了它一般只有"最文学"的作品才能享有的礼遇。而且，在《牡丹记跋尾》中，欧阳修自己也两次用"文"来指称这篇记。这些不寻常的事实表明，无论作者还是书写者都对《洛阳牡丹记》非常着迷，他们都愿意以非常开通的方式善待这篇作品。正如洛阳人对牡丹的热情促使欧阳修关注描写了这样一种与其士大夫身份不相称的"卑"物，蔡襄和欧阳修对待这篇记文的方式其实也模糊了"文"与"笔"的界限——一篇关于如何养花（而且还不是那种端雅之花）的指导手册竟然会被当作是"文"，这的确是士大 360夫文化史上值得注意的一件事。

与士大夫们对花木之美产生的这种新兴趣密切相关的一个词是"俗"，它包括三种意思或象征。这三种象征意义欧阳修及其追随者们全都可以接受，只是程度上有所差别。俗首先代表了中下层阶级的趣味，俗就意味着"大众"。欧阳修、王观、孔武仲描写过的那些情景——春天满园的游客、花开时节的狂欢、新品种买卖的天价，以及牡丹名园的声望，所用的都是"俗"的这层含义。他们频频提

---

⑦　此处所及文章篇名据其文集所载，而不是《牡丹记跋尾》所提到的篇名。

到花开时人们的欢呼喝彩，其实是想表明大众在这件事上的反应是正当的：怎么可能同时有这么多人犯错？对于大众对花木之美的狂热追求，他们只描述，不批评，表现出了一种对通俗趣味的罕见的宽容。俗的第二个含义是美学层面上的。正如前面所说，牡丹的俗在于它硕大的花朵和诱人的芳香。但好的牡丹花就是要颜色鲜艳，香气袭人，许多品种就是因其令人难忘的颜色或香味而得名的。对于那些喜欢梅或竹的君子们来说，牡丹的美过于花哨和庸俗了。在苏轼为沈立所作的《牡丹记叙》中就透露出一点这种意思：他形容牡丹是"穷妖极丽"，而且因其"变态百出，务为新奇以追逐时好"，还把它称之为"草木之智巧便佞者"。在追慕牡丹的士大夫中，苏轼绝对算不上狂热，他的态度比较保守。但即便是他这样的人，也没有一味地批评牡丹，而且读至文末就会发现他前面其实是有点半开玩笑。文章最后，他提出了一个质疑：所谓外表温雅之物比俗丽者更能代表真诚、正直的说法，不过是取决于人们对雅的定义罢了。由于欧阳修和其他一些较早的牡丹追慕者的努力，到了苏

361　轼的时代，人们终于可以随心所欲地谈论这种绚烂的植物了。

　　俗的第三层意思不再和市场交易或参与交易的平民的粗鄙相关，而是指上流社会中那些富人的"庸俗"，他们完全不顾及谦谦君子们对摆阔、虚饰的回避。在花园设计和植物鉴赏领域，避"俗"就意味着节制，比如相对有限的空间、规模适当的建筑、低调而朴素的景致等，在花木选择上则倾向于常绿植物和那种开白花、而不是丰满绚烂花朵的植物。司马光的独乐园就显示了主人这种高雅的自制。但值得注意的是，李格非虽然尊重司马光的趣味，但却不因此贬低洛阳其他名园的华美。他乐此不疲地描写这些园林的盛景：那高大的假山，壮丽的瀑布，直耸入云的塔、楼，穷奢极丽的游乐园，还有那绚烂的万千花树之林。他的描写中带着一点兴奋，他为自己能有幸见到如此华美的花园而感到一种优越，他急于要将它们记录下来，告诉全国别的地方的人。这就像欧阳修一样，他也想要向那些

无缘见到洛阳牡丹的外地人描绘花开的盛况。司马光是绝对不会用这种笔调来描写花园的，但李格非这么做时却没有丝毫的"不自安"，他甚至可以让自己享受这种上流社会的"庸俗"。

秦观《逆旅集序》中提到的"驳"与"异"，让人想起了欧阳修对牡丹特点的形容："不常"和"偏病"。欧阳修担心自己对牡丹（牡丹本身是一种"问题植物"）长久的关注会招来非议，因此在《洛阳牡丹记》一开篇就点出了这种植物的缺点。可贬损的任务一完成，他紧接着便开始了兴致昂扬的热烈描述。他会"先抑"，当然是因为他知道精英阶层的正统观念从来不会允许士大夫写这种书，故而内心有愧；而他会"后扬"，则显然是因为他觉得自己已经列出了牡丹的缺点，所以现在可以不用自责了。但是，除去这种自辩的初衷，他说牡丹"不常"、"偏病"还有另外一层目的。他用了很长的篇幅来解释、说明牡丹的这一缺点，其实是有点像秦观对"不常"的"不择"而录。当然，他没有像秦观那样明确拒绝正统对"纯"与"常"的要求，但他在一种"偏病"之物上花费这么多笔墨，这本身也就表示了对正统限制的反抗。同样，在欧阳修不得不谈论"妖（异）"（妖的另一层意思是妖冶）一词的时候，也表现了他一种两面为难的态度。他说牡丹很"妖"，但之后又反过来说这个词虽然有妖异的意思，但这种异象对人其实无害。欧阳修会用如此奇异的方式解释这个词，就是因为他在写这种植物时有两面为难的态度，必须找到一种调和的办法。

李格非在《洛阳名园记》的后记中也表现出了两面为难的态度，他说奢华的园林就是王朝灭亡的先兆。如果不是公卿大夫疏于治术、耽好享乐，也不会有这样富丽的花园。李格非没能看到后来的历史，但事实证明他的预言的确应验了。但是，综观李格非的整部论著，这种忧惧只不过是他在铺叙了奢华园林之后所加的一段小小附言罢了，他描绘园林之盛美的时候，同样是那么单纯热烈，毫无一点含糊其辞的纠结。

362

宋词：社会与审美的结合

宋词在北宋发展为一种主要诗体的过程，以及它描写爱情和相关情感主题的方式，都正与《逆旅集序》中的某些观点相对应："雅俗"间的张力在这一时期的宋词发展史中随处可见。但这是个非常复杂的过程，充满了意想不到的波折，绝不仅是士大夫文人们从打破矜持、到享受情歌、再到染翰词笔那么简单。这一过程包含一系列复杂的交互作用，角力的双方各有创作，最终实现了对这种娱情之歌的改造。当一种新的词风在北宋末产生时，士大夫对于文学和社会问题的看法也开始转变，他们当中的某些人或多或少地认可了这种新词风，并将其表达水准提升到一个新高度。此外，五代词人改造教坊曲词的努力（表现在《花间集》之作中）使这一过程变得更加复杂。花间词的传统和民间教坊曲的传统构成了北宋词的两个源头，但这两种风格都不能满足北宋词人的要求，他们其实是在这二者之外重新开创了第三条道路。经过几代人的努力，北宋词家终于找到了解决的办法，将民间俗曲成功改造为了适于士大夫精英表达的新诗体。

北宋末词风自身的新变无疑是整个宋词史中最夺目的一笔，但与此同时，也存在着其他一些不那么显著的探索宋词新写法的努力，同样值得注意。其一便是词人对填词态度的转变。词要想成为一种成熟的文体，就不能只被看作是华宴上为配合下一轮的觥筹交错而即兴创作和表演的轻浮情歌。而苏轼之后，人们又开始质疑这些著名文人作词的方式过于粗豪，李之仪和李清照就是其中的代表。李之仪同时还强调了填词的"难工"，他认为长短句是所有文体中对遣词要求最高的一种（这一观点出乎很多人的意料），因此那些以"平平"余力为之的作品肯定算不得最好的作品。李清照对她之前几乎所有大家的批评其实也是同一旨归：他们都没有将填词作为一项严肃的创作来对待，各自的词作都存在严重的问题。

363

364

与此相关，词人们开始注意到词有自身的韵律特征、作法和形式要求。东坡词被认为不谐音律、不可唱，李清照关于诗词非是一家的尖刻批评正是指向这类作品。这其实是词的"自觉"，词人们试图充分表现词的特色，使之不同于"诗"。而此前人们普遍认为词在文体地位上低诗一等，呼之"小词"或"诗余"，词之"自觉"确实是词史上一个重要的转折。李清照批评苏轼填词态度的不恭，说他的词不过是"句读不葺之诗尔"，根本没有体现出词的特色。正是通过这一番诗词的对比，她扭转了传统观念中对词的轻视。

就在人们愿意以词特有的语汇理解词、并愿意接受其作为有别于诗的一种文体时，另一种对词文本的"完整性"的新认识也出现了。晏殊和欧阳修这样的作家对自己的词作留意甚少，甚至全无兴趣。但到了晏幾道的时代，词作者对词作品的态度发生了变化。晏幾道不但自编了词集，而且还为之作序，以申明自己潜心填词的正当性。他说他为自己作品中出于他人之手的舛误和校改不胜忧烦——在世间流传的晏幾道的词，并不在晏幾道的控制中。渐渐地，其他作者也开始效仿他的做法。因而尽管在这一时期宋词依然为寻常教坊中的口头表演所用，但对作词的价值的新认识让词人们得以继续前行，去试图保证作品得到"精确"的流传。

从某种意义上来讲，词人们意识到了"词别是一家"的时候，也正是词变得更"文学"、更像"诗"的时候。但反过来说，这种试图使词符合其"内在特质"的努力也表明，人们正在认识到词应该有它在社会、文学世界中的位置，从而与其他早期类似的韵文有所区分。在这种社会与文学世界的关联中，黄庭坚看到了世人对晏幾道词作的热烈追捧，而这追捧本身也体现了创作者编缀、刊行词集的高昂兴致。黄庭坚说："彼富贵得意，室有倩盼慧女，而主人好文，必当市购千金，家求善本，曰：'独不得与叔原同时耶！'"这段话中包含了几种不同观点的合流。富贵之家有财力去市场上购买词集的"善本"，但是这毕竟还是来自于"市"。贵则贵矣，却没有一点学术或精英的意

365

味。黄庭坚还假设如果有人质疑这种行为，则可以反问他："独不得
与叔原同时耶？"言下之意，任何与晏幾道同时代的人都会想要得到
他的词作，区别只在于有没有足够的财力收到善本。或许那些中产之
家可以退而求其次，从中档书坊购得一二。此外，我们还可以看到不
同审美趣味之间的合一："室有倩盼慧女（指歌女）"的主人竟然同时
也会雅好词章。一般而言，我们很难想象这两种截然不同的品味会紧
密并存于同一个人的精神世界中：一边沉溺于感官享受，一边又有着
高妙的文学、学术追求。但这两者的边界其实已经消失了，或者说已
经互为彼此。这让我们想起了蔡襄和欧阳修关于后世牡丹著作的态度。
此处"主人"所好之"文"显然是广义的"文"，它已经包括了此前
被视为下里巴人的那些文体。

黄庭坚的序还反映了士大夫们在面对某些作品广受追捧时的新
态度。宋代文献中有无数关于柳词在市井中影响力的记载，但无不
366 充满鄙夷。人们认为柳词越是受大众欢迎，就越说明它的"俗"，以
及它对文学庄重传统的冒犯。到了晏幾道的时代，他的词同样耸动
一时，城市中的各个阶层都争相追捧，但此时却没人觉得这有何不
妥。大众趣味已经成为了价值评判的标尺之一，这与柳永时代大人
先生们的装腔作势形成了鲜明对比。

同样，人们对于宋词所能达到的成就、词的主题特征以及词是
否能抒写真实生活等问题也有了新的认识。连接这些问题的枢纽是
理解宋词的本质和它所传达的价值理念。评论家们开始发现词写得
好，恰是因作者发挥了词所具备的表现潜能，正如诗作为文体有其
独特的表现潜能，其中最突出的莫过于李之仪。李之仪认为他朋友
贺铸的词具有一种超越其他任何文学形式的美感。《小重山》谱久无
新词，贺铸填之，李之仪谓之"宛转绅绎，能到人所不到处"⑧。贺

---

⑧　李之仪《跋小重山词》，《姑溪居士集》前集卷四〇，第 6 页 b。转引自金启华《唐宋
　　词集序跋汇编》，第 58 页。

铸另有一首《凌歊台》，李之仪以为超迈古人同题之"诗"——凌歊台为5世纪南朝宋武帝所建，乃皇家避暑离宫。前代关于凌歊台的登临之作几乎都是"诗"（如唐许浑有《凌歊台》诗），但贺铸乐府一出，"于是昔之形容藻绘者奄奄如九泉之下人矣"⑨。

367

与此同时，人们打破了原来对于词人及其真实生活与创作内容之间关系的旧的认识。诚如黄庭坚在《小山集序》中所说，晏幾道将其全部的创作精力都投进填词一项，这一异常的举动的确给他带来了一些问题。他的词泛泛读来可能很有乃父之风，但黄庭坚却强调二者的差异，认为词之于他们的意义和在彼此生命中的位置、轻重其实大不相同。晏幾道并没有选择在以"言志"著称的"诗"中宣泄其"陆沉下位"的郁结，而是出人意料地将所思所感都写进了"言情"的词。

晏幾道对自己的创作也有非常有趣的说法。晏词中最重要的关键字就是"情"（感情、多情、爱情）。他说他填词"不独叙其所怀"，更是"兼写一时杯酒间闻见、所同游者意中事"。他是写"情"（爱情，迷恋，露水之缘）的圣手，他为自己的这些作品辩护，认为"情"本身有其内在价值，值得用心书写，值得以词体现。晏幾道知道，古时的诗人是不会写这种题材的，因为他们认为不应该写，但他必须找到某种说法来解决这一困扰他的难题。最终他宣称，古时其实是存在这类作品的，只不过全都亡佚了。这也就是为什么他会为自己的词集取那样一个古怪的名字——《补亡》。

黄庭坚序的最后一段与上述说法有异曲同工之妙，我们从中可以看到士大夫们日益增长的自信——他们现在可以公开宣称自己喜欢这些言情之作了。数年前释法秀曾批评过黄庭坚的词作，可现在黄庭坚却在给别人的词集序中嘲讽法秀的说教：你如果觉得我的作品

---

⑨ 李之仪《跋凌歊引后》，《姑溪居士集》前集卷四〇，第7页b—8页a。转引自金启华《唐宋词集序跋汇编》，第59页。

368 有问题，那你真应该再看看晏叔原君的。法秀的原话是"劝淫"，对于如此严厉的批评，黄庭坚的反应不过尔尔，真可以说是有点厚颜无耻。我们还记得，在从前那些不甚严厉的批评中，也会提到一些指责词不合时宜、品味低下的言论。但通常情况下作者引用这些故事都是为了验证自己批评得有理，而不是自毁长城。有关柳永和柳词的记载无一不是如此，有关苏轼和秦观交流的材料也大多是如此。但黄庭坚打破了这一传统，而且是以那样一种公开和轻松的姿态，这就证明，一种前所未有的自信在他们这代人身上产生了——士大夫们不再羞于"言情"。

在非"刚"即"柔"之外

宋词中对待"情"的态度可以作为另一条主线，串起前面讨论过的一些话题。秦观的《逆旅集序》没有直接论及这一点，因为这主要不是关于"恒常"与"正统"，而是关于美学与性别的。张耒在《贺方回乐府序》中大胆地抛出了一个问题：男性词人们创作多愁善感（尤其是爱情中的多愁善感）的歌词会不会有损他们的阳刚之气？特别是当他们使用男性口吻时，这个问题将会更加尖锐。而在张耒的时代中，的确有越来越多的男性声音出现在词中，这使他感到这个问题的提出已经迫在眉睫。面对世人对他们耽溺于"小儿女态"的指责，这些词人将如何自辩？张耒给出了一种解释的方式：即便是古代那些最为"雄暴虓武"者都会感动于中，而发之为抒情的歌诗（尽管不是情歌），但却没有任何人因其抒情而质疑他们的大丈夫气概。

在北宋词史中，这种对于感伤癖的不自安一直隐然存在，构成了宋词发展史上的一个核心问题。"不自安"促使苏轼去探索一种全新的词风，而那则有关不同风格作品需要不同演奏方式的轶闻（东369 坡词须关西大汉持铜琵琶、铁绰板演唱）也同样源自这种忧惧，人们时刻在担心词的措辞和内容是否过于阴柔。苏轼在婉约之外创造出了豪放词风，其实也是想平衡这种阴柔。当然，这两种风格最终都取得了合法地位，后世的词人们可以根据自己的爱好随意在二者之间选择。但是苏轼创制豪放词的初衷，是因为他不满秦观和柳永的柔腻词风。

这和诗论中试图为"机巧"之作辩护的问题多有类似。当然，这两个问题产生的背景不同，具体细节也不一样，但是诗论中那种类似的潜在隐忧证明了二者有足够的可比性。正如诗评家范温所说，诗人的"不自安"在于诗中的"巧"，他们总在担心这种"巧"是否有损代表了力量、勇猛和阳刚的"壮"。而"巧"与"壮"同样具有性别偏向。"壮"，或者"豪放"自然代表了男性，但"巧"究竟是偏阴还是偏阳却很难一下子说清。不过假如我们注意到"巧"也可以表达为"巧丽"，或者干脆像范温那样将之解析为诗风上的"绮丽"和意象中的"风花"，那么"巧"的女性特征便很明显了。

我们知道，"巧"是指诗歌语言的机巧，它包括对仗的复杂，典故的堆砌与卖弄，指代的滥用和没完没了的曲笔。但一首诗若仅仅具有这些特点还不能斥之为"巧"。"巧"诗是指那些从整体上让人感觉其只专意于复杂、尖巧的炼字，却忽视了抒发真情、真意和真感觉的作品。因此，"巧"的言外之意也常常等于虚假，也就是戴在炫目的自我夸耀之外的一张迷人的面具。这种广义的"巧"可以一直追溯到孔子对于"巧言令色"之人的批判，这些人混迹于政界，370非常善于溜须拍马，他们使用"巧言"以达到目的的做法和女人卖弄"令色"其实如出一辙。

而且我们也知道何人的诗作容易被斥之为"巧"。衰颓的时代（如南朝末期和晚唐五代）中特别容易产生这种作品。传统观念认为，这些时代的士人们迷失了创作的真谛，一味炫耀辞采，致使言之无实，意味浅薄。

北宋晚期的一些诗评家如范温者，提出了一种不同于传统的看待"巧"与诗史的新观点，他们认为"巧"并不必然有损于真意或真情的表达。当范温说杜诗"巧而能壮"的时候（或者反过来，当他宣称在李商隐诗华美的辞采和纤弱的伤感之下蕴藏着真正的"实"的时候），他并不仅仅是从一个更新、更有利的角度解释"巧"，更重要的是他认为"巧"的存在并不妨碍其他一些更可贵的风格的存在。从美学和性别的方面而言，在杜诗中发现"巧"，正如在古时无畏的武士身上发现可使之泣下的"儿女之情"。这两种发现都打破了先前存在于"柔婉"与"刚猛"、阴柔与阳刚之间的对立，认为这是一种错误的二分法。

范温对杜诗"巧而能壮"的评论是一个非常值得注意和重要的构想。但北宋后期的诗评发展其实在很大程度上都是在做一种提升"巧"的努力，包括定义、分析诗歌技巧以及与之相伴的华美繁复的辞采。这一时期之所以会出现大量的诗评，就是因为人们对语言雕琢的关注在增长——包括炼字，工巧的对仗，典故的使用以及精妙的押韵。早期的诗歌批评中没有这样的分析，更没有那种数以千计的针对单行、单联的点评与考察。

371

类似的张力也出现在描写牡丹的诗文中。当沈立请苏轼为其《牡丹记》作序时，苏轼不得不面对这一问题。他首先斥牡丹为"穷妖极丽"，它不断"变态百出"以满足"时好"，是草木中的"智巧便佞者"。而沈立则是一位"耆老重德"之人（因此按理来说他不该受牡丹妖丽之诱惑），苏轼也自谓"方蠢迂阔"——这样的人是不会受惑于浮艳妖冶的世俗之美的。因此，他认为自己和沈立皆"非其人"，本不该、也不适于同这样一种植物产生任何关联。但是接下来他笔锋一转，写到了一个前代的典故。宋璟为人严峻，时人以为"铁心石肠"，但他写《梅花赋》却"清便艳发"，得南朝徐、庾之风。这和张耒所说的武士感泣、范温所说的杜诗寓"巧""丽""工"于"壮""遒""拙"是同一个意思。接着，苏轼又进一步说，"托于椎陋"者（如沈立和苏轼）可能和"穷妖极丽"、"追逐时好"者一样不足信。换句话说，那种对外在之美的憎恶只不过是另一种虚伪作态，它甚至有可能比创造诱人之美本身更加恶劣。

这样的思路提醒人们，似乎应该重新反思自己对"美物"的态度，而不是一见到外观漂亮的东西就下意识地予以否定。严肃如宋璟者也会写清艳之诗，而"托于椎陋"可能只是虚伪的表现——这一正一反两种论述对关于"美"的刻板的传统观念提出了质疑：难道诱人之美真的不能与体面道德相容？

372

或许我们会很惊讶地发现，这种二分法其实存在很大问题，需要被重新审视和解构。毕竟，中国精英文化的首要特征是崇文，而不是尚武。中国文化并不以匹夫之武力为最高价值，它欣赏的是"文"，以及和文相关的一系列特质（尽管同时也必须有其他元素的补充）。宋代尤其如此，它极重学问，崇文尚雅，以至后人在回顾总结宋史时，总会将其对外抗争的连年失败都归因于此（重文轻武）。北宋士大夫们常常很自豪地谈论本朝的"右文"之政，与"右文"相伴的还有"偃武"⑩，这是北宋皇权政治的一大特征。这种右文之政在徽宗朝达到了极盛——事实证明同时也是危险的顶峰——这位学养最富的皇帝将三个皇家图书馆之一的集贤殿更名为右文殿⑪。

伊沛霞曾经这样描述宋代文化的发展：

> 很久以前人们就注意到了宋代的一个总体转向：从崇拜"大丈夫"到崇拜文人。这一文化转向体现在各个层面，比如轿子使用的增多，收藏古董和精雅瓷器的风尚，以及狩猎人口的减少等等。理想的文士应该优雅、博学、多思，具有艺术气质。他不必强壮、敏捷，也不必孔武有力。毫无疑问，文人典范的流行和许多因素有关，包括印刷术的推广，教育的普及，通过科举制度选拔官吏的成功，以及儒学的复兴。而且我认为，这 373也和外部环境相关。宋代高层精英士大夫的崇文尚雅之风与突

---

⑩ 苏辙曾以"偃武"描述真宗朝的统治。见《宋史》卷三三一九，第10834页。

⑪ 《宋史》卷二一，第394页。

厥、契丹、女真、蒙古等北方民族的尚武好战形成了鲜明对比。不言而喻，宣扬风雅生活的优越，也就等于宣扬华夏文化优于夷狄之邦的文化。⑫

这段话中的许多观点当然都很有洞见。但是，撇开其关注的领域不谈，在作者的行文与议论间的批判性思考中，我们依然可以感受到，这种崇尚男性精致文雅的新潮流并非毫无问题。这一转向其实存在很大的阻力，正如我们之前所看到的那样，在这一转向的过程中，评论家和鉴赏家自己都觉得非常矛盾和纠结。

关于这些问题，还有另一种思考的角度。宋代明显的重文轻武风气并不意味着男性优雅敏感的特质就一定能轻易胜过"大丈夫"气概，这两组概念中的两极并不分别对应，"文"不是文雅和敏感的代名词。与"文"有关的一系列特质都和儒家伦理相关，坚贞、坦率，以及对声色之美的拒绝。一旦我们注意到这层意思，就会发现其实"文"对应的更应该是"大丈夫"气概——后者同样不喜欢敏感、浮艳和机巧。

其实从许多角度都能发现"文"与各种男性典范间的对应。有君子之"文"，相应也有美学家之"文"、享乐者之"文"、词人之"文"、花卉鉴赏者之"文"。前者反对伤感的精致，后者却并不如此。宋代的儒家和新儒家（包括哲学家、史学家和政治家）中从来不乏推举君子之文者，但从我们考察过的那些人及其言论中，却时常能看到对后一种文的好尚倾向（当然，也有人，如欧阳修同时具备这两种文的特点，分别体现在不同的心境和表达方式中）。但似乎没有一个现成的词能准确地归纳这种与"君子之文"相对的"后一种文"（其实包含了几种不同的"文"），这一点很麻烦。最接近的应

374

---

⑫ 伊沛霞（Patricia Buckley Ebrey）《内闱：宋代的婚姻和妇女》（*The Inner Quarters*：*Marriage and the Lives of Chinese Women in the Sung Period*），第32—33页。

该是"文人之文"，但"文人"一词又过于宽泛，仍不理想。或许"才子"更能代表这后一种文的好尚群体。当然，"才子"在元明清文化中有更固定的所指，但它与前代这一群体存在着很多共同点，也同样能接受男性的敏感和多情，宋代的这"后一种"文人其实可以看作是元明清"才子"的先驱。有学者曾在其近作中对后世的"君子"、"才子"这两种范型做过分析，他指出后者在文化上的颠覆性，这一论断正好照应了我们在宋代士人中看到的那种张力⑬。无论如何，有一点是可以肯定的：宋代的批评家和思想家正在急于寻找一种新方式，以便能将先前被人们轻视的秀雅之风和对诱人之美的关注纳入到"男子气概"的应有之义中。正像秦观序中的"我"那样，宋代的士大夫文人不甘心只做个生活在道德和说教夹缝中的端方君子——当然，之前也有无数"不甘心"的人，只是此时他们终于公开地承认了这种不甘。

我们所讨论的这种趋势，很有可能是一个更大的文化转型中的一部分，这一转型内部包含着多重的，甚至是互斥的潮流。也就是说，就在有人更加关注男性之雅、浪漫抒情和审美鉴赏的同时，也有人对苦节、教化和道德自律提出了更高的要求。这两股思潮相互攻讦，结果是各自都向前走得更远。士大夫精英们于是分裂为两个阵营，一边是儒学卫道士和儒学家（即狭义的"君子"），另一边是鉴赏家、收藏家和词人。在欧阳修（他同时有两种倾向）之后，这两个阵营的分化走向了极端，最著名的当属"程苏之裂"（程颢程颐兄弟和苏轼）。此外，韩维与晏幾道、释法秀（宣扬教化的不仅是儒生）与黄庭坚之间的争辩也都反映了这种分化。当然，顺着这条线走下去，我们很容易便可以看到广泛存在于朱熹等新儒家和苏门后学之间的不信任，这正是"分化"在下一个世纪中的继续。

375

---

⑬ 宋耕（Song Geng）《文弱书生：中国文化中的权力与男性气概》（*The Fragile Scholar: Power and Masculinity in Chinese Culture*），第87—124页。

鉴赏的限度

尽管这个时代对追求美和表达美的态度更加开明，但这不意味着开明没有限度，即便是那些最主张美的人，也都知晓追求的边界。宋词算得真正与市民俗文化搭界了，但在这向"下"走的过程中，同样可以看到"限度"。晏幾道和周邦彦创造的新词风是一种文人雅趣和市民俗味的综合，它当然比晏殊的词更接近民间俗曲，但仍然比不上柳永。在对民间曲词的接受上，北宋末数十年间的词人罕与柳永匹敌者。柳永是士大夫中的异类，他打破了知识阶层与非知识阶层之间的边界，在二者间来回穿梭。整个宋代，他的词从来没有获得过士大夫评论家的整体接受。

另一种限度体现在苏轼、王诜、米芾间的艺术藏品交换与艺术鉴赏力的交流上。这种限度和接受世俗品味无关，它是对美的追求的边界，决定了什么样的艺术品才可以被"允许"占有，而这也成为个人价值和自我认同的基本来源。我们之前讨论过的存在于美与训诫、皇家正统与个人选择之间的张力，都与"限度"的问题密切相关。

欧阳修对变革艺术收藏观念的最大贡献在于，他拒绝受限于偏狭的、以宫廷趣味为准的书法史。他在碑刻铭文中发现了书法之美，并且认为这种美比其"所书"的内容是否符合儒家正统更加重要。但这一议题在苏轼、王诜和米芾的讨论中发生了变化。

当米芾说一个唐代普通画家的成就和遗产比同时代的"五王之功业"（结束武则天统治，恢复李唐）更大时，他其实只是在陈述一个显而易见的事实：薛稷的画在米芾的时代还有一些遗存，而米芾至少拥有其中一幅。因此，薛画当然就有了一种四百年前的功业所不具备的物质"存在"形式。米芾指出，一旦经过了足够长的时间，任何功业都会被遗忘，但艺术品却能对抗遗忘，长时间保存。他甚至说艺术品即便有损伤也可以修复——他有点天真地以为时间不会对一件艺术品造成任何损害。

米芾关于艺术与功业的这番论断让人想起欧阳修曾经的挣扎，他所收集的那些碑刻铭文，其"书"之美与"所书"之善往往不可得兼，而且通常情况下总是艺术之美多过教化之善。同样，苏轼的相对主义也是对传统价值体系的挑战：他不认为追求功名的人就有理由看不起追求艺术收藏、自得其乐的人[14]。但是，米芾的观点要比所有前人都极端。他在价值取向上根本没有任何挣扎，他的偏向非常明显，而且毫不含糊，连表述语言都很夸张——五王的功业即便没有被完全遗忘，也只"寻为女子笑"罢了。

377

米芾的坦率，不仅表现在他敢于宣布自己认同的价值，而不是附和儒家观念，他还大胆承认了艺术品的商业价值。米芾所讨论的艺术品，不是存在于理想化的纯净世界中的艺术品。它们具有货币属性，也就是说，它们可以成为商品，用于买卖：或是以货易货（艺术品之间的等价交换），或是直接标价出售。艺术品成为了社会商业中的一部分，并且占据了高端市场。

我们还记得欧阳修曾经说过，他收集拓片是不问出处的。他不愿人们把他同那些聚敛象牙珠玉的富人等而视之，他经常会强调自己的收藏多么不值钱：他就是喜欢收集那些微贱的、不为人所注意的东西。在比他晚一代的人中，苏轼和黄庭坚也都曾表达过对"多金"的富人的鄙视：他们在书画上一掷千金，但其实根本不懂欣赏，甚至连自己买的是什么都不太清楚。苏、黄在这里也提到了艺术品的商业价值，但却伴随着贬损。他们似乎想让人们相信，真正的艺术品是不应该论价售卖的。

到了米芾，一切的矜持作态都放下了。他同样也会痛斥那些愚陋多金的收藏家，但除此之外，他还会不遗余力地描写那些艺术品不菲的价值。当他谈到那些"才子鉴士"们在薛稷的《二鹤》图上所花的功夫气力时（"才子鉴士宝钿、瑞锦、缥袭……"），他的重

---

[14] 苏轼《墨宝堂记》，《苏轼文集》卷一一，第357—358页。

点在于突出藏品的价值而非收藏者之俗。同样，在写给其他收藏家的诗中，米芾也经常提到他觉得有必要，而且也很想斥巨资购买那些一流的艺术品。特别是在《书史》中，他会不断地写到自己或他人愿意不惜血本去买某件珍品。

378

在社会领域，米芾在徽宗朝获得的礼遇和高位（尽管时间很短）证明了艺术鉴赏权威的移易。宋初，书画珍品的收藏是皇家专利，掌握书法品味、风格评判权的是皇帝（太宗），而且只有皇帝才能最终裁定某件作品是不是真迹。到了欧阳修的时代，士大夫们即便对太宗《淳化阁帖》所确立的单调的正统风格不满，甚至怀疑它们的出处，也只会小心翼翼地窃窃私语，很少有人公开表达这种质疑。但是到了 11 世纪末，士大夫们的书画创作呈现出百家争鸣的繁盛景象，不仅成就辉煌，而且风格多样：书法界有蔡襄、苏轼、黄庭坚、米芾，绘画界有米芾、李公麟、王诜。与此同时，书画艺术思想也开始冲破旧式藩篱。宋徽宗在藩邸之时曾与王诜相善，而且还临过黄庭坚的字。即位后他曾在 1102 年和 1105 年两次召对米芾，这位新皇帝显然非常欣赏米芾的书画技巧，而且知道他有着举世无双的鉴别书画真伪的能力⑮。米芾曾应徽宗之命写下《千字文》，而且还把自己私藏中的珍品送给徽宗，以此作为宣和书画谱的选录基础。米芾还曾经被允许观看太师蔡京编写皇家藏品目录，而蔡京本人也是一位杰出的书法家。凭借他的博学，米芾得以在徽宗朝新设立的书画机构中任职，教授学生创作和鉴赏⑯。这是一个非常重要的事件，它证明了皇家对士大夫艺术成就的认可。但米芾最终还是不能

379 见容于宫廷（即便是徽宗的宫廷）。他的"癫狂"和对艺术的投入挑战着精英社会容忍度的极限，而社会也给了他毫不客气的回击。

苏轼在许多问题上的观点都要比米芾温和。米芾对自己鉴赏古

---

⑮ 徽宗早年与王诜、黄庭坚的关系见蔡絛《铁围山丛谈》卷一，第 6 页。

⑯ 米芾在徽宗朝的活动参见石慢（Sturman）的《米芾》（*Mi Fu*），第 183—194 页。

书画和鉴别其真伪的能力极为自负，苏轼却认为这种自信应该有"限度"。他不但觉得鉴赏家们没有能力将某件藏品准确无误地"正名"，他甚至怀疑这种评判本身是否正当，毕竟这其中存在不可避免的主观因素。此外，苏轼还提出了一种看待艺术收藏的新方式，这种方式和米芾、王诜的都不一样。他急切地想要证明，占有艺术品，或者更广泛地说，占有"物"并不等于役于物，有物的同时也可以超然物外。这样一来，他便避免了因收藏艺术品而被人们指责为"贪婪"。这样的努力恰恰证明了他作为士大夫精英在收集艺术品时的"不自安"，而这种不自安的另外一个表现就是，他允许自己收集石头。当他假戏真做地提出要用仇池石换王诜价值连城的两幅韩幹马画时，他其实是在挑战王诜对于艺术品价值的评估观念。他想让王诜知道，这两块小石头对于自己的意义丝毫不亚于那两件极品画作之于王诜的意义。苏轼不但在书画艺术创作上冠绝群伦，在艺术鉴赏、收藏思想上也引领一时风气，有着巨大影响力。苏轼不止一次地声明，无限度的艺术鉴赏和艺术追求是有问题的，他自己很注意"度"的把握，所以声名才没有受损。苏轼一生在政治上遭受过许多挫败，或是因为自找麻烦，或是因为别人陷害，但却从没有像米芾那样被人目之为"癫"。他遭人非议、离朝或被贬都是出于政治原因，而不是因为行为或爱好方面的问题。

　　在北宋末士大夫日益高涨的崇艺风气中，皇家艺术品收藏也很活跃，从这个角度来看，徽宗朝的统治及其最后倾覆的命运是一个 380 很有趣的案例。近来许多学者都在试图重新评价这位大才皇帝一生艺术追求的意义。但南宋——这一徽宗之子高宗所建立的王朝——的艺术思想，目前却很少有人关注，其实这是个非常引人入胜的课题。这一时期，的确存在着一股"退潮"的趋势。毕竟这位开国皇帝的父亲是因为迷恋艺术才葬送了半壁江山——至少大家都觉得这是主要原因——他对艺术的沉迷让人想起了其他那些因耽好女色而亡国的末代皇帝，二者对象不同，但性质一样。后者在中国历史上屡见不鲜，而且向来被认定为自我放纵、自我毁灭。金兵的入侵应验了李格非在《洛阳名园记》中的预言，该文因此广受重视。而就在这一时期（高宗初年），李格非之女李清照写下了著名的《金石录后序》，记录了她和丈夫倾其一生收集书画金石的历程。尽管对往昔的追忆充满深情，但追忆结束后，她却不得不声明这种收藏的"不足道"，她说自己"所以区区记其终始者"，不过是想要"为后世好古博雅者之戒"罢了⑰。李清照的这些话和其父李格非在《洛阳名园记》后记中的训诫何其相似，只是更多了一层身为亡国之人的屈辱。但与此同时，高宗自己却在努力继承他那"北狩"之父的遗志，紧锣密鼓地重建皇家艺术收藏。他从民间草草搜罗了许多私藏，以之扩充宫廷图书馆和画苑。南宋初年关于艺术品的这些思潮非常复杂，有待以后进一步的研究。

我们目前所确知的是，本书所讨论的这些新实践和新思想，除却其本身的意义之外，对后世还有着复杂而深远的影响。北宋末在381艺术品鉴（包括书法碑帖、古玩等）、诗歌评论、花卉种植和填词论词等诸多领域出现的新变无一不在南宋得到了继承和更充分的发展。尽管断断续续、时隐时现，但北宋一代对不同领域、不同形式的美的追求，以及为之彻底正名的努力，在南宋时期依然是艺术史的核心。同样，北宋士人的开拓也为明清士大夫文人在文学、艺术上的成就奠定了基础——只要想想当时对于美的转型的反对声音有多么强大，就会知道这样的筚路蓝缕之功有多么了不起。当然，宋代在其他领域还有一些关键的成就与本书的讨论无关，最突出的莫如哲学和史学。但是，在有关"美"与"审美"的新的书写中所展现出的这种活力与"巧"（褒义之"巧"，从范温等人之意），的确是这个382时代极其引人注目的一笔。

---

⑰　李清照《金石录后序》，《李清照集笺注》卷三，第313页。

征引书目

编者按：今依英文原著排序。

《论语》（*Analects*），通行本。

Ashmore, Robert. "The Banquet's Aftermath：Yan Jidao's *Ci* Poetics and the High Tradition. " *Toung Pao* 88, nos. 4—5（2002）：211—250.

《百部丛书集成》，台北：艺文印书馆，1965—1969。

Bi, Xiyan. *Creativity and Convention in Su Shi's Literary Thought.* Lewiston, New York：Edwin Mellen Press, 2003.

卞永誉（1645—1712），《式古堂书画汇考》，《四库全书》本。

白居易（772—846），《白居易集》（全四册），顾学颉校点，北京：中华书局，1979。

Bol, Peter K. "*This Culture of Ours*"：*Intellectual Transitions in T'ang and Sung China.* Stanford：Stanford University Press, 1992.

Brooks, E. Bruce. "A Geometry of the *Shr-pin.* " In *Wen-lin：Studies in the Chinese Humanities*, ed. Chow Tse-tsung, 121—150. Madison：University of Wisconsin Press, 1968.

蔡絛（约卒于1147），《铁围山丛谈》，北京：中华书局，1983。

Chang, Kang-i Sun. *The Evolution of Chinese Tz'u Poetry：From Late T'ang to Northern Sung.* Princeton：Princeton University Press, 1980.

陈必祥，《欧阳修散文选》，香港：三联书店有限公司，1990。

陈鹄（约13世纪早期），《耆旧续文》，《四库全书》本。

陈师道（1053—1101），《后山集》，《四库全书》本。

陈师道，《后山诗话》，何文焕辑《历代诗话》第一册，第301—

316 页。

陈振孙（1211—1249），《直斋书录解题》，上海：上海古籍出版社，1987。

《词话丛编》（全五册），唐圭璋编，北京：中华书局，1986。

《诗经》（*Classic of Poetry*）。

《丛书集成》，上海：商务印书馆，1935。

杜甫（712—770），《杜诗详注》（全五册），仇兆鳌（1638—1717）注，北京：中华书局，1979。

Ebrey, Patricia Buckley. *The Inner Quarters: Marriage and the Lives of Chinese Women in the Sung Period.* Berkeley: University of California Press, 1993.

Egan, Ronald, trans. *Limited Views: Essays on Ideas and Letters.* By Qian Zhongshu. Cambridge, MA: Council on East Asian Studies, Harvard University, 1998.

———. *The Literary Works of Ou-yang Hsiu* (1007—1072). Cambridge, Eng. : Cambridge University Press, 1984.

———. "Ou-yang Hsiu and Su Shih on Calligraphy. " *Harvard Journal of Asiatic Studies* 49, no. 2 (1989): 365—419.

———. "The Problem of the Repute of *Tz'u* During the Northern Sung. " In Pauline Yu, ed. , *Voices of the Song Lyric in China* (q. v.), 191—225.

———. *Word, Image, and Deed in the Life of Su Shi.* Cambridge, MA: Council on East Asian Studies, Harvard University, 1994.

范温（活跃于 1122），《范温诗话》（初名《潜溪诗眼》），《宋诗话全编》第二册，第 1243—1261 页。

方回（1227—1307），《瀛奎律髓汇评》，李庆甲集评校点，上海，上海古籍出版社，1986。

Fu Shen. "Huang Ting-chien's Calligraphy and His Scroll for Chang Ta-tung. " Ph. D. diss. , Princeton University, 1976.

Fuller, Michael. *The Road to East Slope: The Development of Su Shi's Poetic Voice.* Stanford: Stanford University Press, 1990.

Fusek, Lois. *Among the Flowers: The Hua-chien chi.* New York: Columbia University Press, 1982.

葛立方（卒于1164），《韵语阳秋》，《四库全书》本。

Grant, Beata. *Mount Lu Revisited: Buddhism in the Life and Writings of Su Shi.* Honolulu: University of Hawaii Press, 1994.

郭绍虞，《宋诗话考》，北京：中华书局，1979。

《国语逐字索引》，《先秦两汉古籍逐字索引丛刊》。

Harrist, Robert E. *Painting and Private Life in Eleventh-Century China: Mountain Villa by Li Gonglin.* Princeton: Princeton University Press, 1998.

韩愈（788—824），《韩昌黎集校注》，马通伯（其昶）校注，香港：中华书局，1984。

韩愈，《韩昌黎诗系年集释》（全二册），钱仲联集释，上海：上海古籍出版社，1984。

何薳（1077—1145），《春渚纪闻》，北京：中华书局，1983。

何文焕（1732—1809），《历代诗话》（全二册），北京：中华书局，1981。

贺铸（1052—1102），《东山词》，钟振振校注，上海：上海古籍出版社，1989。

Hightower, James R. "The Songs of Chou Pang-yen." In Hightower and Yeh, *Studies in Chinese Poetry* (q. v.), 292—322.

——. "The Songwriter Liu Yong." In Hightower and Yeh, *Studies in Chinese Poetry* (q. v.), 185—186.

——and Florence Chia-ying Yeh. *Studies in Chinese Poetry.* Cambridge, MA: Harvard University Asia Center, 1998.

《后汉书》，北京：中华书局，1965。

Hsu, Hsiao-ching. "Talks on Poetry (*shih-hua*) as a Form of Sung Literary Criticism." Ph. D. diss. , University of Wisconsin, 1991.

胡柯（活跃于 1196），《欧阳修年谱》，参《欧阳修全集》附录一，第 2595—2625 页。

胡仔（1082—1143），《苕溪渔隐丛话》（全二册），北京：人民文学出版社，1984。

《淮南子校释》，张双棣撰，北京：北京大学出版社，1997。

黄昇（活跃于 1240—1249），《花庵词选》，《四库全书》本。

黄庭坚（1045—1105），《黄庭坚诗集注》（全五册），刘尚荣校点，北京：中华书局，2003。

黄庭坚，《山谷集》，《四库全书》本。

黄庭坚，《山谷诗集注》，《黄庭坚诗集注》。

黄庭坚，《山谷题跋》，屠友祥校注，《宋明清小品文集辑注》（第三辑），上海：上海远东出版社，1999。

黄宗羲（1610—1695），《明文海》，《四库全书》本。

惠洪（1071—1128），《冷斋夜话》，《宋元笔记小说大观》第二册，第 2155—2228 页。

《先秦两汉古籍逐字索引丛刊》，刘殿爵等主编，香港：香港中文大学中国文化研究所，1992—2000。

《魏晋南北朝古籍逐字索引丛刊》，刘殿爵等主编，香港：香港中文大学中国文化研究所，1999—2007。

纪昀（1724—1805）等，《四库全书总目提要》，《合印四库全书总目提要及四库未收书目禁毁书目》（全五册），台北：商务印书馆，1978。

金启华等，《唐宋词集序跋汇编》，江苏：江苏教育出版社，1990。

《晋书》，北京：中华书局，1974。

《景德传灯录》，道原撰，《大正新修大藏经》，第 2076 号，第 51 册，第 196—467 页。

《旧唐书》，北京：中华书局，1975。

孔凡礼，《苏轼年谱》（全三册），北京：中华书局，1998。

孔武仲（1041—1097），《清江三孔集》，《四库全书》本。

孔武仲，《芍药谱》，吴曾《能改斋漫录》卷一五，第458—460页。

老子，《道德经》，通行本。

Lap Lam. "A Reconsideration of Liu Yong and his 'Vulgar' Lyrics." *Journal of Sung-Yuan Studies* 33 (2003): 1—47.

Ledderose, Lothar. *Mi Fu and the Classical Tradition of Chinese Calligraphy.* Princeton: Princeton University Press, 1979.

Legge, James (1815—1897), ed. and trans. *The Chinese Classics.* 5 vols. Hong Kong: Hong Kong University Press, 1960, reprint.

《楞严经》（《大佛顶如来密因修证了义诸菩萨万行首楞严经》），《大正新修大藏经》，第945号，第19册，第105—155页。

厉鹗（1692—1752），《宋诗纪事》，上海：上海古籍出版社，1983。

李福顺，《苏轼论书画史料》，上海：上海人民美术出版社，1988。

李格非（活跃于1090），《洛阳名园记》，邵博《邵氏闻见后录》卷二四、二五，第192—202页。另见《古今逸史》，《百部丛书集成》本。

李剑亮，《唐宋词与唐宋歌妓制度》，杭州：浙江大学出版社，1999。

李清照（1084—约1155），《李清照集笺注》，徐培均笺注，上海：上海古籍出版社，2002。

李清照，《李清照集校注》，王学初校注，北京：人民文学出版社，1979。

李肇（活跃于806—820），《唐国史补》，《唐国史补八种》，台北：世界书局，1968。

李之仪（约卒于1115），《姑溪居士集》，《四库全书》本。

梁丽芳，《柳永及其词之研究》，香港：三联书店，1985。

《列子集释》，杨伯峻撰，香港：太平书局，1965。

Lin, Shuen-fu. *The Transformation of the Chinese Lyrical Tradition:*

Chiang K'uei and Southern Song Tz'u Poetry. Princeton：Princeton U-
　niversity Press，1978.

刘攽（1022—1088），《中山诗话》，何文焕《历代诗话》第一册，
　第283—320页。

Liu，James J. Y. *Major Lyricists of the Northern Sung*，A. D. 960—
　1126. Princeton：Princeton University Press，1974.

Liu，James T. C. *Ou-yang Hsiu：An Eleventh-Century Neo-Confucian-
ist.* Stanford：Stanford University Press，1967.

刘克庄，《后村诗话》，《宋元诗话全编》第8册，第8352—8626页。

刘勰（约465—约522），《文心雕龙新译》，李振兴译，台北：三民
　书局，1996。

刘义庆（403—444），《世说新语笺疏》，余嘉锡笺疏，北京：中华
　书局，1983。

柳永，《乐章集校注》，薛瑞生校注，北京：中华书局，1994。

柳宗元（773—814），《柳河东集》（上下），上海：上海人民出版
　社，1974。

《六祖大师法宝坛经》，惠能（638—713）撰，《大正新修大藏经》，
　第2008号，第48册，第345—364页。

楼钥（1137—1213），《攻媿集》，《四库全书》本。

陆游（1125—1210），《渭南文集》，《四库全书》本。

罗根泽，《中国文学批评史》，上海：古典文学出版社，1957。

罗烨（活跃于13世纪），《新编醉翁谈录》，《宋元词话》，施蛰存
　编，第715—730页，上海：上海书店出版社，1999。

马端临（1254—1325），《文献通考》，《四库全书》本。

马永卿（卒于1145后），《元城语录解》，《四库全书》本。

McNair，Amy. "The Engraved Model-Letters Compendia of the Song
　Dynasty. " *Journal of the American Oriental Society* 114. 2（1994）：
　209—225.

——. *The Upright Brush：Yan Zhenqing's Calligraphy and Song Literati Politics.* Honolulu：University of Hawaii Press，1998.

梅尧臣（1002—1060），《梅尧臣集编年校注》，朱东润校注，上海：上海古籍出版社，1980。

《孟子逐字索引》，《先秦两汉古籍逐字索引丛刊》。

米芾（1051—1107），《宝晋英光集》，《丛书集成》本。

米芾，《画史》，《画品丛书》，于安澜编，第168—218页，上海：上海人民出版社，1982。

米芾，《书史》，《丛书集成》本。

《穆天子传》，《四库全书》本。

《南史》，北京：中华书局，1975。

Needham，Joseph，et al. *Biology and Biological Technology*，*Part I*：*Botany.* Vol.6 of *Science and Civilisation in China.* Cambridge，Eng.：Cambridge University Press，1986.

倪涛（1709进士），《六艺之一录》，《四库全书》本。

欧阳棐（1047—1113），《集古录目》，缪荃孙（1844—1919）辑。《石刻史料丛书》乙编，严耕望辑，台北：艺文印书馆，1966。

欧阳修（1007—1072），《表奏书启四六集》，《欧阳修全集》，卷九〇至卷九六。

欧阳修，《归田录》，《欧阳修全集》，卷一二六至卷一二七。

欧阳修，《集古录跋尾》，《欧阳修全集》，卷一三四至卷一四三。

欧阳修，《居士集》，《欧阳修全集》，卷一至卷五〇。

欧阳修，《居士外集》，《欧阳修全集》，卷五一至卷七五。

欧阳修，《六一诗话》，《欧阳修全集》，卷一二八。

欧阳修，《欧阳修全集》（全六册），李逸安点校，北京：中华书局，2001。

欧阳修，《奏议集》，《欧阳修全集》，卷九七至卷一一四。

Owen，Stephen. *The Late Tang*：*Chinese Poetry of the Mid-Ninth Century* （827—860）. Cambridge，MA：Harvard University Asia Center，forthcoming.

——. *Readings in Chinese Literary Thought*. Cambridge, MA: Council on East Asian Studies, Harvard University, 1992.

彭国忠，《元祐词坛研究》，上海：华东师范大学出版社，2002。

朋九万（12世纪早期），《乌台诗案》，《函海》，《百部丛书集成》本。

皮日休（约834—约883），《皮子文薮》，《四库全书》本。

钱世昭（12世纪），《钱氏私志》，《四库全书》本。

潜说友（约1200—1280），《咸淳临安志》，钱塘，1830。台北：成文出版社，1970重印。

钱钟书，《管锥编》（全五册），北京：中华书局，1990重印。

秦观（1049—1100），《秦观集编年校注》（上下），周义敢等校注，北京：人民文学出版社，2001。

《全宋词》（全五册），唐圭璋编，北京：中华书局，1965。

《全宋诗》（全七十二册），傅璇琮等编，北京：北京大学出版社，1991—1998。

《全宋文》，曾枣庄等编，成都：巴蜀书社，1988—2006。

《全唐诗》（全十二册），彭定求等编，北京：中华书局，1960。

《全唐文新编》（全二十二册），长春：吉林文史出版社，2000。

饶宗颐，《词籍考》，香港：香港大学出版社，1963。

Rouzer, Paul F. *Writing Another's Dream: The Poetry of Wen Tingyun*. Stanford: Stanford University Press, 1993.

《三国志》。北京：中华书局，1959。

邵博（卒于1158），《邵氏闻见后录》，北京：中华书局，1983。

沈迈士，《王诜》，上海：上海人民出版社，1961。

沈松勤，《唐宋词社会文化学研究》，杭州：浙江大学出版社，2000。

沈雄（活跃于1653），《古今词话》，《词话丛编》第一册，第729—1054页。

Shields, Anna M. *Crafting a Collection: The Cultural Contexts and Poetic*

Practice of the "*Huajian ji*" (《花间集》, *Collection from Among the Flowers*). Cambridge, MA: Harvard University Asia Center, 2006.

《四库全书》, 文渊阁本, 上海: 上海古籍出版社, 1987。

司马光, 《温公续诗话》, 何文焕辑《历代诗话》第一册, 第 273—282 页。

司马光 (1019—1086), 《资治通鉴》, 北京: 中华书局, 1963。

司马迁 (约前 145—约前 86), 《史记》, 北京: 中华书局, 1959。

Song, Geng. *The Fragile Scholar: Power and Masculinity in Chinese Culture*. Hong Kong: Hong Kong University Press, 2004.

《宋史》, 北京: 中华书局, 1977。

《宋诗话全编》 (全十册), 吴文治编, 南京: 江苏古籍出版社, 1998。

Sturman, Peter Charles. *Mi Fu: Style and the Art of Calligraphy in Northern Song Culture*. New Haven: Yale University Press, 1997.

苏轼 (1037—1101), 《东坡词编年笺证》, 薛瑞生笺证, 西安: 三秦出版社, 1998。

苏轼, 《东坡乐府编年笺注》, 石声淮、唐玲玲笺注, 台北: 华正书局, 1993。

苏轼, 《苏东坡词》, 曹树铭编, 台北: 商务印书馆, 1983 版, 1996 重印。

苏轼, 《苏轼词编年校注》 (全三册), 邹同庆、王宗堂校注, 北京: 中华书局, 2002。

苏轼, 《苏轼诗集》 (全八册), 孔凡礼点校, 北京: 中华书局, 1982。

苏轼, 《苏轼文集》 (全六册), 孔凡礼点校, 北京: 中华书局, 1986。

苏轼, 《苏氏易传》, 《丛书集成》本。

苏辙 (1039—1112), 《栾城集》 (全三册), 曾枣庄、马德富校点, 上海: 上海古籍出版社, 1987。

孙克强, 《唐宋人词话》, 郑州: 河南文艺出版社, 1999。

《太平广记》 (全十册), 李昉 (925—996) 编, 北京: 中华书局, 1994。

《太平御览》，李昉编，《四库全书》本。

《大正新修大藏经》，东京：大藏经刊行会，1924—1932。

陶尔夫、诸葛忆兵，《北宋词史》，哈尔滨：黑龙江教育出版社，2002。

陶宗仪（活跃于 1360—1368），《说郛》，《四库全书》本。

田汝成（1526 进士），《西湖游览志余》，《四库全书》本。

Van Zoeren, Stephen. *Poetry and Personality: Reading, Exegesis, and Hermeneutics in Traditional China.* Stanford: Stanford University Press, 1991.

王安石（1021—1086），《王荆公诗注补笺》，李之亮补笺，成都：巴蜀书社，2002。

王称（约卒于 1200），《东都事略》，《四库全书》本。

王观（活跃于 1075），《扬州芍药谱》，《百川学海》，《百部丛书集成》本。

王国维（1877—1927），《人间词话译注》，施议对译注，台北：贯雅文化，1991。

王明清（生于 1127），《挥麈录》，《宋元笔记小说大观》第四册，第 3549—3850 页。

王世贞（1526—1590），《艺苑卮言》，《词话丛编》第一册，第 383—396 页。

王文诰（生于 1764），《苏文忠公诗编注集成总案》，1819，成都，1985 重印。

王又华（17 世纪），《古今词论》，《词话丛编》第一册，第 591—614 页。

王直方（1069—1109），《王直方诗话》，《宋诗话全编》第二册，第 1141—1200 页。

王灼（12 世纪），《碧鸡漫志》，《词话丛编》第一册，第 67—120 页。

Watson, Burton, trans. *The Vimalakīrti Sutra.* New York: Columbia University Press, 1997.

《魏略》，裴松之（372—451）注《三国志》。

卫湜（活跃于1227），《礼记集说》，《四库全书》本。

魏泰（11世纪晚期至12世纪早期），《东轩笔录》，《宋元笔记小说大观》第三册，第2681—2784页。

韦续（9世纪），《墨薮》，《四库全书》本。

《维摩诘所说经》，《大正新修大藏经》，第475篇，第14册，第537—557页。

《文选》，萧统（501—531）编，台北：华正书局，据胡克家1809年刻本重印，1994。

文莹（11世纪），《湘山野录》，《宋元笔记小说大观》第二册，第1379—1446页。

吴熊和，《唐宋词通论》，杭州：浙江古籍出版社，1985。

吴曾（卒于1170后），《能改斋漫录》，上海：中华书局，1960。

吴子良（1226进士），《荆溪林下偶谈》，《四库全书》本。

夏承焘，《唐宋词人年谱》，北京：中华书局，1961。

《先秦汉魏晋南北朝诗》（全三册），逯钦立编，北京：中华书局，1983。

谢枋得（1226—1289），《文章轨范》，《四库全书》本。

谢灵运（385—433），《谢灵运集逐字索引》，《魏晋南北朝古籍逐字索引丛刊》。

许顗（12世纪），《彦周诗话》，何文焕辑《历代诗话》第一册，第377—402页。

严杰，《欧阳修年谱》，南京：南京出版社，1993。

严有翼（约活跃于1140），《严有翼诗话》（原名《艺苑雌黄》），《宋诗话全编》第三册，第2325—2362页。

Yang, Xiaoshan. *Metamorphosis of the Private Sphere: Gardens and Objects in Tang-Song Poetry*. Cambridge: Asia Center, Harvard University, 2003.

杨亿（974—1020），《杨文公谈苑》，《宋元笔记小说大观》第一册，第 463—566 页。

叶梦得（1077—1148），《避暑录话》，《宋元笔记小说大观》第三册，第 2575—2680 页。

叶梦得，《石林诗话》，何文焕辑《历代诗话》第一册，第 403—440 页。

叶梦得，《石林燕语》，北京：中华书局，1984。

Yeh, Florence Chia-ying. "Ambiguity and the Female Voice in 'Hua-chien Songs.'" In Hightower and Yeh, *Studies in Chinese Poetry* (q. v.), 115—149.

——. "An Appreciation of the *Tz'u* of Yen Shu." In Hightower and Yeh, *Studies in Chinese Poetry* (q. v.), 150—167.

衣若芬，《苏轼题画文学研究》，台北：文津出版社，1999。

尹洙（1001—1047），《河南集》，《四库全书》本。

Yu, Pauline. "Song Lyrics and the Canon: A Look at Anthologies of Tz'u." In Pauline Yu, ed., *Voices of the Song Lyric in China* (q. v.), 70—106.

——, ed. *Voices of the Song Lyric in China*. Berkeley: University of California Press, 1994.

俞文豹（活跃于 1240），《吹剑续录》，《知不足斋丛书》，《百部丛书集成》本。

袁桷（1266—1327），《延祐四明志》，《四库全书》本。

赞宁（919—1001），《笋谱》，《四库全书》本。

曾敏行（1118—1175），《独醒杂志》，《四库全书》本。

曾慥（活跃于 1136—1147），《曾慥诗话》，《宋诗话全编》第四册，第 3446—3453 页。

曾枣庄，《苏文汇评》，台北：文史哲出版社，1998。

张端义（1179—约 1235），《贵耳集》，《宋元笔记小说大观》第四册，第 4255—4324 页。

张惠民，《宋代词学资料汇编》，汕头，广州：汕头大学出版社，1993。

张耒（1054—1114），《张耒集》（全二册），北京：中华书局，1990。

张临生，《北宋皇室青铜礼器的收藏》，未发表论文，曾在"跨文化语境下的宫廷文化比较会议"（"Comparative Court Cultures in Cross-Cultural Perspective"）上提交，台北：台湾大学，1997 年 8 月 25—27 日。

张舜民（约 1034—约 1100），《画墁录》，《宋元笔记小说大观》第二册，第 1533—1560 页。

张炎（生于 1248），《词源》，《词话丛编》第一册，第 237—274 页。

赵崇祚（活跃于 934—965），《花间集全译》，崔黎民编译，贵阳：贵州人民出版社，1997。

赵崇祚，《花间集注》，华钟彦注，河南：中州书画社，1983。

赵令畤（1061—1134），《侯鲭录》，《宋元笔记小说大观》第二册，第 2025—2100 页。

钟嵘（约 465—518），《诗品集注》，曹旭集注，上海：上海古籍出版社，1994。

周邦彦（1056—1121），《清真集校注》，孙虹、薛瑞生校注，北京：中华书局，2002。

周煇（生于 1126），《清波杂志》，《宋元笔记小说大观》第五册，第 5009—5148 页。

周密（1232—1298），《浩然斋雅谈》，《四库全书》本。

周师厚（1053 进士），《洛阳花木记》，陶宗仪《说郛》。

周裕锴，《文字禅与宋代诗学》，北京：高等教育出版社，1998。

周紫芝（生于 1082），《竹坡诗话》，何文焕《历代诗话》第一册，第 337—358 页。

朱弁（12 世纪），《曲洧旧闻》，《宋元笔记小说大观》第三册，第 2347—2464 页。

朱长文（1039—1098），《墨池编》，《四库全书》本。

朱熹（1137—1200），《朱熹集》，成都：四川教育出版社，1995。

祝尧（1318 进士），《古赋辨体》，《四库全书》本。

朱彧（活跃于 1110），《萍洲可谈》，《丛书集成》本。

庄绰（12 世纪），《鸡肋编》，北京：中华书局，1983。

《庄子逐字索引》，《先秦两汉古籍逐字索引丛刊》。

《左传》，《春秋经传引得》，哈佛燕京学社汉学索引系列，特刊第十一
　　号，台北：成文出版社，1966 重印。

索　引

编者按：本索引页码为英文原著页码，现以边码形式标于相应译文旁。

《海外汉学丛书》已出书目

(以出版时间为序)

中国文学中所表现的自然与自然观
　　〔日〕小尾郊一著　邵毅平译
唐诗的魅力：诗语的结构主义批评
　　〔美〕高友工、梅祖麟著　李世跃译　武菲校
通向禅学之路
　　〔日〕铃木大拙著　葛兆光译
1368—1953 中国人口研究
　　〔美〕何炳棣著　葛剑雄译
道教(第一卷)
　　〔日〕福井康顺等监修　朱越利译
追忆：中国古典文学中的往事再现
　　〔美〕斯蒂芬·欧文(宇文所安)著　郑学勤译
中国和基督教：中国和欧洲文化之比较
　　〔法〕谢和耐著　耿昇译
中国小说世界
　　〔日〕内田道夫编　李庆译
中国的宗族与戏剧
　　〔日〕田仲一成著　钱杭、任余白译
南明史(1644—1662)
　　〔美〕司徒琳著　李荣庆等译　严寿澂校
道教(第二卷)
　　〔日〕福井康顺等监修　朱越利等译
道教(第三卷)
　　〔日〕福井康顺等监修　朱越利等译

杜甫：中国最伟大的诗人

　　洪业著　曾祥波译

中国总论

　　［美］卫三畏著　陈俱译　陈绛校

宋至清代身分法研究

　　［日］高桥芳郎著　李冰逆译

才女之累：李清照及其接受史

　　［美］艾朗诺著　夏丽丽、赵惠俊译

中国史学史

　　［日］内藤湖南著　马彪译